高性能磷酸锰铁锂电池材料
—— 制备、表征与应用

High-performance LMFP battery materials
Preparation, Characterization and Application

◎ 梁广川　主编
◎ 张克强　王 丽　副主编

化学工业出版社

·北京·

内 容 简 介

本书是针对新型磷酸盐正极材料体系——磷酸锰铁锂的一本专业性著作。主要是作者课题组在磷酸锰铁锂材料领域多年研究过程中的实践总结，并添加了磷酸锰铁锂的研究现状、材料的检测标准和电池性能分析等内容。特别是鉴于磷酸锰铁锂还是一个新的材料体系，着重介绍了各种离子掺杂、碳源、锂源的变换对材料性能的影响。

本书首先介绍了磷酸锰铁锂材料的研发及产业进展情况，然后针对水热升温速率对磷酸锰铁锂结构性能的影响，石墨烯复合磷酸锰铁锂材料的研究，用不同铁源、碳源和锰源合成磷酸锰铁锂材料的性能，多种离子掺杂对磷酸锰铁锂材料性能的影响，磷酸锰铁锂材料的表征技术，磷酸锰铁锂材料制备的电池性能等专题进行了描述。特别是材料在制造、合成和应用过程中的物相、晶体形态和电化学基础性能等方面进行了系统的研究。

本书可供从事磷酸锰铁锂材料和电池体系研发、生产行业的科研、技术、生产和销售人员参考，也可供高等院校相关专业的研究生及高年级本科生阅读。

图书在版编目（CIP）数据

高性能磷酸锰铁锂电池材料：制备、表征与应用/梁广川主编；张克强，王丽副主编.—北京：化学工业出版社，2023.6
ISBN 978-7-122-43354-1

Ⅰ.①高… Ⅱ.①梁… ②张…③王… Ⅲ.①锂离子电池-材料 Ⅳ.①TM912

中国国家版本馆 CIP 数据核字（2023）第 078756 号

责任编辑：吴　刚　　　　　　　　　　文字编辑：王丽娜
责任校对：宋　夏　　　　　　　　　　装帧设计：韩　飞

出版发行：化学工业出版社（北京市东城区青年湖南街 13 号　邮政编码 100011）
印　　装：北京七彩京通数码快印有限公司
710mm×1000mm　1/16　印张 15½　字数 273 千字　2023 年 9 月北京第 1 版第 1 次印刷

购书咨询：010-64518888　　　　　　　售后服务：010-64518899
网　　址：http://www.cip.com.cn

定　　价：198.00 元

前　言

近年来，磷酸铁锂电池凭借其良好的安全性、循环性和资源优势，逐渐成为锂离子电池的主流，在电动汽车、储能电站、电动两轮车、电动船舶等领域应用量逐渐扩大。但是磷酸铁锂电池比能量低的缺点始终无法克服。从2021年开始，行业内逐渐将目光聚焦到同为橄榄石结构的磷酸锰铁锂上。2022年可以称为磷酸锰铁锂的起步之年，发生了众多的资本并购案例，磷酸锰铁锂材料也开始应用到电动两轮车、电动汽车、电动工具等很多领域。特别是在2022年锂电池原材料价格高涨的背景下，利用磷酸锰铁锂降低电池成本成了电池企业的可行之路。

磷酸铁锂已经确定为我国未来十年的主流电池材料。随着科技和材料合成技术的进步，具有高电压特征的磷酸锰铁锂逐渐克服了循环性能差、压实密度小、电导率低等缺点，显露出诱人的发展前景。虽然磷酸锰铁锂行业在迅速发展，但到目前还没有专门、系统地介绍磷酸锰铁锂正极材料研发、生产、检验以及在锂离子电池中应用的书籍，很多公司还在进行探索性研发实验。本书希望填补这方面的空白，给从事磷酸锰铁锂材料研发、生产以及希望了解这一行业的有关人士提供一些有关机理和应用方面的资料，共同促进行业的发展和进步。

本书是在作者课题组多年来从事科学研究和产业化推广的工作基础上总结成文的，具有良好的实用性和参考价值。具体编写分工如下：第1章由梁广川撰写；第2章由王丽撰写；第3~5章由梁广川、安立伟撰写；第6章由梁广川、李振飞撰写；第7、8、10章由梁广川、田伟超撰写；第 9、11、12 章由梁广川、田世宇撰写；第 13～15 章由梁广川、张凯成撰写；第 16 章由张克强、鲁珊珊撰写；第 17 章由梁广川、杨亚勇撰写。全书由梁广川、王丽统一审稿、定稿。感谢本课题组历届研究生所做的卓有成效的研究和探索工作，感谢各个合作厂家提供部分资料。

感谢河北九丛科技有限公司对本书出版的大力支持。

需要指出的是，本书各章节虽仅为实验室数据，但测试结果已实现中试或量产，对产业发展具有一定的借鉴意义。本书从 2021 年即开始酝酿初稿，一直在补充完善中。由于磷酸锰铁锂产业正在快速发展中，书中难免存在不足之处，敬请读者批评指正。

编著者

目 录

第1章

绪　论

1.1　磷酸铁锂材料的再认识

近年来，我国以锂离子电池为代表的新能源产业迅猛发展。锂离子电池主要是以正极材料分类，其中钴酸锂电池主要应用于数码产品，三元电池主要应用于电动汽车、电动两轮车，锰酸锂电池主要应用于低端数码产品和部分两轮车，磷酸铁锂电池主要应用于大型电动车、储能电站、基站储能等场合。

磷酸铁锂电池具有安全性好、循环寿命长、电压平台稳定、高温性能好、资源丰富、成本低廉等优点。从 2020 年开始，其应用领域逐渐扩大。2021 年在电动汽车上的装车量首次超过三元电池体系；到了 2022 年，磷酸铁锂更是凭借其价格优势和资源丰富等优点成为我国新能源行业的主流产品；2022 年 8 月，磷酸铁锂在电动车上的装机量达到 70% 左右，在储能电站、电动大巴、电动船舶等领域占有率更是达到 100%。

磷酸铁锂电池的广泛应用，推动了磷酸铁锂材料产业的迅猛发展。据行业统计，到 2022 年底，发布公告的磷酸铁锂材料生产厂家的年产能规模已经超过 2000 万吨。2020 年、2021 年，我国的磷酸铁锂材料产销量仅仅是 12 万吨和 42 万吨，2022 年产销量 119 万吨。保守估计，到 2025 年，我国磷酸铁锂材料的年销量将达到 300 万吨以上。

磷酸铁锂的缺点主要是比能量较低。由于其电压平台仅为 3.2V，相距三元材料 3.7V 的平均电压有较大差距，需要更多的电池进行串联以提高电压。以 48V 电池组为例，使用三元电池需要 13 串，而使用磷酸铁锂电池就需要 16 串。在需要高比能量的场合，例如电动汽车、两轮车领域时，比能量不足的缺点就会显现。如何提升磷酸铁锂电池体系的比能量，是一个亟待解决的问题。

目前一个主要的技术方法是提升材料体系的平台电压。例如，选择基于其他离子对的磷酸盐正极材料是一个可行的选择，例如磷酸锰锂、磷酸钒锂、磷酸钴锂等。综合考虑成本、环境和资源问题，磷酸锰（铁）锂是下一代最具竞争力的锂离子电池正极材料。

1.2 磷酸锰锂与磷酸锰铁锂材料早期研究

磷酸锰锂（$LiMnPO_4$）和磷酸铁锂（$LiMnFePO_4$）材料一样，具有正交晶系橄榄石结构。作为锂离子电池正极材料，磷酸锰锂中的 Mn^{3+}/Mn^{2+} 电对在 $4.1V(vs.\,Li/Li^+)$ 能实现锂离子脱嵌，获得 $4.0V$ 平台的电压，从而提高电池的能量密度，因而引起了人们的极大兴趣。

磷酸锰锂于 1997 年被 Goodenough 课题组的 Padhi 首次报道[1]，其理论比容量和磷酸铁锂相同，为 $170mA \cdot h/g$。当时论文报道磷酸锰锂的结果并不理想，比容量不到 $10mA \cdot h/g$。但他们发现在 $LiMn_{1-x}Fe_xPO_4$（磷酸锰铁锂）固溶体中，随着 Fe 含量的增加，Mn^{3+}/Mn^{2+} 的反应活性逐渐增强。2002 年，索尼公司的 Li[2] 报道了该材料的研究工作。在他们的实验中，纯磷酸锰锂样品比容量能够达到 $160mA \cdot h/g$。

磷酸锰锂具有与磷酸铁锂相同的理论比容量，但是其电压平台为 $4.1V$（$vs.\,Li/Li^+$❶），比磷酸铁锂高出 $0.7V$，因此，理论能量密度高出磷酸铁锂 20% 左右，且能在现有电解液体系中使用，使得磷酸锰锂具有潜在的高能量密度的优点。后续的报道中指出，随着铁元素占比的提升，电池的循环特性会得到极大改善。因此，具有双金属组分的磷酸锰铁锂越来越受到人们的重视。随着铁元素的加入，平均电压有所降低，但是即使锰铁比达到 6：4，材料依然拥有 $3.9V$ 的中值电压，且材料的循环、倍率、内阻性能得到明显改善。因此，磷酸锰铁锂逐渐成为研究的重点方向。可以预见，一旦磷酸锰锂或者磷酸锰铁锂材料的研发取得突破，不仅能够抢占磷酸铁锂的市场份额，而且还能够挤压锰酸锂和三元材料的市场空间，打破目前正极材料的市场格局。

到 2022 年，磷酸锰铁锂材料在全球范围内仍处于研发和小批量生产阶段，还没有达到像磷酸铁锂、锰酸锂、三元材料那样的产业规模。

磷酸锰锂可以看作分子式为 $LiMn_{1-x}Fe_xPO_4$ 材料中 $x=0$ 时的磷酸锰

---

❶ 表示以 Li/Li^+ 电对的平衡电位作为参考电位。

铁锂材料。因此，磷酸锰锂、磷酸锰铁锂的概念是一致的。实际从材料研究的历史来看，人们都是首先研究纯相磷酸锰锂材料，再逐渐转向掺杂体系——磷酸锰铁锂。磷酸锰铁锂实际是铁离子和锰离子均匀分布的双金属组分化合物。

1.2.1 磷酸锰锂和磷酸锰铁锂材料的结构

磷酸锰锂和磷酸锰铁锂都具有与磷酸铁锂相同的橄榄石结构。理想的橄榄石结构磷酸锰铁锂由 1 个变形的六面体密堆积氧构架组成，属于正交晶系，空间点群为 Pnmb，其结构示意图如图 1.1 所示。Li 和 Mn(Fe) 分别占据其中的一半八面体点，即 $4a$ 和 $4c$ 位置，1/8 的四面体点是 P，沿着 b 轴是锂离子优先扩散的方向，晶胞参数为 $a = 1.0431$nm、$b = 0.60947$nm、$c = 0.4736$nm，不同的文献报道的有所不同。晶体的空间骨架由 Mn(Fe)O$_6$ 八面体和 PO$_4$ 四面体构成，P 位于四面体中心位置，其中 3 个 P—O 键长度相同，是 0.1546nm，另一个是 0.1526nm；而金属元素 Mn(Fe) 和 Li 则分别位于八面体空隙中。晶体结构格中 ac 面的公共角连接起来形成八面体 Mn(Fe)O$_6$，而 a 轴方向的共边长链形成八面体 LiO$_6$。一个 Mn(Fe)O$_6$ 八面体与两个 LiO$_6$ 八面体和一个 PO$_4$ 四面体共边，而 PO$_4$ 四面体则与一个 Mn(Fe)O$_6$ 八面体和两个 LiO$_6$ 八面体共边。所以在这种结构中没有连续的八面体 Mn(Fe)O$_6$ 共边而形成的网络结构，使得结构中没有电子导电的通

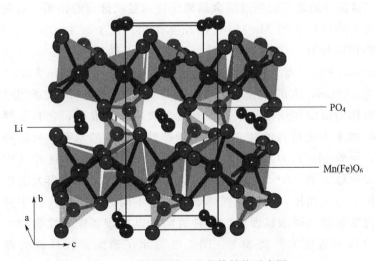

图 1.1　磷酸锰铁锂的晶体结构示意图

道；同时，由于 PO_4 四面体结构非常稳定，它占据在八面体之间限制了晶格体积的膨胀和收缩，从而在充放电过程中使得锂离子的脱嵌运动受到影响，造成磷酸锰铁锂材料极低的电子电导率和离子扩散速率。

1.2.2 磷酸锰锂和磷酸锰铁锂材料的性能研究

磷酸锰铁锂的充放电反应为：

$$\text{充电反应} \quad LiMn_{1-x}Fe_xPO_4 \longrightarrow Mn_{1-x}Fe_xPO_4 + Li^+ + e^- \qquad (1.1)$$

$$\text{放电反应} \quad Mn_{1-x}Fe_xPO_4 + Li^+ + e^- \longrightarrow LiMn_{1-x}Fe_xPO_4 \qquad (1.2)$$

早期学者主要围绕纯磷酸锰锂材料的基本性能进行研究。Li 等[2] 研究了磷酸锰锂在充放电过程中的稳定性，以差示扫描量热仪分析发现，材料在 $130 \sim 380℃$ 的放热量约为 290J/g，而在同样的条件下，$LiNiO_2$ 和 $LiCoO_2$ 的放热量分别为 1600J/g 和 1000J/g。这个结果从侧面说明，磷酸锰锂作为正极材料具有较好的安全性能。Chen 等[3] 研究了磷酸锰锂正极材料的稳定性，发现磷酸锰锂本身的热稳定性能优越，比磷酸铁锂要好，但脱锂产物 Li_xMnPO_4（$x < 0.16$）是热不稳定的，256℃ 时的放热量达 884J/g，与 $LiCoO_2$ 同等条件下的放热量相当。他们认为，Mn 的 Jahn-Teller 效应导致晶格畸变，造成晶体结构不稳定；同时，Mn 对磷酸根离子的分解析氧存在一定的催化作用。比较不同粒径磷酸锰锂材料的放热量发现，材料粒径越小，放热量越大。Ong 等[4] 以第一性原理计算证明了磷酸锰铁锂的实验与计算结果。

磷酸锰铁锂的磁性能是过渡金属离子特殊层状排布的结果，这种排布可能具有占据层内位置的 Mn-Mn 交换相互作用。低于奈尔（Neel）温度时，层间交换作用导致三维磁有序。在 bc 面上锰（铁）离子形成二维四方晶格，Mn-Mn 最小距离为 0.392nm。而沿着 a 轴，层间 Mn-Mn 距离大得多，是 0.562nm，大的 Mn-Mn 距离会导致弱的 Mn-Mn 交换相互作用。橄榄石结构的磷酸锰铁锂是准二维的锰（铁）离子堆积，含有重要的层间交换。bc 面上不是所有的锰（铁）离子都处于相同的水平，Mn(Fe) 层是褶皱的，导致 Mn(Fe)O 八面体在不同的方向上的倾斜。这种结构支持准二维的二价锰离子（S=5/2）的反铁磁结构，并且具有相当大的层间交换相互作用。与之相比，磷酸铁锂的磁性能却不同，在磷酸铁锂中共线反铁磁有序更加强烈。磷酸锰锂中的各种缺陷可以导致弱铁磁性能的出现。磷酸锰锂的 Neel 温度大约是 35K。图 1.2 显示了磷酸锰锂材料的磁化率随着温度的变化。

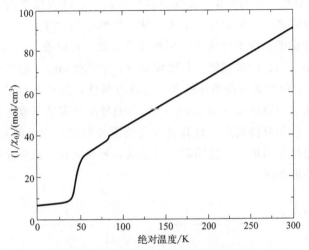

图 1.2 不同温度下合成的磷酸锰锂材料的磁化率随温度的变化

1.2.3 磷酸锰锂和磷酸锰铁锂材料的制备方法

目前，制备磷酸锰锂和磷酸锰铁锂的方法有高温固相合成法、水热合成法、溶胶-凝胶法、离子热法、多元醇法、喷雾裂解加机械球磨法等。

① 高温固相合成法 材料制备中最为常用的一种方法，也是早期合成磷酸锰锂和磷酸锰铁锂的主要方法。基本思想就是选用含有磷酸根、锂元素以及锰、铁元素的盐为原料，按照一定配比混合均匀后在高温下烧结，烧结气氛可以是氩气，也可以是氮气。选择原材料的原则是烧结后不引入杂质成分或者杂质相。依据需要以及烧结的气氛，可以在原材料中加入适量的含碳有机物或者直接加入碳材料，达到包覆碳或者保护成品材料、控制成品粒度的目的。高温固相合成法的特点是工艺简单、易于工业化生产，但是得到的产物颗粒粒径大小及分布不易控制，而且温度过高时易结块。Li 等人[2] 对可充放电的磷酸锰锂进行了报道，通过掺入导电炭黑获得了较高容量的磷酸锰锂材料，放电比容量为 140mA·h/g，最佳煅烧温度为 500℃。王志兴等人[5] 采用高温固相合成法研究不同合成温度对磷酸锰锂性能的影响，结果表明，在 600℃煅烧的样品放电比容量最高。秦明等[6] 采用 Li_2CO_3 为锂源，H_3PO_4 以及 $NH_4H_2PO_4$ 等均匀混合物为起始物，在保护气体的气氛下经预烧和研磨后高温合成磷酸锰锂。X 射线衍射（XRD）分析表明，用高温固相合成法加热到 400℃，样品有明显的 $Mn_3(PO_4)_2$ 和 Li_3PO_4 杂相；加热到 600℃时，样品有少量杂相；加热到 800℃时，样品获得了纯相的磷酸锰锂。由扫描电子显微镜

（SEM）图像看出，高温固相合成法获得的样品形貌随着温度的升高颗粒会变得粗大，导致锂离子的扩散路径增大，从而影响电化学性能。对比用高温固相合成法在三种温度条件下合成的物相和微观形貌，可以看出在 600℃ 时合成的磷酸锰锂大小均匀、形状规则、粒度较小（100～200nm）、有相对较好的组织形态。对 600℃ 时合成的磷酸锰锂进行充放电测试，结果表明材料能可逆充放电，且首次放电比容量接近 100mA·h/g，但样品的高倍率放电性能差，循环容量衰减快，性能有待提高。对其进行交流阻抗测试发现，随着放电的进行，电化学反应阻抗不断增大，说明荷电量越高，界面电化学反应速度越快。磷酸锰锂材料的性能如图 1.3 所示。

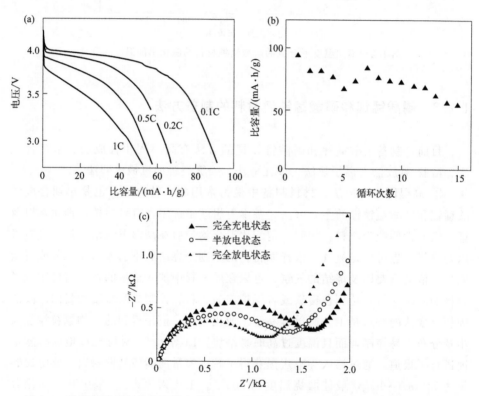

图 1.3　磷酸锰锂材料的倍率放电曲线（a）、循环性能曲线（b）和交流阻抗图谱（c）

　　杨新等[7] 以间苯二酚甲醛树脂作碳源，由高温固相合成法合成 LiMnPO$_4$/C 复合材料，研究不同合成温度和时间对产物形貌、结构以及电化学性能的影响。结果表明，600℃ 热处理 3h 制得的 LiMnPO$_4$/C 粒径细小且分布均匀，一次颗粒粒径 100~300nm。0.02C 下首次放电比容量达到 121.6mA·h/g，充放电循环 20 次仍可维持在 110mA·h/g 以上；0.1C 下放电比容量为 110mA·h/g；1C 下能维持在 60mA·h/g 以上。

高温固相合成法操作流程简单、易于工业化，是制备锂离子电池正极材料比较成熟的方法，但是还存在很多缺陷，特别是在合成橄榄形结构的磷酸锰锂和磷酸锰铁锂晶体时，需要多次煅烧和研磨来确保产品的均匀度，但反复的热处理会影响到产品的颗粒大小，不利于得到性能优良的材料。

② 水热合成法 合成温度一般在 150~220℃，反应在密闭高压反应釜中进行。该方法的优点是产物颗粒尺寸分布均一，常常可以合成出具有特殊形貌的材料。Wang[8] 等人详细地描述了溶剂热合成方法，实际上也属于水热合成法。使用的原料是一水合氢氧化锂、磷酸、一水合硫酸锰、十六烷基三甲基溴化铵（CTAB），按照化学计量比混合后溶于甲醇/水混合溶剂，然后在高压釜中 240℃加热 12h，冷却后得到白色磷酸锰锂沉积物。将沉积物与葡萄糖混合，在 700℃氩气中烧结 5h，达到包覆碳的目的。Chen 等人[9] 用水热合成法合成了磷酸锰锂材料，将 $MnSO_4 \cdot H_2O$、H_3PO_4、LiOH 溶解在去离子水中，其摩尔比为 1∶1∶3；用抗坏血酸作还原剂，研究发现，当反应温度大于 175℃，锂位和锰位未出现错位。Fang 等人[10] 在 120~200℃用水热合成法合成了磷酸锰锂，结果表明，不同的反应温度对锰在锂位错位的含量和晶格体积都有影响。当反应温度升高，晶胞参数 a 和 c 减小，晶胞参数 b 保持不变，导致晶体体积收缩，同时锰错位的含量逐渐减少。如果过量的锰占据在锂位，则锰在一维通道上阻止了锂的扩散，严重影响了磷酸锰锂的电化学性能。当在 120℃、160℃、200℃反应时，锰错位含量的减少分别为 8.84%、2.87%、1.74%，放电比容量不断增加，而且极化作用减小。樊文研[11] 将 $LiOH \cdot H_2O$ 与 $MnPO_4 \cdot H_2O$ 按化学计量比 1∶1.5 称量、混合，加入 1g 抗坏血酸或聚乙二醇 1000（PEG1000）或葡萄糖（GLC）和 60mL 蒸馏水，于 180℃水热反应 24h，冷却后取出，抽滤洗涤，烘干，研磨后备用。实验结果表明 12h、24h 均能合成纯相磷酸锰锂，合成时间为 24h 时效果较好。在确定了最佳水热时间后，选用锂锰物质的量比值为 1、1.5、3、6 分别进行反应，结果表明锂锰物质的量比为 1.5 时，效果较佳。确定了最佳反应时间和锂锰物质的量比后，选用不同的温度进行实验，结果表明，水热温度为 180℃时，实验合成效果较好。水热合成法具有操作简单、物相均匀、粒径小等优点，但所需设备要求耐高温高压，成本比较高，不适合大规模生产。

③ 溶胶-凝胶法 将锰源、锂源、磷源配成溶液，加入一定量的络合剂，并不断搅拌，得到均匀的溶胶溶液，然后经过加热蒸发得到透明凝胶状晶体。

通过控制反应条件使产物的纯度和结晶粒度提高。溶液中可容纳不溶性组分或不沉淀组分是该合成方法的优点，但缺点在于产品干燥后体积收缩较大、合成时间长、工业化难度大及粉体材料的烧结性不好。Drezen 等[12] 采用 $CH_3COOLi \cdot 2H_2O$、$Mn(CH_3COO)_2 \cdot 4H_2O$ 和 $NH_4H_2PO_4$ 为原料，乙醇酸作为螯合剂，溶解在去离子水中。用浓硝酸调节溶液的 pH 值在 4 以下，$60\sim75℃$ 加热得到凝胶，随后在 $520℃$ 和 $600℃$ 下进行煅烧，一次颗粒大小在 $140\sim220nm$ 之间，球磨以后颗粒大小减小为 $130\sim190nm$，C/100 和 C/10 下可逆比容量达到 $156mA \cdot h/g$ 和 $134mA \cdot h/g$。Dettlaff-Weglikowska 等[13] 同样采用上述材料，乙醇酸作螯合剂，浓硝酸调节溶液的 pH=1.5，$80℃$ 下反应 24h，在此期间当溶液蒸发至原来的 1/8 时，加入多壁碳纳米管，$350℃$ 热处理 5h，0.1C 下放电比容量达到了 $150mA \cdot h/g$。杨新等[14] 采用的合成方法是：以柠檬酸作为络合剂，按 $Li_2CO_3 : Mn_3C_{12}H_{10}O_{14} : NH_4H_2PO_4 : C_6H_8O_7 = 1.025 : 1 : 1 : x$（$x$ = 0、0.5、1、2）将上述物质分别溶解在一定量的去离子水中，混合后采用浓 HNO_3 或者浓氨水调节溶液的 pH 值分别为 0.5、1.5、2.5、3.2 和 3.7，待溶液澄清后于 $60℃$ 下搅拌并且蒸发溶剂至黏稠。将得到的黏稠物质于 $120℃$ 下干燥，最后取出，在 Ar-H_2（氢气的体积分数为 10%）气氛下分别于 $500℃$、$520℃$、$550℃$、$600℃$ 下煅烧 3h。得到的测量结果如图 1.4 所示。

④ 离子热法　采用离子液体作为反应介质在液相条件下制备材料[15]。与水热合成法和溶剂热合成法相比，离子热法的突出特点是可以在常压下进行材料合成。2009 年，Recham 等[16] 报道了用离子热法合成正极材料磷酸铁锂；2011 年该课题组报道了用同样的方法合成磷酸锰锂材料[17]，其可逆比容量接近 $100mA \cdot h/g$。李学良等[18] 将等摩尔的乙醇胺和乳酸以无水乙醇为溶剂在室温下反应 12h，除去溶剂后在 $60℃$ 的真空干燥箱中处理 12h 即得到所需的离子液体反应介质。在常温常压下将 H_3PO_4、$Mn(CH_3COO)_2 \cdot 4H_2O$ 和 LiOH·H_2O 按化学计量比 1 : 1 : 3 配料，用乙醇胺乳酸盐作为离子热合成的反应介质在 $180℃$、常压下反应 12h。反应结束后冷却至室温，通过离心分离、去离子水和无水乙醇反复洗涤，将分离出的沉淀产物烘干即得到磷酸锰锂。再将沉淀产物与一定量的蔗糖（质量分数 12.0%）球磨混合 4h 后，在高纯 N_2 保护下分别在 $500℃$、$600℃$、$700℃$ 热处理 3h，得到磷酸锰锂正极材料。

⑤ 多元醇法　多元醇法可以获得纳米结构呈层片状形貌的磷酸锰锂[19]。由于层片状结构进一步缩短了锂离子扩散路径，因此提高了倍率放电性能，0.1C、1C 放电比容量达到 $141mA \cdot h/g$、$113mA \cdot h/g$。在经过 200 次循环后，仍保存了原始比容量的 95%。图 1.5 是多元醇法获得的磷酸锰锂的扫描

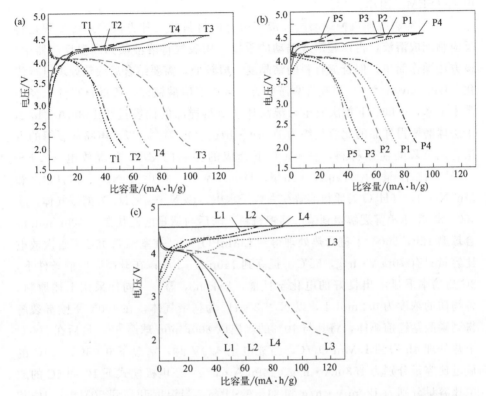

图 1.4　温度、pH 值及柠檬酸量对溶胶-凝胶法制备的磷酸锰锂材料充放电性能影响
（a）不同温度下合成磷酸锰锂的首次放电曲线（T1：500℃，T2：520℃，T3：550℃，T4：600℃）；
（b）不同 pH 值制备的磷酸锰锂首次放电曲线（P1：pH=0.5，P2：pH=1.5，P3：pH=2.5，P4：
pH=3.2，P5：pH=3.7）；（c）不同柠檬酸用量的磷酸锰锂的首次放电曲线
（柠檬酸∶Mn：L1=0∶1，L2=0.5∶1，L3=1∶1，L4=2∶1）

图 1.5　多元醇法获得的磷酸锰锂的 SEM 图片

电镜（SEM）图片。

⑥ 喷雾裂解加机械球磨法　液相中合成材料的一种方法，主要步骤是将反应物配成溶液，再以超声或蠕动的手段，用载气将溶液喷到高温反应器中。该方法操作简单，但合成材料的结晶度一般较低，需要结合后续热处理进行优化。Bakenov 等[20-22] 以喷雾裂解的方法合成了磷酸锰锂，所得材料的粒径为数十纳米，0.05C 下首次放电，湿法球磨所得样品的比容量约 153mA·h/g，干法球磨所得样品的比容量约为 70mA·h/g。Oh 等[23] 以超声喷雾裂解的方法合成了磷酸锰锂材料，在 650℃ 下合成的样品的 C/20 首次放电（2.7~4.5V）比容量为 118mA·h/g。Doan 等[22] 采用 $LiNO_3$、H_3PO_4 和 $Mn(NO_3)_2 \cdot 6H_2O$ 为原料溶解在去离子水中，以 $N_2 + 3\%H_2$ 为携带气体，于 400~800℃ 下喷雾裂解得到磷酸锰锂材料；随后与适量的乙炔黑以 500r/min 混合球磨 12h，500℃ 下进行热处理得到 $LiMnPO_4/C$。在室温 0.05C 下首次放电比容量只有 70mA·h/g，55℃ 下提高到 140mA·h/g；在升高温度的条件下，2C 高倍率下显示出良好的电化学性能。Bakenov 等[21] 同样采用上述原料，各物质的浓度为 0.2mol/L，以 $N_2 + 3\%H_2$ 为携带气体，在 400℃ 下喷雾裂解得到磷酸锰锂前躯体，将其与 10% 的炭黑以 800r/min 球磨 6h，最后在 500℃ 下热处理 4h 得到 $LiMnPO_4/C$。当充电至 4.9V 时，室温下 0.05C、0.1C 的放电比容量分别为 153mA·h/g、149mA·h/g；三电极模式下 1C 和 5C 的放电比容量分别为 120mA·h/g 和 91mA·h/g；当温度升高到 50℃ 时，1C 和 5C 下的放电比容量则分别为 132mA·h/g 和 80mA·h/g。由此可见，采用喷雾裂解结合机械球磨的方法，是制备具有优异性能磷酸锰锂和磷酸锰铁锂材料的有效方法。但是这种方法操作工艺复杂、成本较高。

1.2.4　磷酸锰锂和磷酸锰铁锂的改性研究

由于纯磷酸锰锂的离子传导率和电子传导率都低，决定了它在大电流放电情况下直接用作锂离子电池的正极材料有很多缺点。纯磷酸锰锂电导率差，只有磷酸铁锂的千分之一，几乎属于绝缘体的范畴。研究表明，通过对这类电极材料的形貌控制和表面改性，可有效改善其导电性和电化学性能。前者与合成方法有很大的联系，通过控制材料的结晶度、晶粒大小及形貌来实现；后者可通过材料表面改性（表面包覆导电层）和离子掺杂来达到改性的目的。结合文献，可以发现该材料的电化学容量和材料的碳含量以及材料的颗粒大小密切相关，基本的规律是适当增加碳含量以及减小颗粒粒度可以明显提高放电容量。人们采用溶胶-凝胶法、水热合成法等合成纳米级的磷酸锰铁锂，通过降低颗粒尺寸和表面改性（如金属离子复合掺杂、碳包覆等方法）提高其电导率，可以使磷酸锰铁锂 0.1C 倍率放电时具有高达 140mA·h/g 的电化学比容量。

① 表面包覆　磷酸锰锂和磷酸锰铁锂具有极低的电子电导率，在大电流放电的情况下容量衰减严重，为了提高材料的电导率和活性颗粒的利用率，通常在其表面包覆一层导电性的物质。其表面包覆导电层一般分为两种方法：一是在表面包覆碳；二是在其表面修饰易导电的金属，但是表面包碳容易实现且成本低廉。包碳的方法一般是在合成磷酸锰锂和磷酸锰铁锂过程中加入碳源，然后在高温密闭条件下煅烧，碳源分解，分解后的碳附在磷酸锰锂和磷酸锰铁锂颗粒的表面。常用的碳源一般为有机碳源，包括葡萄糖、环糊精、柠檬酸、蔗糖及各种高分子聚合物（聚乙二醇、聚丙乙烯）。表面包碳的好处有以下几个方面：作为还原剂，防止在高温下 Mn^{2+} 氧化；防止颗粒团聚，限制颗粒的增长；增强颗粒之间的电导率。李学良等[18] 通过离子热法制备的 $LiMnPO_4/C$，通过 X 射线衍射、扫描电子显微镜和透射电子显微镜表征了材料的相态和形貌，采用充放电法研究了材料的电化学性能。结果表明：磷酸锰锂和磷酸锰铁锂的晶相为橄榄石型；材料颗粒的尺寸主要分布在 150～300nm；较高温度下获得的 $LiMnPO_4/C$ 材料表现出较好的电化学性能，在 0.05C 下放电比容量达 114.0mA·h/g，10 次循环后比容量仍保持在 102.3mA·h/g。这种以乙醇胺乳酸盐为反应介质的离子热法为锂离子电池正极材料磷酸锰铁锂的制备提供了新的途径。

② 金属离子掺杂　金属离子掺杂是稳定材料结构、提高材料电子或离子导电性的常用方法，金属离子掺杂可分别在锂位掺杂和锰位掺杂，这两种掺杂都能明显改善电子电导率。到目前为止，关于磷酸锰锂的锂位掺杂还没有相关的文献报道。Chen 等人[24] 利用水热合成法合成正极材料 $LiMn_x M_{1-x}PO_4$（M＝Mg、Ni、Cu、Zn），在充放电过程中，Mg^{2+}、Ni^{2+}、Cu^{2+} 掺杂增加了向脱锂相的转变，且 Mg^{2+} 掺杂改善了脱锂相材料的稳定性。当充电 20h 后，$LiMn_{0.9}Mg_{0.1}PO_4$ 的比容量为 120mA·h/g，而纯磷酸锰锂的比容量仅为 80mA·h/g，这证实了 Mg^{2+} 掺杂改善了材料的电化学性能。刘爱芳等[25] 研究发现掺杂不同的金属铁和钒离子对磷酸锰锂的晶胞体积大小影响不同，但是导电性、可逆比容量和稳定性能显著提高，获得可逆比容量达 118mA·h/g 的掺杂金属离子的 $LiMnPO_4/C$ 复合正极材料。表明金属离子复合掺杂结合碳包覆的改性方法提高了纯磷酸锰锂的电化学活性，如果能进一步减小颗粒的尺寸，纯磷酸锰锂的放电比容量有可能进一步提升。该结果为进一步研究高放电电压的磷酸锰锂复合材料奠定了基础。陈亚芳[26] 以聚乙二醇为碳源制得

$LiMn_{0.95}Zn_{0.05}PO_4/C$、$LiMn_{0.95}CuO_{0.05}PO_4/C$，将其组装成电池进行充放电测试，测试结果如图 1.6 所示。

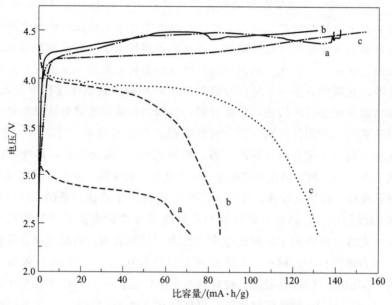

图 1.6　两种离子掺杂样品及未掺的 $LiMnPO_4/C$ 的首次充放电曲线

a—$LiMnPO_4/C$；b—$LiMn_{0.95}Cu_{0.05}PO_4/C$；c—$LiMn_{0.95}Zn_{0.05}PO_4/C$

图 1.6 中 a、b、c 分别是 $LiMnPO_4/C$、$LiMn_{0.95}Cu_{0.05}PO_4/C$、$LiMn_{0.95}Zn_{0.05}PO_4/C$ 三种材料在 0.02C 倍率下的充放电曲线，其充电比容量分别为 142.2mA·h/g、131.4mA·h/g、154.3mA·h/g，放电比容量分别为 71.3mA·h/g、84.8mA·h/g、131.7mA·h/g。可以看出，$LiMn_{0.95}Cu_{0.05}PO_4/C$、$LiMn_{0.95}Zn_{0.05}PO_4/C$ 两种材料有明显的放电平台，分别在 4.2V 和 4.0V 左右，比较接近理论的平台电压值，且充电平台较稳，而未掺杂的 $LiMnPO_4/C$ 在刚开始放电时放电电压急剧下降到 3.0V 左右。由此可以看出，金属离子掺杂对磷酸锰锂材料的充放电性能有明显的改善。

③ 颗粒纳米化　改善磷酸锰锂和磷酸锰铁锂材料性能的另一个途径是减小颗粒尺寸，锂离子在较大的颗粒中扩散的路径较长，导致材料的利用率不高。通过选择适当的合成方法如共沉淀法、溶胶-凝胶法、水热法等，在合成过程中控制操作条件可制备均匀细小的颗粒并达到纳米尺寸。Drezen 等人[12]用溶胶-凝胶法合成 140nm 和 270nm 的磷酸锰锂，1C 放电比容量分别为

$81mA \cdot h/g$、$7mA \cdot h/g$。由此可见,颗粒尺寸的增加严重影响了其放电可逆容量。Delacourt[27] 用沉淀法合成 100nm 的磷酸锰锂颗粒,相比尺寸为 $1\mu m$ 的磷酸锰锂放电比容量为 $35mA \cdot h/g$,其比容量增加到 $70mA \cdot h/g$。材料达到纳米级水平,实质上是增大了材料的比表面积,同时纳米颗粒能够克服动力学问题,提高了材料中锂离子的表观扩散系数。提高材料的比表面积和减小材料的颗粒大小是改善材料倍率性能的有效途径,但是纳米颗粒增加了表面反应活性和不可逆的副反应。

1.3 磷酸锰铁锂正极材料后续展望

我国已经庄严向世界承诺,将在 2030 年实现碳达峰,2060 年实现碳中和。而要实现以上的目标,基于锂离子电池的储能设施是必不可少的发展方向。从现在的学术成果看,尚无颠覆性的电池技术出现,因此预计今后 10～20 年内,锂离子电池体系仍然是主流的储能技术。近年来,随着新能源汽车政策补贴下滑、锂电池原材料价格高涨,磷酸铁锂电池的成本优势逐渐减弱,再加上其克容量目前已接近理论极限,寻找新的正极材料成为必然。

磷酸锰铁锂(LMFP)具有较高的平台电压(与三元相当),同时兼具磷酸铁锂的资源性、安全性、稳定性,可以将电池单位 $W \cdot h$ 的造价降低 10% 以上,兼顾了高能量密度与高安全性。预计今后几年,磷酸锰铁锂将会逐渐扩大生产规模,并有可能成为主流的正极材料体系。

据高工产研锂电研究所(GGII)预计,2023 年磷酸锰铁锂正极材料有望迎来一定规模出货。到 2025 年,磷酸锰铁锂正极材料出货量将超 35 万吨,相比磷酸铁锂材料市场渗透率将超 15%[28]。

尽管磷酸锰铁锂仍处于市场应用的初期,但是其未来潜在的市场空间可能在百亿甚至千亿级别。从 2021 年开始,电池公司宁德时代新能源科技股份有限公司、比亚迪股份有限公司、中创新航科技股份有限公司、孚能科技(赣州)股份有限公司、国轩高科股份有限公司、蜂巢能源科技股份有限公司、星恒电源股份有限公司、瑞浦兰钧能源股份有限公司、天能电池集团股份有限公司等都在加大磷酸锰铁锂赛道的布局。

2021 年 12 月,宁德时代新能源科技股份有限公司以 4.13 亿元投资 LMFP 厂商江苏力泰锂能科技有限公司,成为其第一大股东。力泰锂能现有年产 2000 吨磷酸锰铁锂生产线,并计划新建年产 3000 吨磷酸锰铁锂产线[29]。2022 年 7 月,宁波容百新能源科技股份有限公司宣布以 3.8 亿元收购天津斯科兰德科技有限公司，专注进行磷酸锰铁锂材料的扩大生产[30]。北京当升材料科技股份有限公司、北京国科光华科技有限公司、江苏百川高科新材料股份有限公司等上市公司也开始纷纷扩产磷酸铁锂项目。2022 年，深圳市德方纳米科技股份有限公司宣布在云南建设年产 11 万吨的磷酸锰铁锂正极材料生产线[31]。

在电池企业方面，2022 年 9 月，孚能科技（赣州）股份有限公司在战略及新品发布会上表示，计划在 2023 年推出第一代磷酸锰铁锂产品[32]。同年 8 月的 2022 世界新能源汽车大会上，中创新航科技股份有限公司对外发布一站式（One-Stop，OS）高锰铁锂电池，成为其面向 TWh（亿千瓦时）时代又一创新产品[33]。天能电池集团股份有限公司也发布公告表示，公司已具备高镍三元、磷酸铁锂、磷酸锰铁锂、三元复合锰锂等产品的生产能力[34]。星恒电源股份有限公司目前已经将磷酸锰铁锂用于电动两轮车和五菱系列产品[35]。

基于安全、成本、性能、回收等多方面的考量，再加上电池技术的持续迭代，预计高锰化的磷酸盐体系电池将在未来占据更大的市场份额。

目前，磷酸锰铁锂尚未形成大规模产能，制备工艺仍有较大的提升空间，现阶段磷酸锰铁锂更适合与三元、锰酸锂、钴酸锂等正极材料掺杂使用。在磷酸锰铁锂与三元 8 系掺杂的情况下，其能量密度与三元 5 系相当，但相比三元 5 系安全性和循环性更高，复合价值明显。

参考文献

[1] Padhi A K, Nanjundaswamy K S, Masquelier C, et al. Effect of structure on the Fe^{3+}/Fe^{2+} redox couple in iron phosphates. Journal of the Electrochemical Society，1997，144（5）：1609-1613.

[2] Li G, Azuma H, Tohda M. $LiMnPO_4$ as the cathode for lithium batteries. Electrochemical and Solid-State Letters，2002，5（6）：A135-A137.

[3] Chen G Y, Richardson T J. Thermal instability of olivine-type $LiMnPO_4$ cathodes. Journal of Power Sources，2010，195（4）：1221-1224.

[4] Ong S P, Jain A H. Thermal stabilities of delithiated olivine MPO_4（M= Fe，Mn）cathodes investigated using first principles calculations. Electrochemistry Communications，2010，12（3）：427-430.

[5] 王志兴，李向群，常晓燕，等. 锂离子电池橄榄石结构正极材料 $LiMnPO_4$ 的合成与性能. 有色金属学报，2008，18（4）：660-665.

[6] 秦明. 锂离子电池正极材料磷酸锰锂合成方法的研究 [D]. 青岛：山东科技大学，2012.

[7] 杨新，刘学武，刘贵昌，等. 锂离子电池正极材料 $LiMnPO_4$ 的合成研究. 电化学，2011，17（3）：306-311.

[8] Wang Y, Yang Y, Yang Y, et al. Enhanced electrochemical performance of unique morphological

LiMnPO$_4$/C cathode material prepared by solvothermal method. Solid State Communications，2010，150 (1-2)：81-85.

[9] Chen J，Vacchio M J，Wang S，et al. The hydrothermal synthesis and characterization of olivines and related compounds for electrochemical applications. Solid State Ionics，2008，178 (31-32)：1676-1693.

[10] Fang S H，Pan Z Y，Li L P. The possibility of manganese disorder in LiMnPO$_4$ and its effect on the electrochemical activity. Electrochemistry Communications，2008，10 (7)：1071-1073.

[11] 樊文研. 锂离子电池正极材料磷酸锰锂的水热合成. 电池工业，2011，16 (5)：267-269

[12] Drezen T，Kwon N H，Bowen P，et al. Effect of particle size on LiMnPO$_4$ cathodes. Journal of Power Sources，2007，174 (2)：949-953.

[13] Dettlaff-Weglikowska U，Sato N，Yoshida J，et al. Preparation and electrochemical characterization of LiMnPO$_4$/single-walled carbon nanotube composites as cathode material for Li-ion battery. Physical Status Solidi (B)，2009，246 (11-12)：2482-2485.

[14] 杨新. 锂离子电池正极材料 LiMnPO$_4$ 的合成与表征 [D]. 大连：大连理工大学，2011.

[15] Morris R E. Ionothermal synthesis—ionic liquids as functional solvents in the preparation of crystalline materials. Chemical Communications，2009，45 (21)：2990-2998.

[16] Recham N，Dupont L，Courty M，et al. Ionothermal synthesis of tailor-made LiFePO$_4$ powders for Li-ion battery applications. Chemistry of Materials，2009，21 (6)：1096-1107.

[17] Barpanda P，Djellab K，Recham N，et al. Direct and modified ionothermal synthesis of LiMnPO$_4$ with tunable morphology for rechargeable Li-ion batteries. Journal of Materials Chemistry，2011，21 (27)：10143-10152.

[18] 李学良，刘沛，肖正辉，等. 正极材料 LiMnPO$_4$/C 的离子热法制备及电化学性能. 硅酸盐学报，2012，40 (5)：758-761.

[19] Takahashi M，Tobishima S，Takei K，et al. Reaction behavior of LiFePO$_4$ as a cathode material for rechargeable lithium batteries. Solid State Ionics，2002，148 (3-4)：283-289.

[20] Bakenov Z，Taniguchi I. Electrochemical performance of nanocomposite LiMnPO$_4$/C cathode materials for lithium batteries. Electrochemistry Communications，2010，12 (1)：75-78.

[21] Bakenov Z，Taniguchi I. Physical and electrochemical properties of LiMnPO$_4$/C composite cathode prepared with different conductive carbons. Journal of Power Sources，2010，195 (21)：7445-7451.

[22] Doan N L，Bakenov Z B，Taniguchi I. Preparation of carbon coated LiMnPO$_4$ powders by a combination of spray pyrolysis with dry ball-milling followed by heat treatment. Advanced Powder Technology，2010，21 (2)：187-196.

[23] Oh S M，Oh S W，Myung S T，et al. The effects of calcination temperature on the electrochemical performance of LiMnPO$_4$ prepared by ultrasonic spray pyrolysis. Journal of Alloys and Compounds，2010，506 (1)：372-376.

[24] Chen G，Wilcox J D，Richardsona T J. Improving the performance of lithium manganese phosphate through divalent cation substitution. Electrochemical and Solid-State Letters，2008，11 (11)：A190-A194.

[25] 刘爱芳，刘亚菲，胡中华，等. 金属离子掺杂 LiMnPO$_4$ 的电化学性能研究. 功能材料，2010，

41 (7)，1144-1146.

[26] 陈亚芳. 锂离子电池正极材料磷酸锰锂的合成及改性研究 [D]. 武汉：武汉工业学院，2011.

[27] Delacourt C，Poizot P，Morcrette M，et al. One-step low-temperature route for the preparation of electrochemically active LiMnPO$_4$ powders. Chemistry of Materials，2004，16 (1)：93-99.

[28] 高工锂电. GGII：2025 年磷酸锰铁锂正极出货量将超 35 万吨. https：//baijiahao. baidu. com/s? id=1745255772268926749&wfr=spider&for=pc.

[29] 起点锂电大数据. 4.13 亿元！宁德时代投资磷酸锰铁锂材料公司力泰锂能. https：//baijiahao. baidu. com/s? id=1718451003748445989&wfr=spider&for=pc.

[30] 电池中国 CBEA. 磷酸铁锂"红海厮杀"存忧 这些企业都忙着"升级". https：//baijiahao. baidu. com/s? id=1744558746811908909&wfr=spider&for=pc.

[31] 东方财富网. 德方纳米：年产 11 万吨磷酸锰铁锂正极材料项目在云南曲靖投产. https：//finance. eastmoney. com/a/202209192512222863. html，2022，[2022-10-04].

[32] 同花顺财经. 孚能科技：拟 2023 年推出钠离子电池、磷酸锰铁锂等第一代产品. https：//baijiahao. baidu. com/s? id=1743471605810543533&wfr=spider&for=pc.

[33] 高工锂电. "材料+结构"组合创新 中创新航 OS 高锰铁锂电池全球领跑. https：//baijiahao. baidu. com/s? id=1742719263431413232&wfr=spider&for=pc.

[34] 同花顺财经. 天能股份：公司具备高镍三元、磷酸铁锂、磷酸锰铁锂、三元复合锰锂等产品生产能力. http：//news. 10jqka. com. cn/20211028/c633764122. shtml.

[35] 起点锂电大数据. 星恒电源深化磷酸锰铁锂布局. http：//www. qd-dcw. com/article/3_14918. html.

第 2 章

磷酸锰铁锂材料的研发及产业进展

前一章综述了磷酸锰锂和磷酸锰铁锂的基础研究，以及 10 年前的研究成果。随着材料和电池技术的进步，近年来出现了很多新的研究成果。本章对近十年来国内外研究进展进行一下评述。

2.1 磷酸锰铁锂正极材料基本理论

磷酸盐体系因具有高容量、低价格、环境友好等优点而备受追捧，其中以磷酸铁锂（$LiFePO_4$）为主，形成了规模化的锂离子电池正极材料产业。$LiFePO_4$ 属正交晶系橄榄石型结构，理论比容量为 $170mA \cdot h/g$，工作电压为 $3.4 \sim 3.5V$。在小电流充放电时拥有相当平稳的充放电平台和优异的循环性能，具有成本低、无毒、环境友好、理论比容量高、使用寿命长、矿产资源丰富、抗过充性能好、热稳定性好等诸多优点[1]。但 $LiFePO_4$ 作为正极材料同样存在一些缺点，纯 $LiFePO_4$ 很难完全释放理论比容量，因为 Fe 和 Li 原子位于 O 八面体的 $4a$ 和 $4c$ 位置，形成 FeO_6 和 LiO_6 八面体。通过 bc 面的公共角，一个 FeO_6 和四个 LiO_6 连接，形成 Z 字形平面[2]。LiO_6 八面体沿着 b 轴方向（[010] 方向）形成共边的链，在此方向上形成了锂离子扩散通道，因此 $LiFePO_4$ 中锂离子的扩散通道是一维的，即锂离子只能沿 [010] 方向进行扩散。

$LiMnPO_4$ 与 $LiFePO_4$ 具有相似的晶体结构和理论比容量，Mn^{3+}/Mn^{2+} 氧化还原电位为 $4.1V$（$vs. Li/Li^+$），比 $LiFePO_4$ 略高，使其理论能量密度比 $LiFePO_4$ 高 20% 左右，且锰资源丰富、价格低廉。但在充放电循环中 $MnPO_4$ 的 Jahn-Teller 效应会导致晶格畸变，使 $LiMnPO_4$ 在脱锂前后的晶格体积变化高达 10% 以上，而 $LiFePO_4$ 的只有 6.8%，使 $LiMnPO_4$ 的循环稳定性较差[3]。此外，$LiMnPO_4$ 的电流耐久性和有效能量密度相比 $LiFePO_4$ 较低，动力学也相对缓慢，这主要是由于在不匹配的 $MnPO_4/LiMnPO_4$ 界面处的动力学能垒较大。由于 Mn^{2+} 和 Fe^{2+} 具有相似的离子半径，因此两种离子可以被随机取代，使 $LiMnPO_4$ 与 $LiFePO_4$ 可以任意比例互溶形成 $LiFe_{1-x}Mn_xPO_4$ 固溶体，该固溶体兼具 $LiMnPO_4$ 和 $LiFePO_4$ 的特性，最近备受关注。

磷酸锰铁锂具有正交晶系橄榄石晶体结构，属于 Pnma 空间群，由 $LiMPO_4$（M＝Fe、Mn、Mn_yFe_{1-y}、Co、Ni）衍生而来。Li 和 Fe/Mn 原子分别占据氧八面体 $4a$ 位和 $4c$ 位，形成变形的 LiO_6 和 $Mn(Fe)O_6$ 八面体；P 原子位于氧四面体 $4c$ 位，形成 PO_4 四面体[4-7]。微变形的六面体密堆积框架组成 1 个三维框架结构，$Mn(Fe)O_6$ 占据三维空间框架的 2 个八面体，PO_4 占据 2 个四面体，LiO_6 占据 4 个八面体。$LiFePO_4$ 和 $LiMnPO_4$ 在充放电过程中均经历 $LiFePO_4$ 到 $FePO_4$ 或 $LiMnPO_4$ 到 $MnPO_4$ 的两相转换过程[8]。国内外材料结构化学家对磷酸锰铁锂的脱嵌锂模型给出了许多解释，目前得到公认的为磷酸锰锂与磷酸铁锂的脱嵌锂机制是一样的。磷酸锰铁锂的脱嵌锂机理解释如下：磷酸锰铁锂在脱锂过程中，先进行 $Fe^{2+} \longrightarrow Fe^{3+}$ 的反应，之后进行 $Mn^{2+} \longrightarrow Mn^{3+}$ 的反应。未充电时是 $LiFePO_4$ 和 $LiMnPO_4$ 的固溶体；铁参加反应时，形成的是 $LiFePO_4$、$FePO_4$ 和 $LiMnPO_4$ 的固溶体；锰参加反应时，形成的是 $FePO_4$、$LiMnPO_4$ 和 $MnPO_4$ 的固溶体；充电完全结束时，形成的是 $FePO_4$ 和 $MnPO_4$ 的固溶体。$Mn(Fe)O_6$ 八面体通过共顶点的方式相连接，形成 Z 字形的 $Mn(Fe)O_6$ 八面体层。在 $Mn(Fe)O_6$ 八面体层之间，相邻的 LiO_6 在 b 轴方向上通过共棱的方式形成与 c 轴平行的 Li^+ 连续直链，使得 Li^+ 可能在二维方向上移动。但是不能形成共棱的 $Mn(Fe)O_6$ 八面体连续结构，导致磷酸锰铁锂材料具有较低的电子电导率。另外，由于 PO_4 四面体位于 $Mn(Fe)O_6$ 八面体层之间，阻塞了 Li^+ 的扩散通道，使得 Li^+ 只能在一维通道内进行扩散，造成磷酸锰铁锂材料极低的锂离子扩散系数。这与磷酸铁锂的结构和性质十分相似。磷酸锰铁锂的晶体结构示意图如图 2.1 所示。

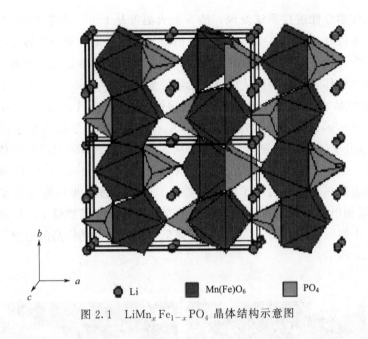

$$Li \qquad Mn(Fe)O_6 \qquad PO_4$$

图 2.1　$LiMn_xFe_{1-x}PO_4$ 晶体结构示意图

2.2　近年来磷酸锰铁锂正极材料的合成技术

当前磷酸锰铁锂的合成技术路线主要有固相法、水热合成法和溶剂热法、静电纺丝法、溶胶-凝胶法等。

2.2.1　固相法

固相法是一种通过将锂源、锰源、铁源、磷源按照一定比例混合均匀后，在惰性气体气氛中高温烧结得到磷酸锰铁锂材料的一种方法[9]。固相法工艺简单、技术成熟，因此被广泛应用于工业生产中。然而固相法所制备材料的颗粒均匀性差、材料团聚严重、分散性差、不利于加工，因此研究人员大多通过改良的固相法制备磷酸锰铁锂材料。

Chi 等[10] 采用固相法成功制备了 $LiMn_{0.7}Fe_{0.3}PO_4/C$ 复合正极材料。并采用 SEM、横流充放电测试和电化学阻抗谱（EIS）研究了退火温度对 $LiMn_{0.7}Fe_{0.3}PO_4/C$ 结构和电化学性能的影响。图 2.2 为所制备样品的 SEM 图，由图可见，所有样品均为粒径小于 $2\mu m$ 的无定形团聚颗粒。这些颗粒是通过将纳米一次颗粒嵌入碳中形成的。随着退火温度的升高，一次粒子逐渐长大。对电化学性能进行测试发现，随着退火温度从 550℃ 升高到 650℃，电化学性能显著提高，这是由结晶度提高、阳离子有序度增加和电荷转移阻抗降低造成的。然而，将退火温度提高到 700℃ 会造成颗粒粒径变大、阳离子有序度降低、电荷转移阻抗升高，从而使电化学性能下降。在 650℃ 的最佳退火温度下制备的样品表现出显著改善的电化学性能，0.2C 首次放电比容量可达 125.1mA·h/g，5C 放电比容量为 95mA·h/g，30 次循环后容量保持率为 98.0%。EIS 结果显示，随着退火温度从 550℃ 升高到 650℃，电荷转移阻抗显著降低，电化学性能显著提高。这可归因于 $LiMn_{0.7}Fe_{0.3}PO_4$ 阳离子有序度提高和表面热解碳层的电子电导率提高。然而，进一步将退火温度提高到 700℃ 会增加电荷转移阻抗，主要归因于较大的晶体粒径使得 Li^+ 扩散路径变长，另一个原因可能与其阳离子有序度降低有关。所制备样品的电化学性能结果如图 2.3 所示。

图 2.2　不同退火温度制得的 $LiMn_{0.7}Fe_{0.3}PO_4/C$ 样品的 SEM 图像

(a) 550℃；(b) 600℃；(c) 650℃；(d) 700℃

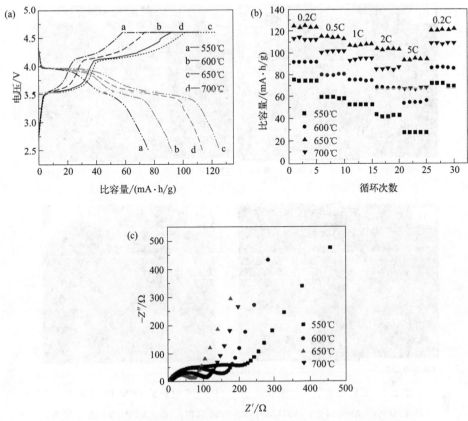

图 2.3　不同退火温度制得的 $LiMn_{0.7}Fe_{0.3}PO_4/C$ 样品的电化学性能

(a) 0.2C 首次充放电曲线；(b) 倍率性能曲线；(c) 交流阻抗谱

Podgornova 等[11] 通过两步固相反应合成了 $LiMn_{0.5}Fe_{0.5}PO_4/C$ 复合材料。首先第一步制备了无碳 $LiMn_{0.5}Fe_{0.5}PO_4$，第二步时，分别以炭黑（CB）、柠檬酸（CA）和聚乙烯吡咯烷酮（PVP）为碳源进行碳包覆得到 $LiMn_{0.5}Fe_{0.5}PO_4/C$ 复合材料，分别命名为 LMFP/CB、LMFP/CA、LMFP/PVP，并对其进行了一系列物理和电化学性能测试。从图 2.4 所示的 SEM 和透射电子显微镜（TEM）图可知，样品均由亚微米颗粒组成。无论使用何种碳源，一次颗粒的平均粒径为 100～200nm，二次颗粒的平均粒径约 10μm。由 TEM 图像可知，LMFP/PVP 样品包含直径约 200nm 的球形颗粒，表面存在约 3nm 厚的碳层，该厚度碳层既能提高磷酸锰铁锂材料的导电性，又不影响锂离子扩散。

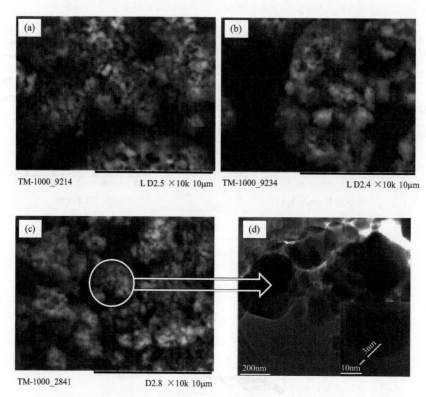

图 2.4 不同碳源制备的 $LiMn_{0.5}Fe_{0.5}PO_4/C$ 材料的 SEM 和 TEM 图

(a) LMFP/CB 的 SEM 图；(b) LMFP/CA 的 SEM 图；(c) LMFP/PVP 的 SEM 图；
(d) LMFP/PVP 的 TEM 图

图 2.5 显示了不同碳源制备的 $LiMn_{0.5}Fe_{0.5}PO_4/C$ 材料的充放电曲线和 dQ/dV 曲线。从图中可以看到，所有样品的充放电曲线均有两个平台，分别对应 Fe^{3+}/Fe^{2+} 和 Mn^{3+}/Mn^{2+} 氧化还原电对。此外，从图 2.5(b) 中还可以发现，在 3.6～3.7V 处存在额外的第三个平台，这可能与高倍率下 Mn^{3+}/Mn^{2+} 氧化还原反应动力学缓慢有关；抑或是高电流密度下的阳离子重排过程导致阳离子位点和空位的突然变化，从而导致 Li^+ 嵌入/脱出的新能垒。图 2.6 分别为不同碳源制备的 $LiMn_{0.5}Fe_{0.5}PO_4/C$ 材料的循环性能和倍率性能曲线，从图中可以看出，以 PVP 作为碳源对提升磷酸锰铁锂正极材料的电化学性能效果更好。

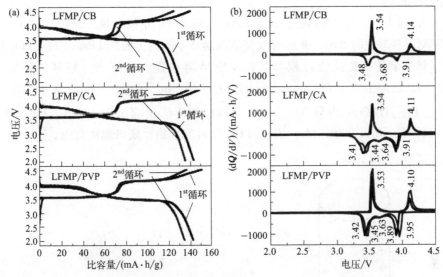

图 2.5　不同碳源制备的 $LiMn_{0.5}Fe_{0.5}PO_4/C$ 材料第一次（1st）和

第二次（2nd）循环的充放电曲线（a）和 dQ/dV 曲线（b）

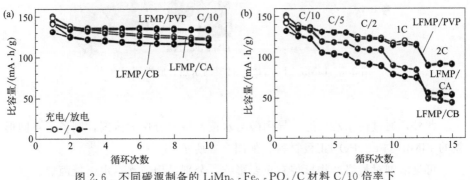

图 2.6　不同碳源制备的 $LiMn_{0.5}Fe_{0.5}PO_4/C$ 材料 C/10 倍率下

的循环曲线（a）和倍率性能曲线（b）

2.2.2　水热合成法

　　水热合成法是以水/非水溶媒为溶剂将原料放置在密封容器中，在高温高压条件下得到纳米级前驱体，最后通过高温烧结制得磷酸锰铁锂正极材料。水热合成法所制备的磷酸锰铁锂材料晶粒尺寸可控、结晶度高、纯度高，因此被科研人员广泛应用于实验室中。然而高温高压的反应环境危险性高，不利于大规模工业生产。

Xu 等人[12] 通过水热法合成了 $LiMn_{0.6}Fe_{0.4}PO_4$ 正极材料，研究了不同水热时间对材料形貌的影响，并通过改变溶剂制备了不同形貌的 $LiMn_{0.6}Fe_{0.4}PO_4$ 材料。该实验的水热反应过程如下：反应早期水合肼水解产生羟基，羟基与 $H_2PO_4^-$ 反应生成 HPO_4^{2-}，之后 HPO_4^{2-} 与 Mn^{2+} 和 Fe^{2+} 反应生成无定形 $Mn_{0.6}Fe_{0.4}HPO_4$，最后 $Mn_{0.6}Fe_{0.4}HPO_4$ 与 Li^+ 反应生成 $LiMn_{0.6}Fe_{0.4}PO_4$ 正极材料。图 2.7 为 $LiMn_{0.6}Fe_{0.4}PO_4$ 材料的水热合成机理示意图。

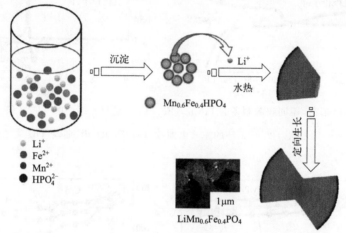

图 2.7 $LiMn_{0.6}Fe_{0.4}PO_4$ 材料的水热合成机理示意图

此外，通过使用乙二醇、异丙醇与水按比例混合作为溶剂，制备了不同形貌的 $LiMn_{0.6}Fe_{0.4}PO_4$ 正极材料，如图 2.8 所示。

可见溶剂对最终产物形貌有重要影响，分别采用纯水、水＋异丙醇、水＋

图 2.8 不同溶剂合成的 $LiMn_{0.6}Fe_{0.4}PO_4$ 正极材料的 SEM 图

(a) 纯水；(b) 水＋异丙醇；(c) 水＋乙二醇

乙二醇为溶剂，可合成稻草状、棒状、花状形貌的颗粒。对不同溶剂合成的 $LiMn_{0.6}Fe_{0.4}PO_4$ 正极材料进行电化学性能测试，发现以水＋异丙醇（体积比 2：1）混合溶液为溶剂得到的棒状 $LiMn_{0.6}Fe_{0.4}PO_4$ 材料具有最佳的电化学性能。图 2.9 为各组样品的电化学测试结果。

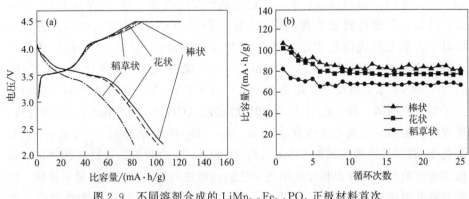

图 2.9　不同溶剂合成的 $LiMn_{0.6}Fe_{0.4}PO_4$ 正极材料首次
充放电曲线（a）和 0.05C 循环性能曲线（b）

Wi 等[13] 以抗坏血酸为表面能改性剂，通过溶剂热法合成了微米级高体积密度 $LiMn_{0.8}Fe_{0.2}PO_4$ 介晶。由图 2.10 的 SEM 图可以看到，该介晶呈多

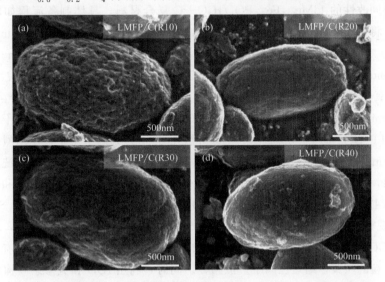

图 2.10　不同间苯二酚添加量合成的 $LiMn_{0.8}Fe_{0.2}PO_4$/C 材料的 SEM 图
（a）LMFP/C（R10）；（b）LMFP/C（R20）；（c）LMFP/C（R30）；（d）LMFP/C（R40）

孔微椭球形貌，由约 30nm 大小的纳米颗粒组成，具有高达 $1.2g/cm^3$ 的振实密度。具体制备过程为：将 10mL $Mn(CH_3COO)_2 \cdot 4H_2O$（0.008mol）和 $Fe(NO_3)_3 \cdot 9H_2O$（0.002mol）混合水溶液注入 140mL n,n-二甲基甲酰胺（DMF，C_3H_7NO）中，80℃下搅拌 1h，生成 Mn/Fe 氧化物纳米颗粒；随后加入 0.01mol $LiOH \cdot H_2O$、0.01mol 磷酸、0.006mol 抗坏血酸（$C_6H_8O_6$），24℃下搅拌 6h；将所得混合溶液转移至高压反应釜中，180℃保温 12h；经离心、洗涤、干燥得到微米级多孔 $LiMn_{0.8}Fe_{0.2}PO_4$（LMFP）介晶。为了在 LMFP 介晶上形成碳包覆层，将 LMFP 胶体溶液（30mL，100mg）依次与 0.1mL NH_4OH 和 1mL、0.01mol/L 十六烷基三甲基溴化铵（CTAB，$C_{19}H_{42}BrN$）水溶液混合，搅拌 30min 确保 CTAB 在 LMFP 上吸附。然后加入所需量的间苯二酚（$C_6H_6O_2$）和甲醛溶液（CH_2O，0.06mL），搅拌过夜，形成酚醛树脂。经离心、洗涤，在 H_2/Ar（H_2 体积分数 5%）气氛下 800℃煅烧 1h 获得共形碳包覆的 $LiMn_{0.8}Fe_{0.2}PO_4/C$ 复合材料。该材料在保证较高振实密度的同时表现出良好的电化学性能。通过调节间苯二酚的量来优化二次颗粒的孔隙率和碳包覆层，使 $LiMn_{0.8}Fe_{0.2}PO_4/C$ 材料的电化学性能进一步改善。其中间苯二酚添加量分别为 10mg、20mg、30mg、40mg，制得的材料分别命名为 LMFP/C（R10）、LMFP/C（R20）、LMFP/C（R30）、LMFP/C（R40），其电化学性能如图 2.11 所示。

Yu 等人[14] 采用水热法制备了还原氧化石墨烯（rGO）和多巴胺衍生氮掺杂碳协同改性的 $LiMn_{0.5}Fe_{0.5}PO_4/rGO+C$ 复合材料，具体制备流程如图 2.12 所示。将 100mmol H_3PO_4 溶解在 50mL 乙二醇中，将其缓慢加入 15mL 含有 30mmol LiOH 的氧化石墨烯（GO）悬浮液（2mg/mL）中搅拌 60min。之后，将 5mmol $MnSO_4 \cdot H_2O$、7mmol $FeSO_4 \cdot 7H_2O$ 和 1mmol 抗坏血酸溶解在 15mL 氧化石墨烯（GO）悬浮液（2mg/mL）中，将其滴加到上述混合溶液中，搅拌 5min 后转移到高压反应釜中，200℃保温 12h，过滤、洗涤、冷冻干燥后得到 LMFP/GO。将 200mg LMFP/GO 分散在 200mL 去离子水中，在剧烈搅拌下加入 40mg 多巴胺和 244mg 三羟甲基氨基甲烷，反应 5h 后，经过滤、洗涤、冷冻干燥，最后在 $Ar:H_2=95:5$ 混合气保护下 650℃煅烧 8h 制得 rGO 和多巴胺衍生 N 掺杂碳协同改性 $LiMn_{0.5}Fe_{0.5}PO_4$ 复合材料（LMFP/rGO+C）。SEM 和 TEM 观察发现 $LiMn_{0.5}Fe_{0.5}PO_4$ 纳米颗粒在氮掺杂碳层的包裹作用下，均匀分布在 rGO 纳米片上，如图 2.13(a)～图 2.13(d) 所示。这一结构设计可有效抑制纳米颗粒的团聚，缩短锂离子扩散路径。同时，利用 rGO 和氮掺杂碳构建了高速导电网络，其与 $LiMn_{0.5}Fe_{0.5}PO_4$ 纳米颗粒面对面接触，保证了电子的快速传输，使 rGO 和 N 掺杂碳协同改性的 $LiMn_{0.5}Fe_{0.5}PO_4$ 复合材料表现出快速充放

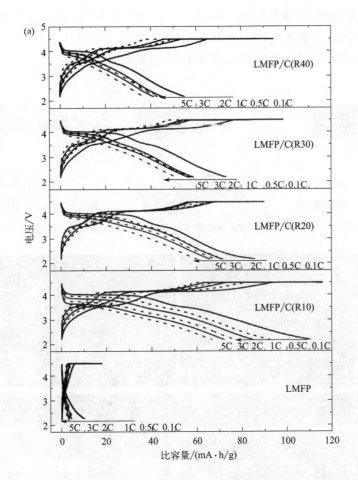

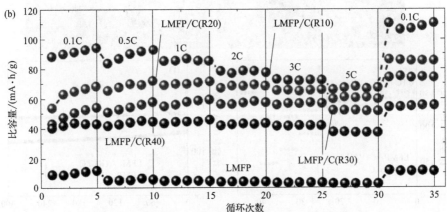

图 2.11　不同间苯二酚添加量合成的 $LiMn_{0.8}Fe_{0.2}PO_4/C$
材料不同倍率下的充放电曲线（a）和倍率性能曲线（b）

电能力，10C 放电比容量可达 105mA·h/g，1C 循环 300 次的容量保持率为 97.6%，远远高于未加 rGO 的 N 掺杂碳改性 $LiMn_{0.5}Fe_{0.5}PO_4$（LMFP/C）纳米颗粒的 46mA·h/g 和 90.9%，如图 2.13(e)、图 2.13(f) 所示。

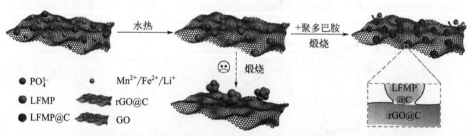

图 2.12　rGO 与多巴胺衍生 N 掺杂碳协同改性 $LiMn_{0.5}Fe_{0.5}PO_4$ 复合材料的制备流程示意图

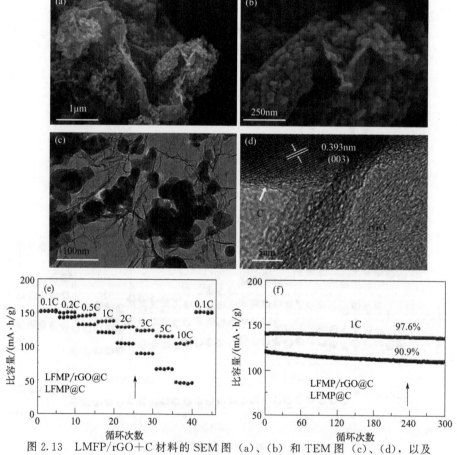

图 2.13　LMFP/rGO＋C 材料的 SEM 图（a）、（b）和 TEM 图（c）、（d），以及 LMFP/rGO＋C 和 LMFP/C 的倍率性能曲线（e）和 1C 循环曲线（f）

Yi 等人[15] 通过水热法成功制备了碳包覆 $LiMn_{1-x}Fe_xPO_4$（$x=0$、0.1、0.2、0.3、0.4、0.5）纳米复合材料。由图 2.14 的 SEM 图可以观察到，碳包覆不影响 $LiMn_{1-x}Fe_xPO_4$ 的形貌，但会抑制颗粒团聚，$LiMn_{1-x}Fe_xPO_4$ 颗粒表面观察到 2.5nm 厚的碳包覆层。Fe 掺杂对 $LiMnPO_4$ 形貌影响很大，碳包覆 $LiMn_{0.5}Fe_{0.5}PO_4$ 样品为长度 100～200nm 的纳米棒形貌，表现出优异的倍率性能和循环性能，5C 首次放电比容量可达 134.5mA·h/g，100 次循环后容量保持率为 84.6%，如图 2.15 所示。这归因于电荷转移阻抗和电极极化的降低、锂离子嵌入/脱出可逆性的提高，以及锂离子扩散系数的增大。

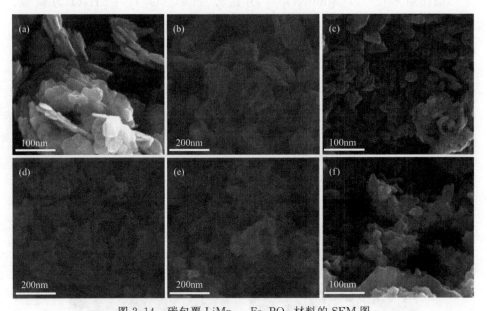

图 2.14　碳包覆 $LiMn_{1-x}Fe_xPO_4$ 材料的 SEM 图

(a) $x=0$，(b) $x=0.1$，(c) $x=0.2$，(d) $x=0.3$，(e) $x=0.4$，(f) $x=0.5$

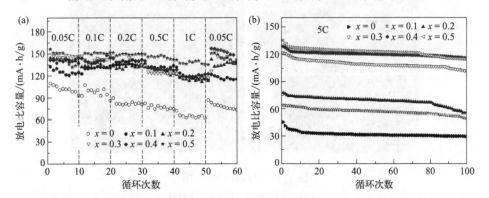

图 2.15　碳包覆 $LiMn_{1-x}Fe_xPO_4$ 材料倍率性能曲线（a）和 5C 循环曲线（b）

2.2.3 溶胶-凝胶法

溶胶-凝胶法首先将锂源、锰源、铁源、磷源等原料溶于溶剂中形成液相前驱体，然后通过水解、缩合等化学反应，使溶液形成透明的溶胶，经陈化、干燥形成凝胶，最后通过高温烧结制得磷酸锰铁锂正极材料。该方法所制备的材料颗粒尺寸均匀且细小、团聚较少、制备过程简单、能耗较少，但生产周期较长，不利于大规模工业化生产。

尚伟丽 等[16] 以 $Mn(NO_3)_2$ 为锰源、$Fe(NO_3)_3 \cdot 9H_2O$ 为铁源、$NH_4H_2PO_4$ 为磷源、$LiOH \cdot H_2O$ 为锂源、葡萄糖和柠檬酸为碳源和络合剂、乙二胺四乙酸和乳酸为添加剂、HNO_3 为助溶剂，制备了 LMFP-1 样品，并采用常规溶胶-凝胶法制备了 LMFP-2 样品作为对比。通过对比发现，LMFP-1 材料的类球形颗粒遵循正态分布，具有较高的压实密度和振实密度，使电池的能量密度提高了 30%，1C 倍率下循环 100 次后有 99.4% 的容量保持率。图 2.16 和图 2.17 分别显示了 LMFP-1 和 LMFP-2 样品的 SEM 图和电化学性能曲线。

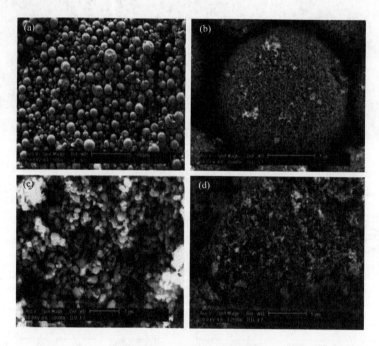

图 2.16　样品的 SEM 图

(a)、(b) LMFP-1；(c)、(d) LMFP-2

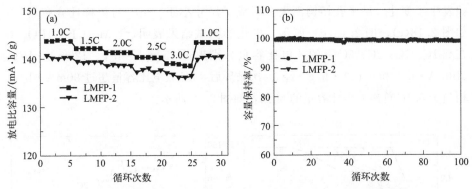

图 2.17　LMFP-1 和 LMFP-2 样品的倍率性能曲线（a）和循环性能曲线（b）

Liu 等[17] 以草酸锰、硝酸铁、磷酸为原料，通过两步溶胶-凝胶法成功制备了粒径为 50nm 的磷酸锰铁锂正极材料。通过 SEM 观察发现，$(Mn_{0.6}Fe_{0.4})_2P_2O_7/C$ 前驱体存在大量气孔，这是由预热处理过程中硝酸盐的分解造成的，如图 2.18(a)、图 2.18(b) 所示。但 $LiMn_{0.6}Fe_{0.4}PO_4/C$ 的形

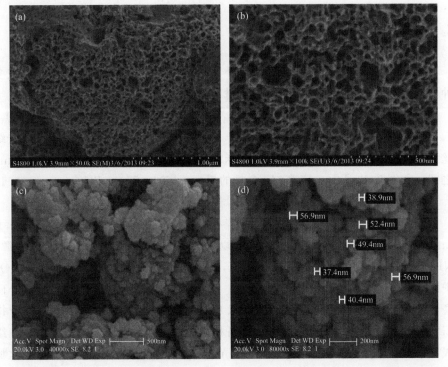

图 2.18　$(Mn_{0.6}Fe_{0.4})_2P_2O_7/C$（a）、（b）和 $LiMn_{0.6}Fe_{0.4}PO_4/C$（c）、（d）的 SEM 图

貌发生了变化，纳米孔结构消失，形成了尺寸小于 50nm 的颗粒且分布均匀，如图 2.18(c)、图 2.18(d) 所示。电化学测试结果表明，$LiMn_{0.6}Fe_{0.4}PO_4/C$ 在 0.1C、1C、2C、3C 下的放电比容量分别超过 150mA·h/g、120mA·h/g、110mA·h/g 和 90mA·h/g。经 30 次循环后，3C 放电比容量超过 90mA·h/g，相当于 0.1C 首次放电比容量的 60%，如图 2.19 所示。

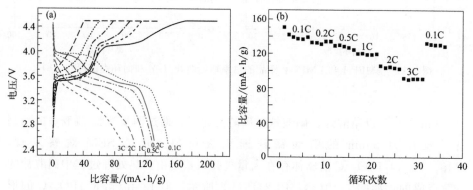

图 2.19　$LiMn_{0.6}Fe_{0.4}PO_4/C$ 样品不同倍率的充放电曲线 (a) 和倍率性能曲线 (b)

2.2.4　其他合成方法

除了以上应用较多的合成方法之外，研究人员还通过一些新颖的方法或多种方法相结合来制备磷酸锰铁锂正极材料。

Kang 等[18] 以聚乙烯吡咯烷酮、去离子水、甲醇、HNO_3、$LiNO_3$、$Fe(NO_3)_3·9H_2O$、$Mn(NO_3)_2·4H_2O$、$NH_4H_2PO_4$ 为原料，采用静电纺丝法制备磷酸锰铁锂材料。制得的纳米纤维状磷酸锰铁锂直径在 100～500nm 之间。如图 2.20 所示，随着 Mn 含量的提高，$LiMn_xFe_{1-x}PO_4$（$x=0$、0.1、0.3）材料的表面变得粗糙，比表面积增大。

Li 等[19] 通过共沉淀、喷雾干燥以及高温煅烧相结合的方法制备了 $LiMn_{0.6}Fe_{0.4}PO_4$ 正极材料。首先以 $MnSO_4$ 为锰源、$FeSO_4$ 为铁源、$NH_4H_2PO_4$ 为磷源，调节溶液 pH 值，通过共沉淀法制备 $Mn_{0.6}Fe_{0.4}HPO_4$ 中间体，然后将其与葡萄糖、$LiOH·H_2O$ 和 H_3PO_4 在去离子水中混合研磨，之后通过喷雾干燥制备微球状粉末前驱体，最后经高温煅烧制得 $LiMn_{0.6}Fe_{0.4}PO_4/C$ 正极材料。所制备材料为直径 2～5μm 的多孔微球，且组成微球的一次颗粒表面均匀包覆 4～6nm 厚的碳层，如图 2.21 所示，因此材料表现出优良的电化学性能。在 0.1C、1C、10C 倍率下的放电比容量分别为

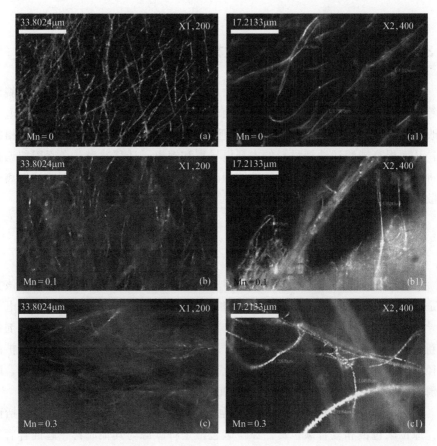

图 2.20　不同锰含量 $LiMn_xFe_{1-x}PO_4$（$x=0$、0.1、0.3）样品的 SEM 图

(a)、(a1) Mn=0；(b)、(b1) Mn=0.1；(c)、(c1) Mn=0.3

156mA·h/g、147mA·h/g、133mA·h/g，如图 2.22 所示。

图 2.21　$LiMn_{0.6}Fe_{0.4}PO_4/C$ 材料的 SEM 图

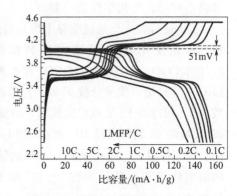

图 2.22　不同倍率下的充放电曲线

2.3 磷酸锰铁锂正极材料改性技术

目前常见的磷酸锰铁锂的改性方法主要有碳包覆、离子掺杂、微观形貌调控等。碳包覆是在磷酸锰铁锂材料表面包覆一层导电碳材料，通过提高导电性来改善其电化学性能。离子掺杂是指通过掺入杂质离子，改变晶体的体相特征，从而提高磷酸锰铁锂材料的本征电导率和锂离子迁移速率。微观形貌调控是将材料制成特定形状，使得颗粒体积减小，比表面积增大，从而缩短锂离子扩散路径，更有利于电极反应的发生。

2.3.1 碳包覆

碳包覆是一种在锂离子电池正极材料领域应用非常广泛的改性方法。该方法是通过将具有高电导率的碳均匀包覆在正极材料表面来提高正极材料的电子电导率。除此之外，碳包覆还可以在一定程度上抑制颗粒生长或作为成核剂促进新晶粒的生成，使颗粒均匀且细小，增大比表面积，从而缩短锂离子的扩散路径，提高锂离子扩散效率，减少极化。有机包覆碳源还可用来作还原剂，防止磷酸锰铁锂材料中 Mn^{2+} 和 Fe^{2+} 的氧化。

碳包覆方式对材料的结构和性能也有很大影响。碳包覆方式主要包括两种：原位碳包覆和复合碳包覆。原位碳包覆是将碳源与其他原料一起混合后经过干燥等方式形成前驱体，再经高温煅烧使碳源分解脱氢，最后将碳均匀包覆在磷酸锰铁锂正极材料表面。该方法包覆均匀，且烧结过程中产生的气体有利于材料形成多孔结构。复合碳包覆则是将其他原材料通过干燥等方式得到的前驱体与碳源混合，再经高温煅烧制得磷酸锰铁锂材料。该方法所得材料通常碳包覆不均匀、电化学性能一般。

Zhang 等人[20] 通过喷雾干燥和后烧结工艺制备了 $LiMn_{0.8}Fe_{0.2}PO_4$ 微球颗粒。首先使用高速行星式球磨机将摩尔比为 0.8：0.2：1 的 $MnCO_3$、$Fe(CH_3COO)_2 \cdot 4H_2O$、$H_3PO_4$ 在去离子水中 400r/min 球磨 5h。之后，加入 Li_2CO_3（过量，质量分数 5%）、均苯四甲酸（质量分数 1%）和蔗糖（质量分数 5%）再球磨 5h 形成稳定浆料，喷雾干燥后，将所得前驱体粉末在 N_2 气氛下 650℃ 煅烧 6h 制得直径 $10\sim20\mu m$ 的 $LiMn_{0.8}Fe_{0.2}PO_4/C$ 微球。该微球由 100nm 的初级颗粒组成，表面包覆 5nm 厚的碳层，如图 2.23 所示。该材料表现出优异的倍率性能和循环稳定性，0.2C 和 10C 放电比容量分别为 $140mA \cdot h/g$ 和 $110mA \cdot h/g$，25℃、0.2C 倍率下 200 次循环后的容量保持率为 90.2%，55℃、

1C 倍率下 100 次循环后的容量保持率为 95.0%，如图 2.24 所示。

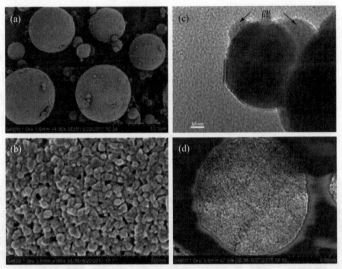

图 2.23　$LiMn_{0.8}Fe_{0.2}PO_4$ 的次级颗粒（a）和初级颗粒（b）的 SEM 图像；
初级颗粒的 HR-TEM 图像（c）；单个次级颗粒的横截面 SEM 图像（d）

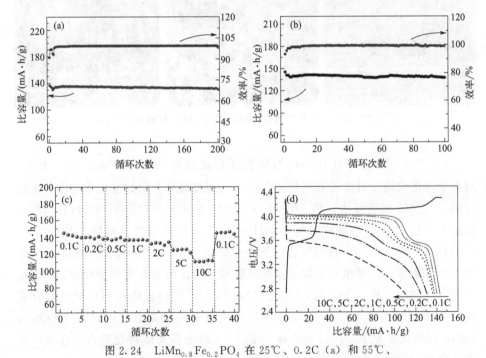

图 2.24　$LiMn_{0.8}Fe_{0.2}PO_4$ 在 25℃、0.2C（a）和 55℃、
1C（b）的循环性能曲线；倍率性能曲线（c）；不同倍率放电曲线（d）

Mi 等人[21] 通过碳包覆对 $LiMn_{0.4}Fe_{0.6}PO_4$ 材料进行改性。将 $(Mn_{0.4}Fe_{0.6})C_2O_4 \cdot 2H_2O$、$Li_2CO_3$、$NH_4H_2PO_4$ 和蔗糖分散在乙醇中，球磨 3h 后 100℃ 真空干燥 2h，在管式炉中氮气气氛下 550℃ 煅烧 3h。将所得粉末与蔗糖、聚乙二醇 400 (PEG400)、多壁碳纳米管混合，溶于去离子水后再次球磨 5h。离心喷雾后，在氮气气氛下 650℃ 煅烧 10h 得到最终产物。从图 2.25 的 SEM 图观察发现，多孔碳纳米管的引入没有改变喷雾干燥颗粒的球形形貌，此外还发现包覆 2% 碳纳米管的 $LiMn_{0.4}Fe_{0.6}PO_4$ 颗粒表面具有开放的中孔，且可清楚看到碳纳米管的分布。电化学性能测试发现，改性后正极材料的电化学性能明显提升，如图 2.26 所示。

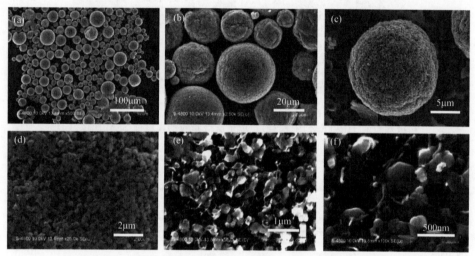

图 2.25 2% 碳纳米管包覆 $LiMn_{0.4}Fe_{0.6}PO_4$ 材料的 SEM 图

Liu 等人[22] 采用铁辅助碳包覆方法在磷酸锰铁锂 ($LiMn_{0.8}Fe_{0.2}PO_4$) 材料表面形成均匀且高度石墨化的碳层，从而获得具有良好电化学性能的正极材料。通过溶剂热方法，将 $MnSO_4 \cdot H_2O$、$FeSO_4 \cdot 7H_2O$、H_3PO_4、抗坏血酸加入乙二醇-水溶液中，将 $LiOH \cdot H_2O$ 滴加到混合溶液中，使得 Li：Fe/Mn：P=3：1：1，在氮气保护下快速搅拌 30min，在特氟龙 (Teflon) 罐内 240℃ 保温 4h。洗涤过后加入草酸亚铁和蔗糖，最后在管式炉中 650℃ 煅烧 8h 得到 $LiMn_{0.8}Fe_{0.2}PO_4$/Fe/C (LMFP/Fe/C) 复合正极材料，材料的合成路径如 2.27 所示。加入少量草酸亚铁作为催化剂前驱体，在高温下分解为 FeO；在煅烧过程中，FeO 被还原为 Fe；Fe 将非晶态碳转化为石墨化碳，石墨化碳均匀而紧密地包覆在 LMFP 颗粒表面。

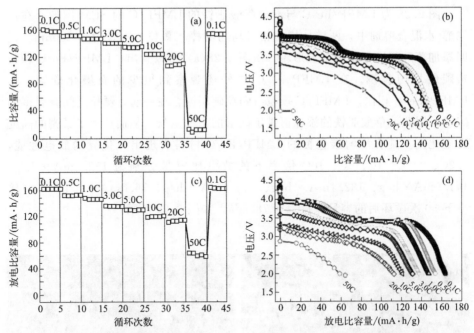

图 2.26　不含碳纳米管的 $LiMn_{0.4}Fe_{0.6}PO_4/C$ 样品的倍率性能曲线 （a）

和相应的放电曲线 （b）；含 2% 碳纳米管的 $LiMn_{0.4}Fe_{0.6}PO_4/C$

样品的倍率性能曲线 （c） 和相应的放电曲线 （d）

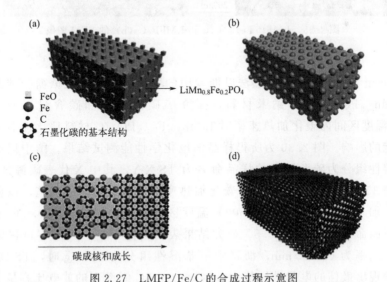

图 2.27　LMFP/Fe/C 的合成过程示意图

（a） 干燥过程中，草酸亚铁转变为氧化亚铁附着在 LMFP 颗粒表面；（b） 烧结过程中碳将

氧化亚铁还原为铁原子；（c） Fe 原子催化下，碳原子成核并在 LMFP 颗粒表面

生长成石墨化碳层；（d） LMFP 被包覆均匀的石墨化碳层

图 2.28 为 LMFP/Fe/C 与不含草酸亚铁的 LMFP/C 的 SEM 图像。在乙二醇-水混合溶剂中，两样品均为相对均匀的棒状颗粒，直径约为 200nm。说明添加草酸亚铁不影响颗粒形貌。由图 2.28(a) 可以看出，LMFP/Fe/C 颗粒被碳层均匀包围。在 LMFP/Fe/C 之外还观察到很少的石墨化碳膜。与 LMFP/Fe/C 相比，LMFP/C 颗粒与颗粒碳层混合在一起，颗粒之间有更多的碳层。因此，草酸亚铁的添加促进了碳层的定向生长，从而产生了紧密的高度石墨化碳。具有均匀碳包覆的 LMFP/Fe/C 材料表现出更优异的放电性能，0.2C、0.5C、1C、5C、10C 倍率下的放电比容量分别为 152.3mA·h/g、141.9mA·h/g、132.1mA·h/g、105.6mA·h/g、76.0mA·h/g，10C 倍率下 50 次循环后的容量保持率为 78.6%，如图 2.29 所示。

图 2.28　LMFP/Fe/C（a）和 LMFP/C（b）的 SEM 图像

Liang 等[23] 采用溶剂热法以沥青中的甲苯溶性组分或蔗糖为碳源制备了 $LiMn_{0.8}Fe_{0.2}PO_4/C$ 纳米材料，探究了碳源类型和碳含量以及 350～500℃温度区间内碳化加热速率对 $LiMn_{0.8}Fe_{0.2}PO_4/C$ 材料理化性能和电化学性能的影响。图 2.30 为所得样品的电化学性能测试结果。图中以沥青中甲苯溶性组分为碳源制备的样品命名为 TS-X-Y，其中 X 代表碳源加入量，Y 代表 350～500℃温度区间内碳化加热速率；采用相同的工艺，以蔗糖为碳源，加入量 340mg，350～500℃温度区间内碳化加热速率 0.5℃/min 制得的样品命名为 SU-340-0.5。研究结果表明，在 350～500℃温度区间内碳化加热速率为 0.5℃/min，沥青中甲苯溶性组分为 200mg 时，TS-200-0.5 材料表现出最佳的电化学性能，0.1C、1C、5C 倍率下的放电比容量分别为 156.4mA·h/g、149.2mA·h/g、116.4mA·h/g，1C 倍率下循环 150 次后仍有 135.1mA·h/g 的放电比容量，容量保持率为 90.5%。此外，沥青中甲

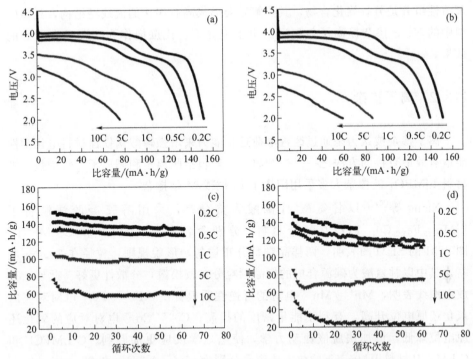

图 2.29 LMFP/Fe/C（a）和 LMFP/C（b）的首次放电曲线；
LMFP/Fe/C（c）和 LMFP/C（d）的循环性能曲线

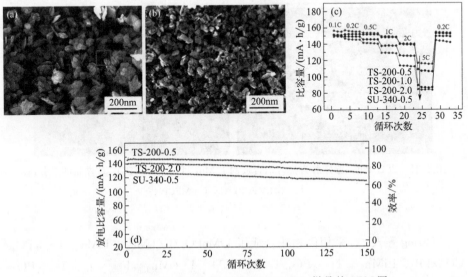

图 2.30 SU-340-0.5（a）和 TS-200-0.5（b）样品的 SEM 图；
以及各样品倍率性能（c）和循环性能（d）对比图

苯溶性组分是芳香族化合物，其热解后会形成高石墨化的流线型结构，且该碳源中的 N、S 掺杂提高了包覆碳的电子电导率，比蔗糖作为碳源具有更好的效果。

2.3.2 离子掺杂

离子掺杂被认为是通过改善电荷迁移能力来增强磷酸锰铁锂材料电化学性能最有效最直接的方法之一。掺杂离子一般包括阴离子和阳离子，磷酸盐正极材料 $LiMPO_4$ 的掺杂大多采用阳离子 Li 位或 M 位掺杂。

Xiong 等[24] 以甘氨酸/柠檬酸为螯合剂，采用溶胶-凝胶法制备了 $LiMn_{1/3}Fe_{1/3}Co_{1/3}PO_4/C$ 复合材料，分别命名为 G-LMFCP 和 C-LMFCP。图 2.31 的 SEM 图表明，两样品颗粒分布均匀，形貌规则，粒径在 300nm 左右，其中以甘氨酸为碳源合成的样品颗粒分布较松散，分散性更好。此外，充放电曲线表明，Mn^{3+}/Mn^{2+} 电对的可逆性明显提高，Fe^{3+}/Fe^{2+} 电对对应的氧化还原电位升高，有利于能量密度的提高；Co^{3+}/Co^{2+} 电对对应的氧化还原电位降低，可加快脱嵌锂动力学，使电化学反应更加顺利。G-LMFCP 和 C-LMFCP 材料 1C 倍率下的放电比容量分别为 97.9mA·h/g 和 85.2mA·h/g，如图 2.32 所示。

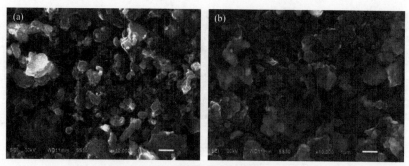

图 2.31　以甘氨酸/柠檬酸为螯合剂合成的 $LiMn_{1/3}Fe_{1/3}Co_{1/3}PO_4/C$ 样品的 SEM 图
(a) G-LMFCP；(b) C-LMFCP

Huang 等人[25] 采用固相法合成了 $LiMnPO_4/C(LMP)$、$LiMn_{0.85}Fe_{0.15}PO_4/C(LMFP)$、$LiMn_{0.92}Ti_{0.08}PO_4/C$（LMTP）、$Li(Mn_{0.85}Fe_{0.15})_{0.92}Ti_{0.08}PO_4/C$（LMFTP）等材料，研究 Fe^{2+}/Ti^{4+} 单一掺杂或共掺杂对 $LiMnPO_4/C$ 性能

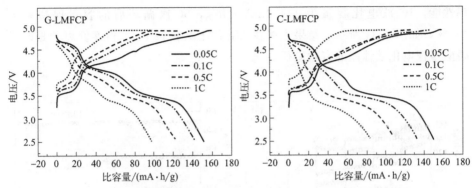

图 2.32　以甘氨酸/柠檬酸为螯合剂合成的 $LiMn_{1/3}Fe_{1/3}Co_{1/3}PO_4/$
C 样品不同倍率下的充放电曲线

的影响。发现掺杂后的三组样品均为单相，具有相似的形貌、粒径和碳含量，如图 2.33 所示。由于 Ti^{4+} 和 Fe^{2+} 之间的协同作用，在 Mn 位共掺杂 Ti^{4+} 和 Fe^{2+} 极大提高了 $LiMnPO_4/C$ 的性能，从而改善了橄榄石结构的动态稳定性、锂离子扩散速率和电化学动力学。与 $LiMn_{0.85}Fe_{0.15}PO_4/C$ 和 $LiMn_{0.92}Ti_{0.08}PO_4/C$ 相比，$Li(Mn_{0.85}Fe_{0.15})_{0.92}Ti_{0.08}PO_4/C$ 表现出更高的放电比容量和更好的倍

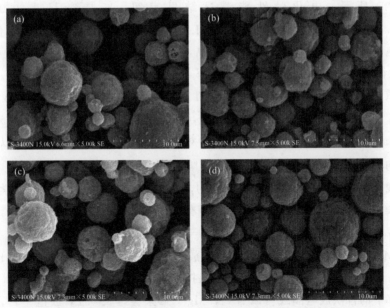

图 2.33　未掺杂及掺杂的 $LiMnPO_4/C$ 样品的 SEM 图像

(a) LMP；(b) LMFP；(c) LMTP；(d) LMFTP

率性能，1C 放电比容量为 144.4mA·h/g，50 次循环后的容量保持率为 100%，如图 2.34 所示。结果表明在 Mn 位上共掺杂 Fe^{2+} 和等价离子是改善磷酸锰锂电化学性能的有效途径。

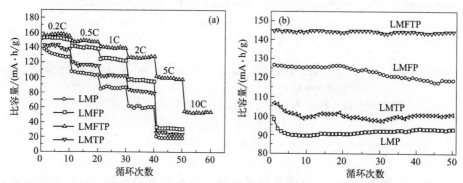

图 2.34　未掺杂及掺杂的 $LiMnPO_4/C$ 样品倍率性能曲线（a）和 1C 循环曲线（b）

Wu 等[26] 研究了 V 铁位掺杂对 $LiMn_{0.8}Fe_{0.2}PO_4$（LMFP）材料的影响。SEM 和 TEM 观察发现 V 掺杂并未改变原有颗粒形貌，均为 100～150nm 的球形颗粒，能量色散 X 射线谱（EDS）分析结果表明所有元素均匀分布，如图 2.35 所示。电化学性能测试结果表明，V 掺杂量为 0.03 时，$LiMn_{0.8}Fe_{0.2-0.045}V_{0.03-0.015}PO_4$（V-LMFP）材料产生了少量的锂空位，材料的电导率和锂离子扩散速率大大提高，0.1C 放电比容量达到 155mA·h/g，500 次循环后仍有 98.9% 的容量保持率，如图 2.36 所示。

戴仲葭[27] 采用溶剂热法制备了 Mg^{2+} 掺杂的磷酸锰铁锂 $LiMn_{0.8-x}Fe_{0.15+x}Mg_{0.05}PO_4$（$x=0$、0.025、0.05）正极材料，并与未掺杂样品 $LiMn_{0.8}Fe_{0.2}PO_4$（LMFP）进行对比。从图 2.37 的 SEM 图可以发现，产物均为纳米颗粒，Mg^{2+} 掺杂并不影响材料的形貌。从图 2.38(a) 的 1C 循环曲线可以看到，虽然 Mg^{2+} 是惰性的，不参与充放电过程中的电化学反应，但掺杂 Mg^{2+} 之后，材料的比容量反而有所提高，循环稳定性也有提升，尤其是 Mn 位掺杂的情况。$x=0.025$ 和 $x=0.05$ 时，$LiMn_{0.775}Fe_{0.175}Mg_{0.05}PO_4$ 和 $LiMn_{0.775}Fe_{0.175}Mg_{0.05}PO_4$ 的首次放电比容量分别为 104.5mA·h/g 和 110.1mA·h/g，循环 100 次后容量保持率均在 94% 以上。从图 2.38(b) 不同倍率下的首次放电曲线可以看到，Mg^{2+} 掺杂会延长 4.1V 放电平台，提升了材料中 Mn 容量的发挥效率。

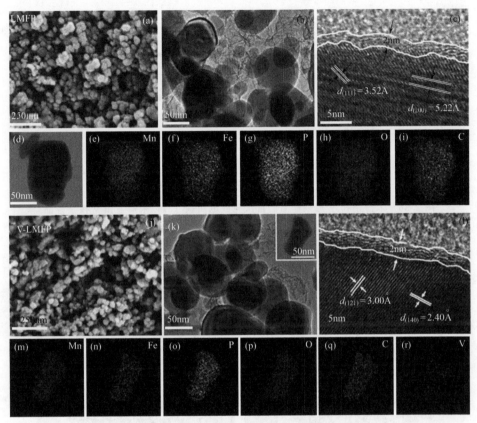

图 2.35　未掺杂和 V 掺杂样品的 SEM、TEM、EDS 图

(a)～(i) LMFP；(j)～(r) V-LMFP

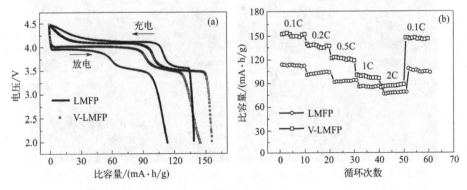

图 2.36

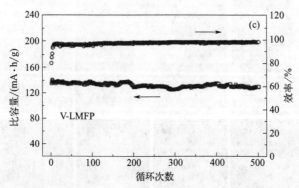

图 2.36　未掺杂和 V 掺杂样品的首次充放电曲线（a）；未掺杂和 V 掺杂样品的倍率性能曲线（b）；V 掺杂样品的循环性能曲线（c）

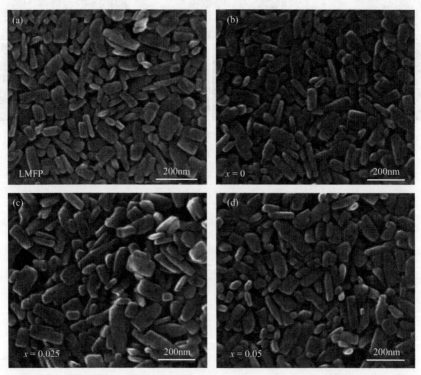

图 2.37　$LiMn_{0.8}Fe_{0.2}PO_4$ 及 $LiMn_{0.8-x}Fe_{0.15+x}Mg_{0.05}PO_4$ 样品的 SEM 图

（a）LMFP；（b）$LiMn_{0.8}Fe_{0.2}PO_4$；（c）$LiMn_{0.775}Fe_{0.175}Mg_{0.05}PO_4$；（d）$LiMn_{0.75}Fe_{0.2}Mg_{0.05}PO_4$

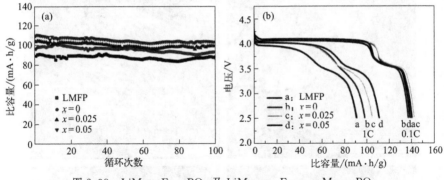

图 2.38　$LiMn_{0.8}Fe_{0.2}PO_4$ 及 $LiMn_{0.8-x}Fe_{0.15+x}Mg_{0.05}PO_4$
样品 1C 循环曲线 (a) 和不同倍率下的首次放电曲线 (b)

2.3.3　微观形貌调控

不同形貌、不同颗粒尺寸的磷酸盐正极材料对于电池的电化学性能、物理性能均有不同程度的影响。纳米化或多孔结构的正极材料会增大材料的比表面积，增加活性物质与电解液的接触面积，缩短锂离子的扩散通道，可以很大程度上提高电池的比容量和倍率性能。不过过高的比表面积也会影响材料的加工性能，使浆料的黏度过高，出现团聚现象等不利影响。

Jo 等人[28]通过多元醇法，以 $Mn(CH_3COO)_2 \cdot 4H_2O$ 为锰源、$[CH_3COCH\!=\!CO(CH_3)]_2Fe$ 为铁源、乙二醇为溶剂、LiH_2PO_4 为锂源和磷源制备 $LiMn_{0.71}Fe_{0.29}PO_4$ 正极材料，之后将 $LiMn_{0.71}Fe_{0.29}PO_4$ 与碳源混合通过球磨的方法进行碳包覆，最终得到碳包覆簇状 $LiMn_{0.71}Fe_{0.29}PO_4/C$ 纳米颗粒。通过 SEM 观察发现，球磨碳包覆后，材料显示出相对致密的结构，其中一次纳米颗粒聚集在一起，形成尺寸小于 $40\mu m$ 的二次颗粒，如图 2.39 所示。图 2.40 为样品在 21℃时不同倍率下的放电曲线，由图可见，3C、5C 倍率下的放电比容量分别为 $128mA \cdot h/g$ 和 $111mA \cdot h/g$，表现出良好的倍率性能。

Xu 等[29]通过氧化石墨烯辅助简易水热法，以 $Li_2SO_4 \cdot H_2O$ 为锂源、$NH_4H_2PO_4$ 为磷源、$MnSO_4 \cdot H_2O$ 为锰源、$(NH_4)_2Fe(SO_4)_2 \cdot 6H_2O$ 为铁源（摩尔比 2:1:0.6:0.4），加入不同质量（10mg、20mg、30mg）的氧化石墨烯作为辅助碳源，制备了 $LiMn_{0.6}Fe_{0.4}PO_4$ 纳米正极材料。其中氧化石墨烯添加量为 10mg、20mg、30mg 对应的样品分别命名为 S1、S2、S3。此外，在相同条件下合成的未添加氧化石墨烯的 $LiMn_{0.6}Fe_{0.4}PO_4$ 样品被标记

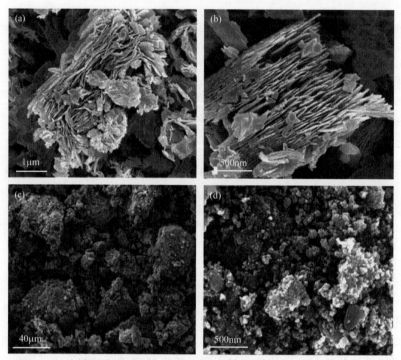

图 2.39 未进行碳涂层球磨的 $LiMn_{0.71}Fe_{0.29}PO_4$ 的 SEM 图（a）、（b）；
进行碳涂层球磨的 $LiMn_{0.71}Fe_{0.29}PO_4/C$ 的 SEM 图（c）、（d）

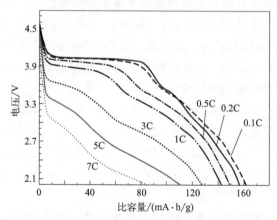

图 2.40 进行碳涂层球磨的 $LiMn_{0.71}Fe_{0.29}PO_4/C$ 样品在 21℃ 时不同倍率下的放电曲线

为 S4。通过 SEM 观察发现，不同氧化石墨烯用量对材料的形貌影响很大，如图 2.41 所示。此外，氧化石墨烯可提高材料的电化学性能，当氧化石墨烯用量为 20mg 时所合成的直径为 80nm 的 $LiMn_{0.6}Fe_{0.4}PO_4$ 颗粒具有最佳

的电化学性能，0.05C 倍率下具有 140.8mA·h/g 的放电比容量，如图 2.42
所示。

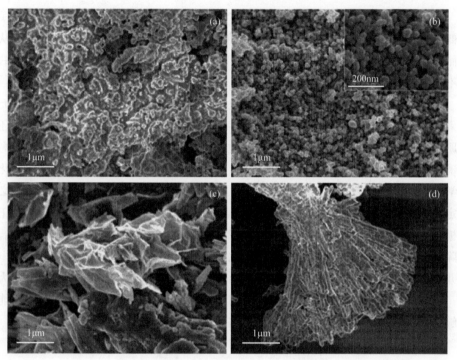

图 2.41 不同氧化石墨烯包覆量的 LiMn$_{0.6}$Fe$_{0.4}$PO$_4$ 的 SEM 图

(a) 10mg；(b) 20mg；(c) 30mg；(d) 0g

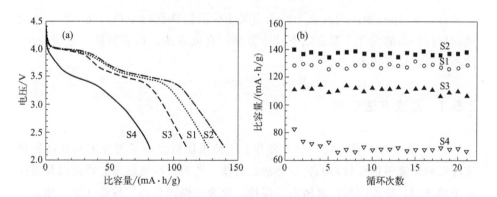

图 2.42 不同氧化石墨烯添加量 LiMn$_{0.6}$Fe$_{0.4}$PO$_4$ 样品

0.05C 首次放电曲线 (a) 和倍率性能曲线 (b)

2.4　磷酸锰铁锂正极材料应用技术

LiMnPO$_4$ 相对于 LiFePO$_4$ 而言循环稳定性较差，但工作电压高、自放电率低、成本低。根据动力电池的要求，可将两者相结合，形成 LiMn$_x$Fe$_{1-x}$PO$_4$，从而兼具二者的优势，工作电压在 3.8V 左右，而且电解液能在电压 4.0V 左右不分解。

目前纯电动汽车集中在以磷酸铁锂为正极材料的锂离子电池上，由于铁元素的先天劣势（三价铁是铁最稳定的存在形式，但是会大大降低电池性能并还原出微量铁元素，导致电池短路、漏电等），通过微量 Mn 掺杂，可显著提高磷酸铁锂材料的低温性能。微量 Mn 掺杂能够将晶粒细化，从而使材料的电化学脱嵌锂能力显著改善。因此在动力电池未来发展中，Mn 掺杂的磷酸铁锂必定成为一种趋势。为了解决 LiFePO$_4$ 基正极材料电导率低的问题，常常对正极材料进行碳包覆处理，但未综合考虑混合碳源对于材料电化学性能的影响。除此之外，微量添加剂对提高材料电化学性能也有明显作用，在目前的文献中并没有这方面的报道。近些年来，氧化物包覆正极材料在锂离子电池中也成为一种趋势，但是在磷酸锰铁锂材料方向还未发现相关报道，或许氧化物包覆能够为磷酸锰铁锂材料带来新的生机，这需要更加深入的研究[30]。

2.5　磷酸锰铁锂正极材料专利情况

自 2015 年开始国内共有 100 余篇关于磷酸锰铁锂的专利，其中关于磷酸锰锂材料性能的优化主要有以下几个方面：合成方法、形貌调控、包覆处理、体相掺杂、复合技术。

2.5.1　合成方法专利

① 发明专利 CN105633401A 公开了一种添加活性离子缓冲剂制备高能量密度磷酸锰铁锂正极材料的合成方法。具体工艺为：称取铁源、磷源以及活性离子缓冲剂，加入溶剂，水浴电动搅拌，化合干燥，马弗炉煅烧处理；加入锰源，加入溶剂，水浴 60～100℃ 电动搅拌至干燥，烘箱干燥，马弗炉煅烧处理；加入锂源、碳源，加入溶剂，水浴加热电动搅拌至干燥，烘箱干燥，管式炉保护性气氛烧结处理后得到碳包覆磷酸锰铁锂正极材料。该材料能量密度

高，首次放电比容量为 150.3mA·h/g，1C 循环 800 次后容量保持率
为 89.4%[31]。

② 发明专利 CN105514430A 公开了一种球形磷酸锰铁锂正极材料的制备
方法。制备过程为：称取锂源、铁源、锰源、磷源放入去离子中，加入碳源化
合物，搅拌形成溶液；加入表面活性剂十六烷基三甲基溴化铵（CTAB）搅拌
0.5h，加入乙二胺四乙酸（EDTA）再搅拌 0.5h 后转移至高压反应釜中
180℃水热 6~10h，经过滤、洗涤、干燥得到前驱体；最后在氮气气氛下，
500~800℃煅烧 8~12h。材料 0.2C 倍率下首次放电比容量达到 126.8mA·
h/g，经过 100 次循环后，容量保持率达到 97.2%[32]。

③ 发明专利 CN105406038A 公开了一种溶胶-凝胶法合成高容量、高循环
纳米磷酸锰铁锂材料的方法。首先按摩尔比称取锂源、铁源、锰源、磷源加入
溶剂中，并将碳源同时加入溶剂中，在水浴中搅拌至溶胶状态；将溶胶静置，
直至凝胶状态；干燥后放入管式炉中，在惰性气氛下预烧 3~5h，随炉冷却至
室温，将物料快速研磨破碎；再加入管式炉中，在惰性气氛下烧结，空冷至室
温，即可得到碳包覆的磷酸锰铁锂正极材料。该材料为纳米颗粒，具有较高的
放电电压平台（3.5V 和 4.1V），1C 放电比容量可达 145mA·h/g，循环 900 次
仍有 90% 的容量保持率，具有优于磷酸锰锂的电子电导率（10^3~10^4S/cm），同
时制备方法简单、对环境无污染[33]。

④ 发明专利 CN105470469A 主要涉及一种立式磁红外高压一体炉制备磷
酸锰铁锂正极材料的合成方法。配置锂源、磷源、铁源、锰源以及碳源溶液，
从立式磁红外高压一体炉进气口加入炉中，控制反应温度、旋转速度、反应压
力以及保护气氛将物料混匀。调节红外线控制器、压力控制器除去溶剂，获得
干燥的磷酸锰铁锂前驱体。立式磁红外高压一体炉维持一定转速，在保护气氛
下调节压力为 5~20MPa，调节红外线控制器，使设备内烧结温度在 400~
600℃，干燥的磷酸锰铁锂前驱体在立式磁红外高压一体炉中保压反应 5~20h
后得到磷酸锰铁锂正极材料。液相前驱体与固相成品在立式磁红外高压一体炉
中连续获得，增强设备效用，一定程度上提高了磷酸锰铁锂正极材料的电化学
性能，0.2C 放电比容量可达 152mA·h/g[34]。

⑤ 发明专利 CN106328942A 公开一种磷酸锰铁锂正极材料的制备方法。
采用静电纺丝法制得 $LiMn_xFe_{1-x}PO_4$（$0<x<1$）。在该制备方法中使用了造
孔剂（碳酸乙烯酯、聚乙二醇），得到的磷酸锰铁锂正极材料具有较高的长径
比和孔隙率，比表面积较大，使导电剂与活性物质接触位点增多。同时孔隙的
形成能够提供更多的扩散通道，保证电解液的充分浸润，从而减小锂离子的扩
散距离，提高材料的电导率，改善电池的倍率性能。1C、2C、3C、5C 下的首

次放电比容量分别为 144.3mA·h/g、133.8mA·h/g、129.4mA·h/g、120.5mA·h/g[35]。

⑥ 发明专利 CN104577119A 公开了一种锂离子电池正极材料磷酸锰铁锂及其制备方法。该方法以锰源化合物和铁源化合物为原料，分别配制富锰溶液和贫锰溶液，通过控制加样速度，用共沉淀法合成梯度结构的磷酸锰铁前驱体，再进行掺锂和高温煅烧，制备出梯度结构磷酸锰铁锂。该材料沿颗粒半径自内向外锰含量逐渐降低而铁含量逐渐升高。得到的具有梯度结构的磷酸锰铁锂正极材料具有能量密度高、循环性能好、倍率性能优异等特点，适合于锂离子动力电池领域。0.1C、0.2C、0.5C、1.0C 和 2.0C 倍率下的放电比容量分别为 152mA·h/g、149mA·h/g、144mA·h/g、138mA·h/g、130mA·h/g[36]。

⑦ 发明专利 CN109354002A 公开了一种由磷矿制备磷酸锂的方法。步骤包括：将磷矿石破碎后得到磷矿粉，将磷矿粉溶解在酸中，过滤得到滤液 A；向滤液 A 中加入碱性物质，搅拌直至溶液 pH＝6.0～8.5，然后加入碳酸盐，继续反应 30～120min 后过滤，得到滤液 B；向滤液 B 中加入可溶性锂盐，同时加入碱性物质，搅拌直至溶液 pH＝9.0～12.0，过滤干燥后得到磷酸锂。本发明提供的由磷矿制备磷酸锂的方法合理利用了磷矿，并低成本制备了磷酸锂，工艺简单。本发明还将由磷矿制得的磷酸锂作为原料来制备磷酸锰铁锂以及磷酸铁锂材料，得到的正极材料能量密度高、电化学性能优异。对磷矿中的磷提取率可以达到 85％以上，0.2C 首次放电比容量为 153mA·h/g[37]。

⑧ 发明专利 CN109231182A 公开了一种由磷矿制备磷酸二氢铵的方法。具体步骤包括：将磷矿石破碎后得到磷矿粉，将磷矿粉溶解在硝酸中，过滤得到滤液 A；向滤液 A 中加入硫酸铵，搅拌 30～60min，过滤得到滤液 B；向滤液 B 中加入钡盐，搅拌 30～60min 后过滤，得到滤液 C；向滤液 C 中加入氨水，搅拌直至溶液 pH＝3.8～7.0，过滤得到滤液 D；向滤液 D 中加入碳酸铵，搅拌 30～60min 后，过滤得到滤液 E；将滤液 E 进行浓缩和结晶，干燥，得到磷酸二氢铵。本发明提供的由磷矿制备磷酸二氢铵的方法，合理利用了磷矿，并低成本制备了磷酸二氢铵，工艺简单。本发明还通过将由磷矿制得的磷酸二氢铵作为原料来制备磷酸锰铁锂等正极材料。制备成本较低且环境友好，得到的磷酸锰铁锂正极材料能量密度较高、电化学性能优异，0.2C 首次放电比容量为 158mA·h/g[38]。

⑨ 发明专利 CN108996484A 公开了一种废旧磷酸铁锂电池的回收利用方法。具体步骤包括：将废旧磷酸铁锂电池进行放电、拆解得到正极片，将正极片溶解在酸中，过滤后得到滤液和滤渣，向滤液中加入氨水，搅拌直至溶液

pH＝1.0～1.6，得到含有硫酸锂和硫酸铝的混合溶液和磷酸铁沉淀；向混合溶液中加入氨水，搅拌直至溶液 pH＝5.4～7.0，过滤得到硫酸锂滤液和氢氧化铝沉淀；向硫酸锂滤液中加入含磷化合物和碱，搅拌直至溶液 pH＝9.0～14.0，过滤得到沉淀后干燥，得到磷酸锂。本发明还提供了一种磷酸锰铁锂或磷酸铁锂正极材料的制备方法，采用上述制得的磷酸锂和磷酸铁作为原料制得磷酸锰铁锂或磷酸铁锂正极材料。本发明有益效果包括以下几个方面：a. 可以回收磷酸铁锂电池中磷、铁、锂元素，回收率较高，其中磷、铁、锂的回收率均可达到 85％以上；b. 对环境友好，提取磷、铁、锂过程中不产生对环境有污染的废液、废渣，此外，方法操作简单、成本较低；c. 通过将废旧磷酸铁锂电池中的磷、铁、锂元素回收再利用，并以此为原料合成电化学性能优异的磷酸锰铁锂，具有良好的经济效益和环保效益；d. 通过将废旧磷酸铁锂电池中的磷、铁、锂元素回收再利用，并以此为原料合成电化学性能优异的磷酸铁。合成的磷酸锰铁锂 0.2C 首次放电比容量为 153mA·h/g[39]。

⑩ 发明专利 CN108987749A 公开了用磷矿石制取磷酸铁的方法。将磷矿石破碎后得到磷矿粉，溶解在酸中，过滤得到滤液，向滤液中加入可溶性铁盐，完全溶解后，加入碱性物质，搅拌直至溶液 pH＝1.0～2.0，过滤得到磷酸铁滤渣，干燥后得到磷酸铁。该方法合理利用了磷矿，并低成本制备了磷酸铁，工艺简单。还将由磷矿制得的磷酸铁作为原料来制备磷酸锰铁锂以及磷酸铁锂正极材料，得到的正极材料能量密度较高，电化学性能优异。合成的磷酸锰铁锂 0.2C 首次放电比容量为 156mA·h/g[40]。

⑪ 发明专利 CN108923090A 公开了一种对废旧磷酸铁锂电池进行回收利用的方法。包括：从废旧磷酸铁锂电池中分离出正极混合料；用硫酸充分溶解正极混合料，过滤得到第一滤液，向滤液中边加氨水边搅拌至体系 pH＝1.0～1.9，继续搅拌，过滤得到第二滤液和磷酸铁沉淀；向第二滤液中加入氢氧化钡或硝酸钡，经过滤得到第三滤液；按待制备产物磷酸锰铁锂 $LiMn_xFe_{1-x}PO_4/C$ 中各元素摩尔比加入第三滤液和磷酸铁沉淀、锰源、磷源及碳源，得到混合溶液；将混合溶液球磨、干燥、粉碎后，在惰性气氛中于第一温度（410～600℃）下预烧，再于第二温度（500～900℃）下烧结，得到碳包覆的磷酸锰铁锂正极材料，第二温度要高于第一温度。该方法可将废旧磷酸铁锂电池中所有元素全部回收再利用。制得的碳包覆磷酸锰铁锂正极材料为纳米级、粒径均匀、性能优异，1C 放电比容量可达 140mA·h/g，1C 中值电压 3.85V 以上，能量密度较高[41]。

⑫ 发明专利 CN107834033A 公开了一种新型磷酸锰铁锂复合电极材料的

改性制备方法。通过调控原料比例制备复合电极材料，并添加壳聚糖进行包覆，综合提高磷酸锰铁锂的电导率及充放电性能。此方法工艺简单、流程短，制备的电极微粉的电导率及充放电性能良好。具体方法如下：a. 以磷酸二氢锂作为锂源、草酸亚铁作为铁源、磷酸二氢铵作为磷酸源，及草酸锰、壳聚糖作为掺杂原料，首先按照 $LiMn_yFe_xPO_4$（$x+y=1$，$x \geqslant 0.6$）的原子比配料，将配好的原料置于玛瑙研钵中，添加适量乙醇进行研磨，研磨一段时间后粉体会先变成粥状，并伴有醋酸味冒出，继续研磨，当粉体全部变成淡黄色粉末后停止研磨，自然晾干得到前驱体粉末；b. 将步骤 a 所得到的前驱体粉末中加入适量的壳聚糖和乙醇溶液，进行湿法研磨，研磨均匀后，自然晾干；c. 在惰性气体保护下，将晾干的混合物粉末进行热处理；d. 所得产物在惰性气体保护下自然冷却至室温，即得到一种新型磷酸锰铁锂复合电极材料[42]。

⑬ 发明专利 CN106450294A 提供了一种用于磷酸锰铁锂的制备方法。本发明是利用铁片、铁屑、铁渣、无机铁盐、铁的氧化物或有机铁，与锰的碳酸盐、氧化锰在稀磷酸溶液中加入锂源等合成制备磷酸锰铁锂。该产品杂质含量极低，具有高分散性和流动性，振比均在 0.95 以上，粒度分布较窄，其中 $D50$ 稳定在 $5\mu m$ 左右。SEM 显示产品为片状，有着极高的压实密度。XRD 表明产品为纯相磷酸铁锰锂。扣电测试结果表明，电压平台 $4.18 \sim 4.2V$，$0.1C$ 放电比容量达到 $161 \sim 165mA \cdot h/g$。具体合成步骤如下：a. 称取铁源，加入有机表面活性剂、质量浓度为 $2\% \sim 55\%$ 的稀磷酸，置于反应釜中，将温度升至 $50 \sim 120℃$，无需搅拌，充分反应，调节 pH 值并稳定在 $2.0 \sim 5.0$，即表明反应完成，将该溶液通过板框过滤或聚丙烯（PP）桶式精密过滤器过滤，得到磷酸亚铁溶液；b. 对磷酸亚铁溶液中铁元素的含量进行测定，通过核算，补充水、磷源及锰源，所述的锰源为锰单质、一氧化锰、三氧化二锰、四氧化三锰、碳酸锰或偏碱性有机二价锰类物质；c. 保持反应温度在 $50 \sim 120℃$，$30 \sim 120min$ 后，加入质量分数 $0 \sim 15\%$ 的氢氧化锂或碳酸锂和 25% 浓度的氨水调节 pH=$5 \sim 10$，共沉淀得到磷酸锰铁锂或嵌锂磷酸锰铁锂前驱体；d. 洗涤烘干即可得到磷酸锰铁锂成品[43]。

2.5.2 形貌调控专利

发明专利 CN106340646A 公开了一种采用高温固相法制备球状复相磷酸锰铁锂材料的方法。首先将铁源、磷源、锂源、锰源、掺杂物和分散剂加入适量有机溶剂中，用双螺杆混合机制成均匀浆料，旋转蒸发干燥，低温预烧。将预烧物和适量有机碳源以及碳纳米管（CNT）加入水中混合砂磨，喷雾造粒，在惰性气氛下 675～725℃煅烧制备球状复相磷酸锰铁锂材料。通过控制元素添加比例，高温反应后形成（$LiMn_xFe_{1-x-y}M_yPO_4$）·（$Li_4P_2O_7$）$_z$ 或（$LiMn_xFe_{1-x-y}M_yPO_4$）·（Li_3PO_4）$_z$ 复相材料，并含有 CNT 导电网络，可提高 Li^+ 迁移速率，且为球形材料，可提高振实密度。该正极材料 0.2C 放电比容量为 147mA·h/g，1C 放电比容量为 140mA·h/g。并且工艺简单、技术成熟、原料丰富、易工业化[44]。

2.5.3　包覆处理专利

① 发明专利 CN107623112A 公开了一种掺锂磷酸硼修饰的碳包覆磷酸锰铁锂正极材料的制备方法。磷酸锰铁锂一次颗粒粒径小于 80nm，在磷酸锰铁锂一次颗粒表面生成 0.1～0.2nm 厚的碳包覆层，由磷酸锰铁锂一次颗粒团聚形成粒径 10～50μm 的碳包覆磷酸锰铁锂二次颗粒，内部一次颗粒之间的间隙填充掺锂磷酸硼。掺锂磷酸硼是一种锂离子导体，可为磷酸锰铁锂一次颗粒提供锂离子传输通道，保证二次颗粒内部活性物质容量的发挥；同时，掺锂磷酸硼修饰也是对磷酸锰铁锂一次颗粒进行表面包覆，能抑制锰离子溶出，提高磷酸锰铁锂材料的循环稳定性[45]。

② 发明专利 CN107689448A 公开了一种磷酸锰铁锂-三维碳骨架复合正极材料及其制备方法，实现了三维碳骨架材料（碳纳米管、乙炔黑、科琴黑、导电炭黑、石墨烯量子点等一维或零维导电碳材料）在磷酸锰铁锂颗粒中的构建。在制备磷酸锰铁锂过程中通过预先添加骨架碳原料后喷雾干燥，这些预先添加的骨架碳原料均匀分布在磷酸锰铁锂颗粒中形成三维碳骨架结构，提供良好的导电网络。该发明解决了现有磷酸锰铁锂正极材料中倍率性能较差的问题，使用喷雾干燥技术对磷酸锰铁锂材料进行造粒，中位粒径 $D50$ 一般大于 20μm，在喷雾造粒的颗粒内部直接加入一定量的碳材料，保证基本的电子导电能力。磷酸锰铁锂颗粒中三维碳骨架的存在，可有效连接后期有机碳源热解形成的碳层，实现所有磷酸锰铁锂颗粒的良好导电。三维碳骨架材料能有效调控磷酸锰铁锂颗粒的密度，提供足够的空间容纳电解液，提供良好的锂离子通道，保证磷酸锰铁锂材料较高的离子电导率[46]。

③ 发明专利 CN107546379A 公开了一种磷酸锰铁锂-三元材料复合正极材料及其制备方法。将磷酸锰铁锂纳米颗粒通过机械融合的方法固定在三元材料颗粒表面，形成紧密的多孔包覆层。解决了现有技术中三元材料与磷酸锰铁锂正极材料在混合浆料时两者由于密度不同容易偏析的问题。通过实现磷酸锰铁

锂对三元材料表面的紧密包覆，获得稳定的核壳结构，使磷酸锰铁锂材料对三元材料尤其是高镍三元材料的表面进行保护，防止三元材料吸收环境中的水分而发生变质，同时减少三元材料与电解液的直接接触，提高三元材料的稳定性与循环性[47]。

④ 发明专利CN106058220A公开了一种氮化钛和碳双重包覆磷酸锰铁锂复合材料的制备方法。在合成前驱体的过程中加入一定量碳源，再结合烧结过程中在保护性气氛下通入 NH_3，以 N_2 作为载气引入 $TiCl_4$。利用化学气相沉积法在磷酸锰铁锂表面均匀沉积一层氮化钛包覆层，制备了表面具有均匀氮化钛和碳包覆的磷酸锰铁锂复合材料。合成过程中通过调节碳源加入量和气相沉积过程中三种气体的流量及沉积时间可调节包覆层粒度、厚度及堆积密度，获得氮化钛和碳均匀包覆的磷酸锰铁锂复合材料。该材料包覆层具有良好的均匀性和一致性，材料振实密度高、导电性好，材料表现出良好的倍率性能和循环稳定性，0.2C放电比容量为145mA·h/g，3C放电比容量为137mA·h/g。制备过程简单可控、易于工业化[48]。

⑤ 发明专利CN106340639A公开了一种磷酸铁锂/碳包覆的核壳型磷酸锰铁锂复合正极材料。其组成通式为 $LiMn_xFe_{1-x}PO_4/LiMn_yFe_{1-y}PO_4/LiFePO_4/C$，其中核材料的组成为 $LiMn_xFe_{1-x}PO_4$，壳层材料的组成为 $LiMn_yFe_{1-y}PO_4$，包覆层材料的组成为 $LiFePO_4/C$（其中 $0.8 \leqslant x \leqslant 0.9$，$0.2 \leqslant y \leqslant 0.4$）。同时，核材料所占质量百分数为 $60\% \sim 80\%$，壳层材料占 $15\% \sim 30\%$，包覆层材料中磷酸铁锂占 $3\% \sim 7\%$、碳占 $2\% \sim 3\%$。本发明采用共沉淀法与水热法相结合得到核壳型磷酸锰铁锂颗粒，再与锂源、铁源、磷源、碳源混合后进行水热反应得到目标产物。制得的产品球形形貌规则，且极大程度地降低了材料中锰的溶解，电池循环性能得到大幅提升[49]。

⑥ 发明专利CN105047922A公开了一种碳包覆磷酸锰铁锂正极材料及其制备方法。化学通式为 $C\text{-}LiMn_xFe_{1-x-y}M_yPO_4$（其中 C 表示与化合物 $Li_{1-x}M_xMn_yFe_{1-y}PO_4$ 交联的碳，其中 $0 < x \leqslant 0.1$，$0.4 \leqslant y < 1$），M 为元素周期表第一行的过渡金属或过渡金属的混合物。首先合成草酸锰铁，然后将其与碳源、锂盐和磷源等球磨到一定粒度，在保护性气氛中烧结获得目标产物。所制备材料具有较高的能量密度，且工艺简单高效，有利于工业化生产。碳包覆磷酸锰铁锂正极材料首次放电比容量为141.9mA·h/g[50]。

⑦ 发明专利CN105742610A公开了一种碳包覆磷酸锰铁锂薄膜型正极材料的制备方法。先对铁锰合金材料进行打磨抛光、清洗、烘干，以基体材料为阳极、不锈钢片为阴极，将它们同时浸入微弧氧化电解液中进行微弧氧化处

理，在基体表面均匀覆盖一层微孔结构的磷酸铁锰。将锂源加入无水乙醇中，以石墨为阳极，包覆磷酸铁锰的基体材料为阴极，在一定电压下进行电泳沉积，使锂沉积在磷酸铁锰上得到磷酸锰铁锂前驱体。再加入碳源通过化学气相沉积法将碳沉积在磷酸锰铁锂前驱体上，得到碳包覆磷酸锰铁锂薄膜型正极材料。本发明操作简单、易于实现，制备出的正极材料在保持长使用寿命和安全性的前提下进一步提高了能量密度[51]。

⑧ 发明专利 CN105185992A 公开了一种碳-磷酸铁锂复相单层共包覆磷酸锰铁锂材料及其制备方法。首先采用固相法合成磷酸锰铁锂前驱体，再配置铁源、磷源、锂源和螯合剂溶液。将磷酸锰铁锂前驱体置入螯合剂溶液中混合均匀，干燥后得到共包覆磷酸锰铁锂前驱体，并在保护性气氛下进行煅烧即可获得目标产物。螯合剂既对离子起螯合作用，又作为碳源，在磷酸锰铁锂表面包覆一层电子导电相碳和锂离子传输相磷酸铁锂三维复相纳米功能层。所得材料 0.2C、0.5C、1.0C 和 2.0C 倍率下的放电比容量分别为 149mA·h/g、146mA·h/g、139mA·h/g、133mA·h/g[52]。

⑨ 发明专利 CN106898769A 公开了一种磷酸锰铁锂类材料及其制备方法。其中磷酸锰铁锂类材料包括具有 $LiMn_xFe_{1-x-y}M_yPO_4/C$ 结构的活性组分，以及附着在其表面的磷酸锂颗粒（其中 $0<x\leqslant1$，$0\leqslant y\leqslant0.2$）。所述 M 为镁、锌、钒、钛、钴和镍中一种或多种。该磷酸锰铁锂类材料在表面附着了磷酸锂颗粒，有利于改善材料的壁面摩擦角，进而改善其常温循环性能。其制备包括以下步骤：提供具有 $LiMn_xFe_{1-x-y}M_yPO_4/C$ 结构的活性组分；在加热条件下，将各活性组分浸泡在含磷酸根的溶液中进行接触反应，促使溶剂挥发形成表面附着磷酸锂化合物的中间体颗粒物；在加热条件下，促使中间体颗粒物表面附着的磷酸锂结晶，形成所述磷酸锰铁锂类材料[53]。

⑩ 发明专利 CN106816600A 公开了一种磷酸锰铁锂类材料及其制备方法。该磷酸锰铁锂类材料包括具有 $LiMn_xFe_{1-x-y}M_yPO_4/C$ 结构的活性组分（其中 $0\leqslant x\leqslant1$，$0\leqslant y\leqslant1$，M 为 Co、Ni、Mg、Zn、V 和 Ti 中的一种或多种），以及包裹在活性组分表面的包覆层，所述包覆层含有非晶态金属化合物。通过在具有 $LiMn_xFe_{1-x-y}M_yPO_4/C$ 结构的活性组分表面包覆含有吸水率较低的非晶态金属化合物的包覆层，在保持磷酸锰铁锂类材料的电化学性能的同时，降低了磷酸锰铁锂类材料的吸水率，进而提高其高温下的容量保持率。本发明对包覆层中的非晶态金属化合物无特殊要求，只要其吸水率低于活性组分即可。非晶态金属化合物优选非晶态三氧化二铝、非晶态磷酸锂、非晶态焦磷酸锂、非晶态焦磷酸铁、非晶态焦磷酸亚铁锂、非晶态焦

磷酸锰锂和非晶态氧化银中的一种或几种混合。由这些非晶态金属化合物形成的包覆层与常规晶态金属化合物包覆层相比,吸收率更低。可能是因为这种"非晶态金属化合物"通常是规则无序生长,表面会形成非极性键,这些非极性键不易与极性的水相结合,从而起到阻挡水分渗入的作用,因而能更好阻隔活性组分和水接触,进而改善磷酸锰铁锂类材料的吸水性能。同时,这种无机非晶态金属化合物包覆层因厚度很薄,不会影响磷酸锰铁锂类材料的电化学性能[54]。

⑪ 发明专利 CN107834031A 公开了一种碳纳米管包覆磷酸锰铁锂复合电极材料的制备方法。在高温煅烧法制备材料的过程中,添加石墨烯进行包覆掺杂,以提高材料的导电性能。制备条件容易控制、成本低,制备的材料导电性能好,具有较大的应用前景。具体步骤如下:a. 以氯化锂作为锂源、醋酸亚铁作为铁源、磷酸二氢铵作为磷酸源,及草酸锰、碳纳米管作为掺杂原料。首先取适量氯化锂、醋酸亚铁、磷酸二氢铵、草酸锰按照化学计量比混合,将配好的混合物置于玛瑙研钵中,添加适量乙醇进行研磨,粉体会先变成粥状,并伴有醋酸味冒出,继续研磨,当粉体全部变成淡黄色粉末时停止研磨,自然晾干后得前驱体粉末;b. 将步骤 a 所得前驱体粉末中加入适量碳纳米管和乙醇溶液,进行湿法研磨,研磨均匀后晾干;c. 在惰性气氛保护下,将晾干的混合物粉末进行热处理;d. 所得产物在惰性气氛保护下自然冷却至室温,即得到一种新型包覆碳纳米管的磷酸锰铁锂复合电极材料[55]。

⑫ 发明专利 CN107834032A 公开了一种利用淀粉包覆磷酸锰铁锂复合电极材料的制备方法。通过掺杂草酸锰制备复合电极材料,再添加淀粉进行包覆,包覆后的复合材料导电性能得到改善。此方法具有流程短、工艺简单等优点。以氯化锂作为锂源、草酸亚铁作为铁源、磷酸二氢铵作为磷酸源,通过掺杂草酸锰制备复合材料,在制备过程中添加淀粉进行包覆,包覆后的复合材料充放电过程中电荷转移阻抗减小,使活性颗粒的嵌锂深度提高,从而改善电极材料的电化学性能[56]。

⑬ 发明专利 CN107834034A 公开了一种利用石墨烯改性磷酸锰铁锂电极材料的制备方法。本方法是通过掺杂和包覆石墨烯制备磷酸锰铁锂复合材料,利用掺杂和包覆提高其导电能力。此方法制备过程短、条件易于控制、加工性能好,制备的电极材料导电及充放电性能好。具体步骤如下:a. 以醋酸锂作为锂源、醋酸亚铁作为铁源、磷酸二氢铵作为磷酸源,及草酸锰、石墨烯作为掺杂原料,首先取适量醋酸锂、醋酸亚铁、磷酸二氢铵、草酸锰,按照 $LiMn_yFe_xPO_4$ ($x+y=1$, $x \geqslant 0.6$) 的原子比例混合,将配好的混合物置于

玛瑙研钵中，添加适量乙醇进行研磨，研磨一段时间，粉体会先变成粥状，并伴有醋酸味冒出，继续研磨，当粉体全部变成淡黄色粉末时停止研磨，自然晾干后得前驱体粉末；b. 将步骤 a 所得到的前驱体粉末中加入适量的石墨烯和乙醇溶液，进行湿法研磨，研磨均匀后晾干；c. 在惰性气氛保护下，将晾干的混合物粉末进行热处理；d. 在惰性气氛保护下自然冷却至室温，即得到一种新型包覆石墨烯的磷酸锰铁锂复合电极材料[57]。

⑭ 发明专利 CN107834036A 公开了一种利用乙炔黑制备磷酸锰铁锂复合电极材料的方法。通过添加乙炔黑对 $LiMn_yFe_xPO_4$ 电极材料进行包覆，提高其导电及充放电性能。此方法工艺简单，制备的电极微粉的导电性能好。具体步骤如下：a. 以磷酸二氢锂作为锂源、草酸亚铁作为铁源、磷酸二氢铵作为磷酸源，及草酸锰、壳聚糖作为掺杂原料，首先按照 $LiMn_yFe_xPO_4$ （$x+y=1$，$x \geqslant 0.7$）的原子比例配料，将配好的原料置于玛瑙研钵中，添加适量乙醇进行研磨，研磨一段时间，粉体会先变成粥状，并伴有醋酸味冒出，继续研磨，当粉体全部变成淡黄色粉末时停止研磨，自然晾干后得前驱体粉末；b. 将步骤 a 所得前驱体粉末中加入适量乙炔黑和乙醇溶液进行湿法研磨，研磨均匀后，自然晾干；c. 在惰性气氛保护下，将晾干的混合物粉末进行热处理；d. 在惰性气氛保护下自然冷却至室温，即得到一种新型包覆乙炔黑的磷酸锰铁锂复合电极材料[58]。

2.5.4 体相掺杂专利

① 发明专利 CN105470468A 公开了一种氟掺杂磷酸锰铁锂正极材料的制备方法。称取锂源、铁源、锰源、磷源、氟源按一定的摩尔比放在反应釜中，加热升温，持续搅拌。将碳源化合物搅拌均匀，再加入表面活性剂，最后将 EDTA 加入溶液中，搅拌后将溶液转入高压反应釜中，反应得到前驱体。冷却后经真空抽滤、洗涤、干燥处理后得氟掺杂的磷酸锰铁锂前驱体。将前驱体在惰性气氛保护下烧结，冷却后研磨得到氟掺杂的碳包覆磷酸锰铁锂正极材料。0.2C 首次放电比容量高达 158.1mA·h/g，100 次循环后放电比容量为 154.9mA·h/g，容量保持率为 98%[59]。

② 发明专利 CN105406067A 公开了一种氧化钛修饰磷酸锰铁锂正极材料的制备方法。制备步骤是：化合物预混料（将锂源、铁源、锰源、磷源、碳源加入有机溶剂中球磨混合）；成品制备（将磷酸锰铁锂前驱体放入管式炉中，在惰性气氛下 600~900℃持续煅烧 5~20h，得到磷酸锰铁锂正极材料）；氧化钛修饰（称取钛源于有机溶剂中磁力搅拌混合 2~5h，配制成粒度分布均匀的

悬浮液，利用恒压漏斗将悬浮液缓慢加入磷酸锰铁锂正极材料中，高温水浴机械搅拌，干燥，得到氧化钛修饰磷酸锰铁锂正极材料前驱体）；修饰成品合成（将氧化钛修饰磷酸锰铁锂正极材料前驱体放入管式炉中，在惰性气氛下400~600℃煅烧2~5h）。通过此方法得到的氧化钛修饰磷酸锰铁锂正极材料具有优异的循环使用寿命及稳定性。1C倍率下放电比容量为158.7mA·h/g，1C充放电200次后容量保持率为96.8%[60]。

③ 发明专利CN106816582A公开了一种磷酸锰铁锂类材料及其制备方法。其中，材料具有$LiMn_xFe_{1-x-y}M_yPO_4/C$结构（其中$0{\leqslant}x{\leqslant}1$，$0{\leqslant}y{\leqslant}1$），M为除Mn和Fe外的过渡金属元素（Co、Ni、Mg、Zn、V和Ti），材料的粒径$D50$为0.5~1.0μm，$D90$为1.0~5.0μm，且磷酸锰铁锂类材料的内聚力${\leqslant}1.5$kPa。采用此正极材料有利于提高锂离子电池的体积比能量，进而提高电池的续航时间[61]。

④ 发明专利CN106816584A公开了一种磷酸锰铁锂类材料及其制备方法。该磷酸锰铁锂类材料具有$LiMn_xFe_{1-x-y}M_yPO_4/C$的结构（其中$0{<}x{\leqslant}1$，$0{\leqslant}y{\leqslant}0.2$），所述M为镁、锌、钒、钛、钴和镍中一种或多种，且材料的基本流动能BFE在600MJ/g以下，特别流动能SE在10MJ/g以下，综合粉体流动系数FF${\geqslant}2$。通过提供一种流动性优异的磷酸锰铁锂类材料，改善电池的常温循环性能及高温循环性能。其制备包括以下步骤：提供锂源、锰源、铁源、磷源、可选的M源以及碳源，其中，所述锰源的粉末基本流动能BFE在1100MJ/g以下，特别流动能SE在15MJ/g以下，综合粉体流动系数FF${>}2$；所述铁源的粉末基本流动能BFE在1300MJ/g以下，特别流动能SE在20MJ/g以下，综合粉体流动系数FF${>}1.5$；所述M源中M元素为镁、锌、钒、钛、钴和镍中一种或多种。将锂源、锰源、铁源、磷源、可选的M源以及碳源在溶剂中混合分散后干燥形成前驱体粉末；烧结前驱体粉末形成碳包覆$LiMn_xFe_{1-x-y}M_yPO_4/C$材料[62]。

⑤ 发明专利CN106816581A公开了一种磷酸锰铁锂类材料及其制备方法。其中磷酸锰铁锂类材料具有$LiMn_xFe_{1-x-y}M_yPO_4/C$结构（其中$0{\leqslant}x{\leqslant}1$，$0{\leqslant}y{\leqslant}1$），M为Co、Ni、Mg、Zn、V和Ti中的一种或多种，且材料的透气压差PD15在40mbar（4kPa）以下，粉体压缩性CPS15在40%以上。通过提供一种透气压差PD15在40mbar（4kPa）以下，粉体压缩性CPS15在40%以上的磷酸锰铁锂类材料，改善材料的倍率性能和低温性能。其制备包括以下步骤：提供可溶性的锂源、磷源、碳源以及一次粒径在60nm以下的铁源、锰源和任选的M源；分别将锂源、磷源和碳源配制形成锂源溶液、磷源溶液和碳源溶液；将所述铁源、锰源和任选的M源混合形成混合粉末，在加热分散条件下，将雾化

的锂源溶液、磷源溶液和碳源溶液与混合粉末混合接触，形成干燥的前驱体粉末；烧结处理前驱体粉末，形成碳包覆的磷酸锰铁锂材料。该材料在 -20℃下的放电倍率超过 65%，$0.5C$ 倍率下的恒流部分充电倍率超过 90%[63]。

⑥ 发明专利 CN106935851A 公开了一种磷酸锰铁锂类材料及其制备方法。其中所述磷酸锰铁锂类材料具有 $LiMn_xFe_{1-x-y}M_yPO_4/C$ 结构（其中 $0 \leqslant x \leqslant 1$，$0 \leqslant y \leqslant 1$），M 为 Co、Ni、Mg、Zn、V 和 Ti 中的一种或多种。材料具有橄榄石型结构，且在 $2\theta = 29.6° \pm 0.2°$ 处的衍射峰为最强峰。该材料属于正交晶系，(020) 晶面发育良好，有利于锂离子沿 b 轴方向扩散，进而改善材料的电化学性能，提高电池的倍率充放电性能。其制备包括以下步骤：将铁源、锰源和 M 源中至少一种与磷酸源混合，制备非晶态磷酸锰铁类前驱体；将非晶态磷酸锰铁类前驱体与锂源和碳源混合研磨、干燥、烧结获得磷酸锰铁锂类材料[64]。

2.5.5　复合技术专利

① 发明专利 CN109742340A 公开了一种磷酸锰铁锂复合材料的制备方法。将一水硫酸锰、七水硫酸亚铁加入去离子水中，再加入乙二醇搅拌得到混合溶液。将磷酸乙二醇溶液滴加至氢氧化锂乙二醇溶液中搅拌，再加入混合溶液搅拌，水热反应，干燥得到 $LiMn_{0.5}Fe_{0.5}PO_4$ 前驱体。依次将氢氧化锂、钛酸四丁酯和硝酸镧溶于无水乙醇中搅拌，再加入去离子水，接着加入 $LiMn_{0.5}Fe_{0.5}PO_4$ 前驱体搅拌，随后进行水热反应，干燥得到 $Li_{0.3}La_{0.56}TiO_3$-$LiMn_{0.5}Fe_{0.5}PO_4$ 前驱体。将前驱体与葡萄糖进行混合、球磨、煅烧、冷却、过筛得到磷酸锰铁锂复合材料。材料颗粒较小、粒径分布均匀、结晶度高，在降低材料制备成本的同时，提高了材料的电化学性能。在 $2.4 \sim 4.5V$ 范围内进行充放电，$0.05C$ 倍率下首次放电比容量为 $146.2mA \cdot h/g$，$5C$ 倍率下的首次放电比容量为 $131.3mA \cdot h/g$，循环 100 次后比容量为 $106.4mA \cdot h/g$，容量保持率为 81.0%，材料表现出优异的倍率性能和循环稳定性[65]。

② 发明专利 CN105529458A 公开了一种镍钴锰酸锂/磷酸锰铁锂复合正极材料的制备方法。由磷酸锰铁锂在镍钴锰三元材料表面均匀复合而成。先将镍钴锰三元材料在含—COOH 或—OH 的溶液中分散，并将磷酸锰铁锂在含—OH 或—COOH 的溶液中分散，将两溶液混合，并加入醛化催化剂进行醛化反应，即可得到镍钴锰酸锂/磷酸锰铁锂复合正极材料。将两种表面改性后的正极材料在醛化催化剂的作用下发生醛化反应，通过化学键的方式使两种材料连接，实现均匀复合，在保证三元材料高能量密度的前提下显著提高了三元材料的安全性，可广泛应用于锂离子电池，特别适用于动力锂离子电池领域[66]。

③ 发明专利 CN108598386A 公开了一种磷酸锰铁锂基复合正极材料的制备方法。该材料为核壳结构,包括磷酸锰铁锂内核,和包覆在表面的镍钴锰酸锂和或镍钴铝酸锂外壳。该材料具有高能量密度、良好低温性能、良好倍率放电性能和良好循环性能。核壳结构的磷酸锰铁锂基复合正极材料可以提高磷酸锰铁锂的内部电子导电性,使锂离子迁移速度加快,从而提高材料的导电性,改善材料的电化学性能,减少锂离子电池的内阻,提高材料的低温性能和倍率充放电性能。1C 放电比容量可达 155mA·h/g,0.2C 中值电压 3.96V;低温下容量保持率可由 70.97% 提高至 74.49%,压实密度可由 2.3g/cm^3 提高至 2.5g/cm^3[67]。

磷酸锰铁锂作为磷酸盐正极材料成员之一,综合了磷酸铁锂热稳定性好和高比容量的特点,以及磷酸锰锂高电压窗口和高比能量的优点,成为全球众多研究者研究的焦点。因其同时具备成本低廉、安全性好、循环性能好的特点,在未来发展中,极有可能代替磷酸铁锂正极材料,应用到电动汽车动力电池和储能电池等领域。

参考文献

[1] Luo B, Xiao S, Li Y, et al. The improved electrochemical performances of LiMn$_{1-x}$Fe$_x$PO$_4$ solid solutions as cathodes for Lithium-ion batteries. Materials Technology, 2017, 32 (4): 272-278.

[2] Starke B, Seidlmayer S, Jankowsky S, et al. Influence of particle morphologies of LiFePO$_4$ on water- and solvent-based processing and electrochemical properties. Sustainability, 2017, 9 (6): 888.

[3] Goodenough J B, Park K S. The Li-ion rechargeable battery: A perspective. Journal of the American Chemical Society, 2013, 135 (4): 1167-1176.

[4] Chen C, Chen Q, Li Y, et al. Microspherical LiFePO$_{3.98}$F$_{0.02}$/3DG/C as an advanced cathode material for high-energy lithium-ion battery with a superior rate capability and long-term cyclability. Ionics, 2020, 27: 1-11.

[5] Shao D, Wang J, Dong X, et al. Preparation and electrochemical performances of LiFePO$_4$/C composite nanobelts via facile electrospinning. Journal of Materials Science: Materials in Electronic, 2014, 25: 1040-1046.

[6] Zhang C, Liang Y, Yao L, et al. Effect of thermal treatment on the properties of electrospun LiFePO$_4$-carbon nanofiber composite cathode materials for lithium-ion batteries. Journal of Alloys and Compounds, 2015, 627: 91-100.

[7] An L, Liu H, Liu Y, et al. The best addition of graphene to LiMn$_{0.7}$Fe$_{0.3}$PO$_4$/C cathode material synthesized by wet ball milling combined with spray drying method. Journal of Alloys and Compounds, 2018, 767: 315-322.

[8] Chen J, Zhao N, Li G D, et al. High-rate and long-term cycling capabilities of LiFe$_{0.4}$Mn$_{0.6}$PO$_4$/C composite for lithium-ion batteries. Journal of Solid State Electrochemistry. 2015, 19 (5):

　　　1535-1540.

[9]　　Wang Y, Hu G, Cao Y, et al. Highly atom-economical and environmentally friendly synthesis of LiMn$_{0.8}$Fe$_{0.2}$PO$_4$/rGO/C cathode material for lithium-ion batteries. Electrochimica Acta, 2020, 354: 136743.

[10]　Chi N, Li J G, Wang L, et al. Synthesis of LiMn$_{0.7}$Fe$_{0.3}$PO$_4$/C composite cathode materials for lithium-ion batteries. Advanced Materials Research, 2013, 634: 2617-2620.

[11]　Podgornova O A, Volfkovich Y M, Sosenkin V E, et al. Increasing the efficiency of carbon coating on olivine-structured cathodes by choosing a carbon precursor. Journal of Electroanalytical Chemistry, 2022, 907: 116059.

[12]　Xu C C, Wang Y, Li L, et al. Hydrothermal synthesis mechanism and electrochemical performance of LiMn$_{0.6}$Fe$_{0.4}$PO$_4$ cathode material. Rare Metals, 2015, 38 (1): 29-34.

[13]　Wi S, Kim J, Lee S, et al. Synthesis of LiMn$_{0.8}$Fe$_{0.2}$PO$_4$ mesocrystals for high-performance Li-ion cathode materials. Electrochimica Acta, 2016, 216: 203-210.

[14]　Yu H, Yang, Z, Zhu H, et al. Nitrogen-doped carbon stabilized LiFe$_{0.5}$Mn$_{0.5}$PO$_4$/rGO cathode materials for high-power Li-ion batteries. Chinese Journal of Chemical Engineering, 2020, 28 (7): 1935-1940.

[15]　Yi T F, Peng P P, Fang Z, et al. Carbon-coated LiMn$_{1-x}$Fe$_x$PO$_4$ ($0 \leqslant x \leqslant 0.5$) nanocomposites as high-performance cathode materials for Li-ion battery. Composites Part B: Engineering, 2019, 175: 107067.

[16]　尚伟丽, 孔令涌, 陈玲震, 等. 高能量密度 LiMn$_{0.6}$Fe$_{0.4}$PO$_4$/C 的制备及其电化学性能. 无机化学学报, 2019, 35 (3): 485-492.

[17]　Liu J, Liao W, Yu A. Electrochemical performance and stability of LiMn$_{0.6}$Fe$_{0.4}$PO$_4$/C composite. Journal of Alloys and Compounds, 2014, 587: 133-137.

[18]　Kang C S, Kim C, Kim J E, et al. New observation of morphology of Li[Fe$_{1-x}$Mn$_x$]PO$_4$ nano-fibers ($x=0$, 0.1, 0.3) as a cathode for lithium secondary batteries by electrospinning process. Journal of Physics and Chemistry of Solids, 2013, 74 (4): 536-540.

[19]　Li J, Wang Y, Wu J, et al. Preparation of enhanced-performance LiMn$_{0.6}$Fe$_{0.4}$PO$_4$/C cathode material for lithium-ion batteries by using a divalent transition-metal phosphate as an intermediate. Chem Electro Chem, 2017, 4 (1): 175-182.

[20]　Zhang X, Hou M, Tamirate A G, et al. Carbon coated nano-sized LiMn$_{0.8}$Fe$_{0.2}$PO$_4$ porous microsphere cathode material for Li-ion batteries. Journal of Power Sources, 2020, 448: 227438.

[21]　Mi Y Y, Gao P, Liu W, et al. Carbon nanotube-loaded mesoporous LiFe$_{0.6}$Mn$_{0.4}$PO$_4$/C microspheres as high performance cathodes for lithium-ion batteries. Journal of Power Sources, 2014, 267: 459-468.

[22]　Liu H, Ren L, Li J, et al. Iron-assisted carbon coating strategy for improved electrochemical LiMn$_{0.8}$Fe$_{0.2}$PO$_4$ cathodes. Electrochimica Acta, 2016, 212: 800-807.

[23]　Liang Y L, Chen S L, Fan C L, et al. High-performance LiMn$_{0.8}$Fe$_{0.2}$PO$_4$/C cathode prepared by using the toluene-soluble component of pitch as a carbon source. International Journal of Energy Research, 2021, 45 (13): 19103-19119.

[24]　Xiong Y, Chen Y, Zeng D, et al. The preparation and electrochemical performance of olivine

cathode materials based on $LiMn_{1/3}Fe_{1/3}Co_{1/3}PO_4/C$. Journal of Nanoscience and Nanotechnology, 2016, 16 (1): 465-470.

[25] Huang Q Y, Wu Z, Su J, et al. Synthesis and electrochemical performance of Ti-Fe co-doped $LiMnPO_4/C$ as cathode material for lithium-ion batteries. Ceramics International, 2016, 42 (9): 11348-11354.

[26] Wu T, Liu J, Sun L, et al. V-insertion in $Li(Fe,Mn)FePO_4$. Journal of Power Sources, 2018, 383: 133-143.

[27] 戴仲葭. 锂离子电池正极材料 $LiMn_{0.8-x}Fe_{0.15+x}Mg_{0.05}PO_4$ 的制备、表征及电化学过程研究. 化工新型材料, 2018, 46 (9): 198-201.

[28] Jo M, Yoo H, Jung Y S, et al. Carbon-coated nanoclustered $LiMn_{0.71}Fe_{0.29}PO_4$ cathode for lithium-ion batteries. Journal of Power Sources, 2012, 216: 162-168.

[29] Xu C, Li L, Qiu F, et al. Graphene oxide assisted facile hydrothermal synthesis of $LiMn_{0.6}Fe_{0.4}PO_4$ nanoparticles as cathode material for lithium ion battery. Journal of Energy Chemistry, 2014, 23 (3): 397-402.

[30] 饶媛媛, 王康平, 曾晖. 磷酸锰铁锂材料在锂电池中的研究进展. 电源技术, 2016, 40 (2): 455-457.

[31] 关成善, 宗继月, 孟博, 等. 一种添加活性离子缓冲剂制备的高能量密度磷酸铁锰锂正极材料及合成方法: CN105633401A. 2016-06-01.

[32] 关成善, 宗继月, 张敬捧, 等. 一种球形磷酸铁锰锂正极材料及其制备方法: CN105514430A. 2016-04-20.

[33] 关成善, 宗继月, 孟博, 等. 一种溶胶凝胶法合成高容量高循环纳米级磷酸铁锰锂材料: CN105406038A. 2016-03-16.

[34] 关成善, 宗继月, 孟博, 等. 一种立式磁红外高压一体炉制备磷酸铁锰锂正极材料的合成方法: CN105470469A. 2016-04-16.

[35] 卢苇, 王可飞. 一种磷酸铁锰锂正极材料制备方法和应用: CN106328942A. 2017-01-11.

[36] 王启岁, 邢军龙, 张昌春. 一种锂离子电池正极材料磷酸锰铁锂及其制备方法: CN104577119A. 2015-04-29.

[37] 黄少真, 孔令涌, 尚伟丽, 等. 由磷矿制备磷酸锂、磷酸锰铁锂及磷酸铁锂正极材料的制备方法: CN109354002A. 2019-02-19.

[38] 黄少真, 孔令涌, 尚伟丽, 等. 由磷矿制备磷酸二氢铵的方法、磷酸锰铁锂及磷酸铁锂正极材料的制备方法: CN109231182A. 2019-01-18.

[39] 孔令涌, 黄少真. 废旧磷酸铁锂电池的回收利用方法、磷酸锰铁锂及磷酸铁锂正极材料的制备方法: CN108996484A. 2018-12-14.

[40] 黄少真, 孔令涌, 尚伟丽, 等. 由磷矿制备磷酸铁的方法、磷酸锰铁锂及磷酸铁锂正极材料的制备方法: CN108987749A. 2018-12-11.

[41] 孔令涌, 黄少真. 一种从废旧磷酸铁锂电池回收制备碳包覆的磷酸锰铁锂正极材料的方法: CN108923090A. 2018-11-30.

[42] 莫安琪. 一种磷酸铁锰锂复合电极材料的改性工艺: CN107834033A. 2018-03-23.

[43] 常开军. 一种磷酸铁锰锂正极材料及其制备方法: CN106450294A. 2017-02-22.

[44] 计佳佳, 汪志全, 齐美洲, 等. 一种球状复相磷酸锰铁锂材料及其制备方法: CN106340646A.

2017-01-18.

[45] 卢威，高姗，陈朝阳，等．掺锂磷酸硼修饰的碳包覆磷酸锰铁锂正极材料及其制备方法：CN107623112A. 2018-01-23.

[46] 卢威，李伟红，陈朝阳，等．磷酸锰铁锂-三维碳骨架复合正极材料及其制备方法：CN107689448A. 2018-02-13.

[47] 卢威，高姗，陈朝阳，等．磷酸锰铁锂-三元材料复合正极材料及其制备方法：CN107546379A. 2018-01-05.

[48] 郭钰静，刘兴亮，杨茂萍，等．一种氮化钛和碳双重包覆磷酸锰铁锂复合材料的制备方法：CN106058220A. 2016-10-26.

[49] 齐美洲，汪志全，计佳佳，等．一种磷酸铁锂/碳包覆的核壳型磷酸锰铁锂复合正极材料及其制备方法：CN106340639A. 2017-01-18.

[50] 王启岁，汪涛，张昌春．一种碳包覆磷酸锰铁锂正极材料及制备方法：CN105047922A. 2015-11-11.

[51] 彭家兴，汪伟伟，刘兴亮．一种碳包覆磷酸铁锰锂薄膜型正极材料的制备方法：CN105742610A. 2016-07-06.

[52] 汪志全．一种碳-磷酸铁锂复相单层共包覆磷酸铁锰锂材料及其制备方法：CN105185992A. 2015-12-23.

[53] 陈靖华，徐茶清，肖峰．一种磷酸锰铁锂类材料及其制备方法以及电池浆料组合物和正极与锂电池：CN106898769A. 2017-06-27.

[54] 徐茶清，陈靖华，游军飞，等．一种磷酸锰铁锂类材料及其制备方法以及电池浆料和正极与锂电池：CN106816600A. 2017-06-09.

[55] 莫安琪．一种碳纳米管包覆磷酸铁锰锂复合电极材料的工艺：CN107834031A. 2018-03-23.

[56] 莫安琪．一种利用淀粉包覆磷酸铁锰锂的复合电极材料：CN107834032A. 2018-03-23.

[57] 莫安琪．一种利用石墨烯改善制备磷酸铁锰锂电极材料的方法：CN107834034A. 2018-03-23.

[58] 莫安琪．一种利用乙炔黑制备磷酸铁锰锂复合电极材料的方法：CN107834036A. 2018-03-23.

[59] 关成善，宗继月，张敬捧，等．一种氟掺杂磷酸铁锰锂正极材料及其制备方法：CN105470468A. 2016-04-06.

[60] 关成善，宗继月，孟博，等．一种氧化钛修饰磷酸铁锰锂正极材料的制备方法：CN105406067A. 2016-03-16.

[61] 徐茶清，肖峰．一种磷酸锰铁锂类材料及其制备方法以及电池浆料和正极与锂电池：CN106816582A. 2017-06-09.

[62] 陈靖华，徐茶清，肖峰．一种磷酸锰铁锂类材料及其制备方法以及电池浆料和正极与锂电池：CN106816584A. 2017-06-09.

[63] 陈靖华，徐茶清，肖峰．一种磷酸锰铁锂类材料及其制备方法以及电池浆料和正极与锂电池：CN106816581A. 2017-06-09.

[64] 徐茶清，肖峰．一种磷酸锰铁锂类材料及其制备方法以及电池浆料和正极与锂电池：CN106935851A. 2017-07-07.

[65] 房子魁，姚汪兵．一种磷酸锰铁锂复合材料及其制备方法：CN109742340A. 2019-05-10.

[66] 王启岁，汪涛，徐平红．一种锂离子电池的镍钴锰酸锂磷酸锰铁锂复合正极材料的制备方法：CN105529458A. 2016-04-27.

[67] 孔令涌，黄少真．磷酸锰铁锂基复合正极材料及其制备方法：CN108598386A. 2018-09-28.

第 3 章

水热升温速率对磷酸锰铁锂结构性能的影响

3.1　引言

目前，水热法是合成磷酸锰铁锂材料的重要方法之一，水热法制备磷酸铁锂技术已经十分成熟，沿用水热法能耗低、实验可控性强、目标产物相比其他方法小 1~2 个数量级且分布均匀等优点，选择水热法来制备高性能磷酸锰铁锂正极材料。影响水热法合成磷酸锰铁锂的因素很多，如 pH 值、反应温度、升温速率、搅拌方式等。反应温度影响磷酸锰铁锂的成核及生长速率，而升温速率是水热合成过程中另一个重要影响因素。本章就升温过程中体系发生的反应展开研究，重点探究随着升温速率的变化产物形貌的变化，从而找出最佳的水热升温速率。

3.2　样品制备

将 $LiOH \cdot H_2O$、H_3PO_4、$FeSO_4 \cdot 7H_2O$、$MnSO_4 \cdot H_2O$ 按化学计量比 $1:1:0.3:0.7$ 溶于 1000mL 去离子水中，转移至反应釜内，密封之前排空反应釜内的空气。以不同升温速率（1℃/min、3℃/min、5℃/min、7℃/min）升温至 200℃后保温 3h，自然冷却至室温，经过滤、洗涤、干燥，与葡萄糖以 80:20 的质量比混合，球磨 4h，在管式炉中氮气保护下 750℃煅烧 4h 得到 $LiMn_{0.7}Fe_{0.3}PO_4/C$ 复合材料。升温速率分别为 1℃/min、3℃/min、5℃/min、7℃/min 制备的 $LiMn_{0.7}Fe_{0.3}PO_4/C$ 材料分别标记为 LMFP-1、LMFP-3、LMFP-5、LMFP-7。

3.3　样品 XRD 分析

对不同升温速率所制备的四个样品进行 XRD 表征，如图 3.1 所示。由图可知，所有样品的衍射峰与 $LiFePO_4$ 标准卡片（PDF♯74-0375）的衍射峰相对应，无其他杂峰出现，且衍射峰尖锐，结晶度高。随着升温速率的增加，衍射峰向低角度方向偏移，说明锰的加入增大了晶面间距。此外，随着升温速率的增加，衍射峰越来越尖锐，说明结晶度逐渐提高，对材料的电化学性能有利。通过 Jade 软件计算，发现样品的晶胞参数和晶胞体积随着升温速率的增加呈先减小后增大的趋势。

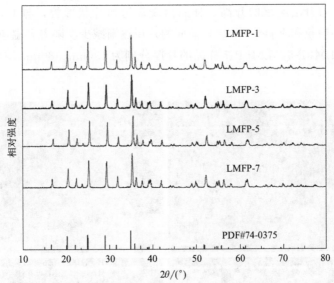

图 3.1　不同升温速率制备的 $LiMn_{0.7}Fe_{0.3}PO_4/C$ 样品的 XRD 图谱

3.4　样品 SEM 分析

图 3.2 为不同升温速率制备的 $LiMn_{0.7}Fe_{0.3}PO_4/C$ 样品的 SEM 图。其中合成样品的厚度需要特别关注，因为对 $LiMn_{0.7}Fe_{0.3}PO_4$ 的计算和实验研究表明，Li^+ 在 $LiMn_{0.7}Fe_{0.3}PO_4$ 材料中优先沿着 [010] 方向扩散，该方向垂直于所制备的 $LiMn_{0.7}Fe_{0.3}PO_4$ 材料的薄片方向。从图 3.2(a) 中可以看出，LMFP-1 样品呈类金刚石片状形貌，边长约 $1.5\mu m$，厚度约 $200nm$。此外，薄片表面存在许多小颗粒，厚度约 $0.05\sim0.1\mu m$。小颗粒出现的原因可能是在较低的温度范围内溶解前驱体 Li_3PO_4 和 $Fe_3(PO_4)_2 \cdot 8H_2O$，得到稀释的 Fe^{2+}、Mn^{2+} 和 PO_4^{3-} 溶液用于晶体成核和生长。在稀释的溶液体系内，离子

优先选择沉积在高能量晶面，形成明显的（010）晶面。另外，大小晶粒并存可以解释如下：随着温度的升高，$LiMn_{0.7}Fe_{0.3}PO_4$ 晶核迅速形成并达到一定数量，此时 Fe^{2+}、Mn^{2+} 和 PO_4^{3-} 相对不足而不能生长。反应体系中离子浓度足够，该晶体生长和取向可能受反应体系中溶解的 Fe^{2+}、Mn^{2+} 和 PO_4^{3-} 的影响。因此，晶体生长主要由 $(Mn_{0.7}Fe_{0.3})_3(PO_4)_2 \cdot 8H_2O$ 溶解的 Fe^{2+} 和 Mn^{2+} 离子浓度控制。奥斯瓦尔德熟化效应（溶质中的小结晶或溶胶颗粒溶解并再次沉积到大结晶或溶胶颗粒上）导致较小和较大的晶粒共存于 LMFP-1 样品中。随着升温速率的升高，样品出现多边形片状形貌，与 LMFP-1 完全不同，大小颗粒和垂直于（010）晶面的片层逐渐减少。随着升温速率的增加，LMFP-3、LMFP-5、LMFP-7 样品的片厚分别为 130nm、80nm、120nm。

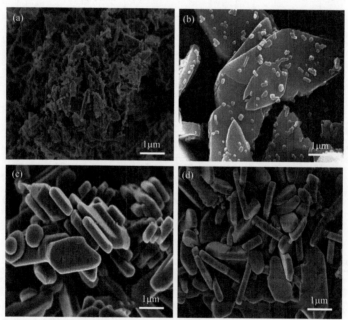

图 3.2 不同升温速率制备的 $LiMn_{0.7}Fe_{0.3}PO_4/C$ 样品的 SEM 图像

(a) LMFP-1；(b) LMFP-3；(c) LMFP-5；(d) LMFP-7

3.5 样品电化学性能分析

图 3.3(a) 为不同升温速率制备的 LMFP-1、LMFP-3、LMFP-5、LMFP-7 样品在 0.2C 倍率下的首次充放电曲线。由图可知，所有样品的充放电曲线均

包含 4.0V 和 3.5V 两个电压平台，分别对应 Mn^{3+}/Mn^{2+} 和 Fe^{3+}/Fe^{2+} 氧化还原电对[1,2]。样品在 0.2C 的首次放电比容量分别为 145.8mA·h/g、150.1mA·h/g、161.3mA·h/g 和 153.6mA·h/g，可见放电比容量呈先升后降的趋势，其中 LMFP-5 的放电比容量最高，LMFP-1 的放电比容量最低。

图 3.3(b) 为 LMFP-1、LMFP-3、LMFP-5 和 LMFP-7 样品在 −20℃、0.2C 倍率下的放电曲线。由图可知，LMFP-1、LMFP-3、LMFP-5 和 LMFP-7 的放电比容量分别为 77.5mA·h/g、97.3mA·h/g、122.1mA·h/g 和 113.6mA·h/g，与室温相比，容量保持率分别为 53.1%、64.8%、75.7% 和 73.9%，与室温 0.2C 放电比容量变化规律一致。这是由于低温放电时，电荷转移阻抗增加，锂离子扩散变慢，这也是磷酸锰铁锂正极材料低温性能差的主要原因。而较薄的纳米片状 $LiMn_{0.7}Fe_{0.3}PO_4/C$ 缩短了锂离子的扩散路径，降低了电荷转移阻力。其中，LMFP-5 样品表现出更好的低温放电性能，这主要归因于其小而均匀的颗粒尺寸和较薄的片状结构缩短了锂离子的扩散距离，

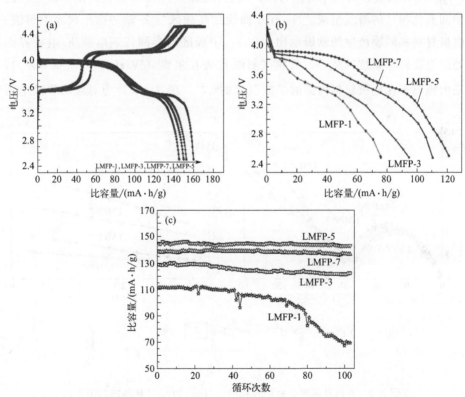

图 3.3　不同升温速率制备的 $LiMn_{0.7}Fe_{0.3}PO_4/C$ 样品的 0.2C 首次充放电曲线（a）；−20℃、0.2C 放电曲线（b）；25℃、1C 循环性能曲线（c）

有利于锂离子的快速脱嵌。晶粒细化一直是改善磷酸锰铁锂等橄榄石结构正极材料的重要方法之一。

图 3.3(c) 为样品 25℃、1C 倍率下的循环性能曲线。由图可见，LMFP-1、LMFP-3、LMFP-5 和 LMFP-7 样品第 100 次循环的放电比容量分别为 68mA·h/g、127mA·h/g、145mA·h/g、139mA·h/g，相应的容量保持率分别为 61.0%、90.1%、99.0% 和 97.9%，其中 LMFP-5 表现出更好的循环性能和更高的放电比容量。因此，采用水热法合成 $LiMn_{0.7}Fe_{0.3}PO_4/C$ 的最佳升温速率为 5℃/min。通过控制升温速率还可以调节晶体取向和尺寸，防止晶体产生 Li/Fe(Mn) 反位缺陷，控制 $LiMn_{0.7}Fe_{0.3}PO_4/C$ 颗粒在 [010] 方向为纳米尺寸，进而加快橄榄石结构内锂离子的嵌入和脱出。

为了更好地了解升温速率对 $LiMn_{0.7}Fe_{0.3}PO_4/C$ 电化学动力学的影响，对 LMFP-1、LMFP-3、LMFP-5、LMFP-7 样品进行了电化学阻抗谱测试。图 3.4(a) 为样品 LMFP-1、LMFP-3、LMFP-5、LMFP-7 的奈奎斯特（Nyquist）曲线。从图中可以看出，所有样品的 Nyquist 曲线均由中高频区的半圆和低频区的斜线组成。Nyquist 曲线在高频区与 Z' 轴的截距代表电解液、电极材料和隔膜产生的欧姆电阻（R_s），中频区的半圆代表电解质/电极界面处的电荷转移阻抗（R_{ct}），低频区斜线代表瓦尔堡（Warburg）阻抗（Z_w），是由锂离子在电极材料内部的扩散引起的[3,4]。图 3.4(c) 为对应的等效电路

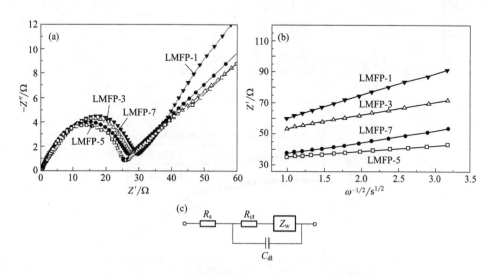

图 3.4 不同升温速率制备的 $LiMn_{0.7}Fe_{0.3}PO_4/C$ 样品的 Nyquist 曲线（a）；Z' 与 $\omega^{-1/2}$ 的关系曲线（b）；等效电路图（c）

图。R_{ct} 越大，交换电流密度越小，电化学反应越缓慢，从而导致材料放电性能较差，尤其是在低温下，这种影响更加严重。

大量研究证明锂离子扩散系数与 Warburg 系数（σ）密切相关，可根据式(3.1)计算锂离子扩散系数：

$$D_{Li^+} = \frac{R^2 T^2}{2A^2 n^4 F^4 C^2 \sigma^2} \tag{3.1}$$

式中，R 为理想气体常数，$8.314\text{J}/(\text{K} \cdot \text{mol})$；$T$ 为绝对温度，298K；A 为电极活性面积；n 为每个分子发生氧化还原反应得失的电子数；F 为法拉第常数，96485C/mol；C 为 Li^+ 浓度，单位 mol/L；σ 为 Warburg 系数，为低频区 Z' 和 $\omega^{-1/2}$ 拟合直线 [图 3.4(b)] 的斜率。

(1) 确定电极活性面积 A[5-7]

以汞电极的双电层电容值 $0.2\text{F}/\text{m}^2$ 为标准，如式(3.2)、式(3.3)：

$$A = 0.2C_{dl} \tag{3.2}$$

$$C_{dl} = (\omega_{max} R_{ct})^{-1} \tag{3.3}$$

式(3.3) 中，ω_{max} 为 Nyquist 曲线高频区半圆最高点对应的角频率；C_{dl} 为双电层电容；R_{ct} 为电荷转移阻抗。

(2) 确定锂离子浓度 C[8]

1mol 磷酸锰铁锂的体积为 $\frac{6.02 \times 10^{23}V}{4}$（$V$ 为磷酸锰铁锂的晶胞体积，每个磷酸锰铁锂晶胞中含有 4 个磷酸锰铁锂分子），所以，磷酸锰铁锂中的锂离子的浓度为 $\frac{4}{6.02 \times 10^{23}V}$。不同放电状态下的锂离子浓度需要乘以相应的系数 $\left(1 - \frac{D_{full} - D}{169.8}\right)$，其中 D_{full} 为半电池在满电状态下的比容量，D 为某一放电深度下的比容量（电池为满电时 $D = 0$）。因此，磷酸锰铁锂中的锂离子浓度为：

$$C = \left(1 - \frac{D_{full} - D}{169.8}\right) \times \frac{4}{6.02 \times 10^{23}V} \tag{3.4}$$

(3) 确定 Warburg 系数 σ[9]

Warburg 系数是通过拟合低频区 Z' 和 $\omega^{-1/2}$ 的直线获得的，拟合直线的斜率即该放电状态下的 Warburg 系数 σ。Z' 和 $\omega^{-1/2}$ 之间的关系式为：

$$Z' = R_{ct} + R_s + \sigma\omega^{-1/2} \tag{3.5}$$

式中，ω 为低频区的角频率，可通过扰动频率 f 值转化得到。

表 3.1 列举出了 LMFP-1、LMFP-3、LMFP-5、LMFP-7 样品的电荷转移阻抗 R_{ct}、Warburg 系数 σ 和锂离子扩散系数 D_{Li^+} 的值。通过公式(3.1)计算

出样品的锂离子扩散系数 D_{Li^+} 分别为 $4.56 \times 10^{-14} \, cm^2/s$、$2.11 \times 10^{-13} \, cm^2/s$、$4.38 \times 10^{-11} \, cm^2/s$ 和 $2.77 \times 10^{-14} \, cm^2/s$。可以看出，LMFP-5 的 D_{Li^+} 比其他样品高 2 个数量级，这主要是因为磷酸锰铁锂中 Li^+ 的扩散通道是一维的，很容易受阻，缩短锂离子的扩散通道能降低锂离子在扩散过程中堵塞的概率，进而提高其扩散速率。

表 3.1　不同升温速率制备的 $LiMn_{0.7}Fe_{0.3}PO_4/C$ 样品的 R_{ct}、σ 和 D_{Li^+} 值

样品	R_{ct}/Ω	$\sigma/(\Omega/s^{1/2})$	$D_{Li^+}/(cm^2/s)$
LMFP-1	22.23	9.99	4.56×10^{-14}
LMFP-3	33.56	14.98	2.11×10^{-13}
LMFP-5	45.68	18.83	4.38×10^{-11}
LMFP-7	55.59	23.32	2.77×10^{-14}

3.6　本章小结

本章采用水热法制备磷酸锰铁锂正极材料，研究了不同升温速率对晶体生长及材料形貌和电化学性能的影响。所得结论如下：

① 升温速率为 $1℃/min$ 时，由于升温速率较慢，溶液中的前驱体溶解缓慢，构晶离子的浓度较低，反应受 Fe^{2+} 及 Mn^{2+} 浓度的控制，$LiMn_{0.7}Fe_{0.3}PO_4$ 的生成温度区间主要集中在 $120 \sim 130℃$，此温度下为结晶生成的高峰期。晶体的生长方式为奥斯瓦尔德熟化，较低的升温速率会导致晶体择向生长严重，生成的磷酸锰铁锂颗粒尺寸各异，同时离子混排严重、结晶度较低，导致电化学性能不佳。

② 升温速率为 $3℃/min$ 时，当温度升至 $120℃$ 时，前驱体 $(Mn_{0.7}Fe_{0.3})_3(PO_4)_2 \cdot 8H_2O$ 失水变为 $(Mn_{0.7}Fe_{0.3})_3(PO_4)_2 \cdot xH_2O$；当温度升至 $130℃$ 时，$(Mn_{0.7}Fe_{0.3})_3(PO_4)_2 \cdot xH_2O$ 溶解，开始大量生成 $LiMn_{0.7}Fe_{0.3}PO_4$。升温速率的提高使前驱体 $(Mn_{0.7}Fe_{0.3})_3(PO_4)_2 \cdot 8H_2O$ 的溶解速率加快，Fe^{2+} 浓度增加，晶体的择向生长减弱，磷酸锰铁锂的颗粒形貌向多边形片状转变，同时晶体择向生长的趋势逐渐减弱，离子混排程度降低，结晶度逐步提高，材料的电化学性能呈上升趋势。

③ 升温速率为 $5℃/min$ 时，当温度升至 $120℃$ 时，前驱体仍未发生明显变化；在 $120 \sim 130℃$ 之间，前驱体 $(Mn_{0.7}Fe_{0.3})_3(PO_4)_2 \cdot 8H_2O$ 失水转变为 $(Mn_{0.7}Fe_{0.3})_3(PO_4)_2 \cdot xH_2O$；在 $130 \sim 140℃$ 之间生成 $LiMn_{0.7}Fe_{0.3}PO_4$。由于升温速率较快，前驱体溶解加快，Fe^{2+} 浓度较高，溶液中晶核较多，晶体呈

各向生长方式，磷酸锰铁锂颗粒呈多边形片状，且厚度较薄，大大缩短了锂离子扩散距离，电化学性能最好。

④ 升温速率为 7℃/min 时，当温度升至 120℃ 时，前驱体仍可稳定存在。由于此时升温速率过快导致前驱体 $(Mn_{0.7}Fe_{0.3})_3(PO_4)_2 \cdot 8H_2O$ 的溶解速率高于失水速率，锂离子匹配不上，浆料中的各离子迅速结晶，出现了严重的过生长现象。即在原有薄片磷酸锰铁锂晶体上晶体再次长大，导致晶面间距增大，磷酸锰铁锂呈杂草堆形貌，进而导致其电化学性能下降。

参考文献

[1]　Zhu C, Wu Z, Xie J, et al. Solvothermal-assisted morphology evolution of nanostructured LiMnPO₄ as high-performance lithium-ion batteries cathode. Journal of Materials Science & Technology, 2018, 34 (9): 1544-1549.

[2]　Huang Y H, Goodenough J B. High-rate LiFePO₄ lithium rechargeable battery promoted by electrochemically active polymers. Chemistry of Materials, 2008, 20 (23): 7237-7241.

[3]　Jegal J P, Kim K B. Carbon nanotube-embedding LiFePO₄ as a cathode material for high rate lithium ion batteries. Journal of Power Sources, 2013, 243: 859-864.

[4]　Lei X, Zhang H, Chen Y, et al. A three-dimensional LiFePO₄/carbon nanotubes/graphene composite as a cathode material for lithium-ion batteries with superior high-rate performance. Journal of Alloys and Compounds, 2015, 626: 280-286.

[5]　Zhang Z, Zeng T, Qu C, et al. Cycle performance improvement of LiFePO₄ cathode with polyacrylic acid as binder. Electrochimica Acta, 2012, 80 (1): 440-444.

[6]　Zhou J, Shen X, Jing M, et al. Synthesis and electrochemical performances of spherical LiFePO₄ cathode materials for Li-ion batteries. Rare Metals, 2016, 25 (6): 19-24.

[7]　Liu Y, Zhang J, Li Y, et al. Composite with a porous interior structure as a cathode material for lithium ion batteries. Nanomaterials, 2017, 7 (11): 368.

[8]　Müller M, Pfaffmann L, Jaiser S, et al. Investigation of binder distribution in graphite anodes for lithium-ion batteries. Journal of Power Sources, 2017, 340: 1-5.

[9]　Ilango P R, Gnanamuthu R, Jo Y N, et al. Design and electrochemical investigation of a novel graphene oxide-silver joint conductive agent on LiFePO₄ cathodes in rechargeable lithium-ion batteries. Journal of Industrial and Engineering Chemistry, 2016, 36: 121-124.

第 4 章

石墨烯复合磷酸锰铁锂材料的研究

4.1 引言

磷酸锰铁锂由于具有较高的能量密度而得到广泛关注，但是其较低的电子电导率和离子电导率严重限制了其商业化应用。石墨烯是一种只有一层碳原子厚度的二维碳材料[1,2]，具有超高的电导率，结构灵活、化学性质稳定，已被广泛应用于锂离子电池行业。石墨烯复合改性正极材料具有以下优点：①可以提高材料的导电性和倍率性能；②作为保护层，起缓冲作用，改善材料的循环稳定性；③材料机械性能好、化学稳定性高、耐腐蚀；④可以提高材料的锂离子扩散系数，改善材料的低温放电性能。本章采用固相法制备 $LiMn_{0.7}Fe_{0.3}PO_4/C/$石墨烯复合材料，研究石墨烯添加量对复合材料电化学性能的影响，以确定最佳的石墨烯添加量。

4.2 样品制备

将草酸亚铁、草酸锰、聚乙烯醇（PVA，碳源）、磷酸二氢锂（锂源）、石墨烯按化学计量比称量后放入篮式球磨机中，以去离子水为分散剂球磨 2h。将研磨后的浆料稀释，由固含量 60% 稀释至 20%～30%，喷雾干燥后转移至管式炉中，在氮气保护下 700℃ 煅烧 4h，随炉冷却至室温，即可得到 $LiMn_{0.7}Fe_{0.3}PO_4/C/$石墨烯复合材料。石墨烯添加量分别为磷酸锰铁锂质量的 0‰、1‰、2‰、3‰所对应的样品分别命名为 G0、G1、G2、G3。复合材料合成工艺流程如图 4.1 所示。

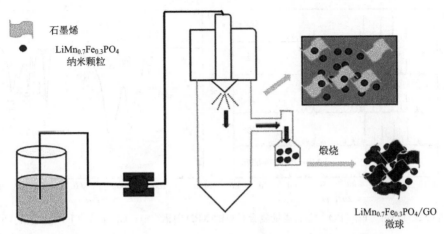

石墨烯

$LiMn_{0.7}Fe_{0.3}PO_4$ 纳米颗粒

煅烧

$LiMn_{0.7}Fe_{0.3}PO_4/GO$ 微球

图 4.1　$LiMn_{0.7}Fe_{0.3}PO_4/C/$石墨烯复合材料合成工艺流程图

4.3　样品 XRD 和 FT-IR 分析

图 4.2（a）显 示 了 G0、G1、G2 和 G3 样品的 XRD 图谱，它们与 $LiMnPO_4$ 的橄榄石相 Pnmb(62) 空间群（PDF♯74-0375）的标准衍射图相匹配，没有杂峰出现，说明样品纯度高。此外，所有衍射峰相对于 $LiMnPO_4$（LMP）的标准衍射峰均向高角度方向偏移，证明 Fe 成功在 $LiMnPO_4$ 的 Mn 位掺杂[3-6]。衍射峰向高角度方向偏移说明晶胞参数变小，这归因于 Fe^{2+} 的离子半径（0.92Å）小于 Mn^{2+} 离子半径（0.97Å）[3,4]。图谱中并未发现石墨烯的衍射峰，这是因为理论上单层石墨烯只有层内原子之间会发生衍射，因而几乎没有衍射峰，而多层堆积的石墨烯含量相对于磷酸锰铁锂本体材料而言很少，因而也看不到衍射峰。

图 4.2(b) 为 G2 样品的 FT-IR 光谱。由图可见，在 $400\sim1300cm^{-1}$ 范围内对应 PO_4^{3-} 阴离子伸缩振动。$1137cm^{-1}$ 和 $1106cm^{-1}$ 处的两个尖能谱带和 $1074cm^{-1}$ 处的一个宽能谱带属于不对称伸缩振动（ν_3），$982cm^{-1}$ 处的能谱带属于对称伸缩振动（ν_1）；$634cm^{-1}$ 附近的能谱带属于不对称弯曲振动（ν_4），$582cm^{-1}$、$550cm^{-1}$、$499cm^{-1}$、$456cm^{-1}$ 处的四个能谱带分别对应弯曲振动（ν_2 和 ν_4）。值得一提的是，与 $LiFePO_4$（约 $979cm^{-1}$[7]）和 $LiMnPO_4$（约 $989cm^{-1}$）相比，ν_1 能谱带向正向偏移，表明 P-O 发生了变形。这一变化反映了 $LiMn_{0.7}Fe_{0.3}PO_4$ 固溶体与 $LiFePO_4$ 或 $LiMnPO_4$ 晶格结构的差异。

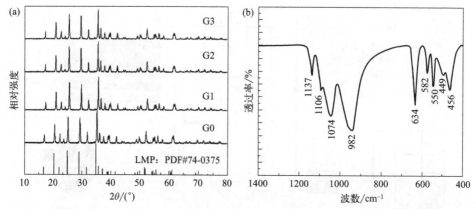

图 4.2　LiMn$_{0.7}$Fe$_{0.3}$PO$_4$/C/石墨烯复合材料的 XRD 图谱（a）；G2 样品的 FT-IR 图谱（b）

4.4　样品形貌分析

图 4.3 显示了 G0、G1、G2 和 G3 样品的 SEM 图像。从图 4.3(a) 可以看到，未添加石墨烯的 G0 样品为不规则的球形聚集体，颗粒大小约 5μm。G1

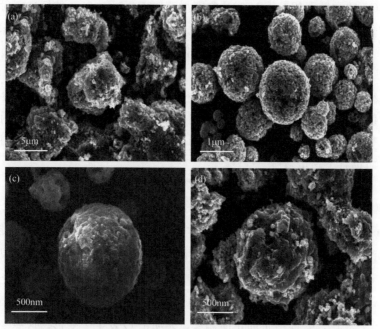

图 4.3　LiMn$_{0.7}$Fe$_{0.3}$PO$_4$/C/石墨烯复合材料的 SEM 图

(a) G0；(b) G1；(c) G2；(d) G3

和 G2 的球形度优于 G0，如图 4.3(b) 和图 4.3(c) 所示。在 G1 中发现了石墨烯展开的表面区域，但由于石墨烯含量较少，不能完全覆盖磷酸锰铁锂材料的表面。由于添加的石墨烯量不足，可以看出 $LiMn_{0.7}Fe_{0.3}PO_4/C$ 颗粒表面除了一层均匀的碳包覆层外，还有部分透明如纱的石墨烯。石墨烯没有均匀包裹在 $LiMn_{0.7}Fe_{0.3}PO_4/C$ 颗粒表面，颗粒之间不能形成有效、连续的导电网络，因此可以预测石墨烯包覆对提高 $LiMn_{0.7}Fe_{0.3}PO_4/C$ 的导电性和 Li^+ 扩散系数的作用有限，G1 的电化学性能并不好。G2 颗粒表面完全被石墨烯覆盖，且球形度最好，这是由于包覆在 $LiMn_{0.7}Fe_{0.3}PO_4/C$ 材料表面的石墨烯在退火过程中阻止了 $LiMn_{0.7}Fe_{0.3}PO_4/C$ 晶粒的长大。同时 G2 颗粒尺寸减小，为纳米级。如图 4.3(d) 所示，G3 样品呈二次微球颗粒，球形度变得不规则。材料表面的石墨烯形成较厚的层状堆积结构。由于范德华力的影响，导致其电化学性能下降。

为了进一步研究石墨烯含量对 $LiMn_{0.7}Fe_{0.3}PO_4/C$/石墨烯复合材料电子电导率的影响，采用小型千斤顶、万用表和游标卡尺等实验设备，通过两点探针法测量样品粉末的电子电导率。表 4.1 列出了 G0、G1、G2 和 G3 样品的电子电导率，分别为 3.5×10^{-3} S/cm、9.8×10^{-3} S/cm、1.2×10^{-2} S/cm 和 6.5×10^{-3} S/cm。其中 G0 的电子电导率最低，由此可见，石墨烯的添加有利于提高 $LiMn_{0.7}Fe_{0.3}PO_4/C$ 材料的电子电导率，石墨烯的添加形成了有效的三维导电网络，从而提高了材料的电子传导性。但并不是石墨烯添加越多越好，G3 的电子电导率远低于 G2，表明石墨烯的堆积会降低材料的电子电导率。这也是 G3 电化学性能不令人满意的一个原因。

表 4.1 $LiMn_{0.7}Fe_{0.3}PO_4/C$/石墨烯复合材料的电子电导率

样品	电导率/(S/cm)
G0	3.5×10^{-3}
G1	9.8×10^{-3}
G2	1.2×10^{-2}
G3	6.5×10^{-3}

因此，适当的石墨烯添加量对 $LiMn_{0.7}Fe_{0.3}PO_4/C$ 材料电子电导率的提高至关重要。石墨烯添加过多，不仅会大大降低 $LiMn_{0.7}Fe_{0.3}PO_4/C$ 材料的体积能量密度，还会增加材料的成本，造成资源浪费。由材料的 SEM 图和电子电导率的测试结果可知，最佳石墨烯添加量为 $LiMn_{0.7}Fe_{0.3}PO_4$ 质量的 2‰。

  图 4.4(a) 为样品 G2 的 TEM 图像。由图可见，$LiMn_{0.7}Fe_{0.3}PO_4/C$ 为规则的球形颗粒，表面被石墨烯完全覆盖，电解质能够深入渗透。图 4.4(b) 清晰显示了 $LiMn_{0.7}Fe_{0.3}PO_4/C$ 材料表面碳包覆情况及石墨烯复合情况。由图可知，球形 $LiMn_{0.7}Fe_{0.3}PO_4$ 颗粒表面碳层分布均匀，厚度约为 2.78nm。图 4.5(a)～图 4.5(f) 为 G2 样品的 EDS 能谱图。由图可见，Fe、P、O、Mn 和 C 等元素均匀分布在整个材料中，这对材料电化学性能有利。

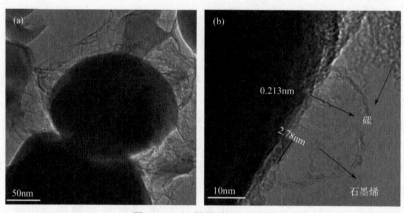

图 4.4　G2 样品的 TEM 图

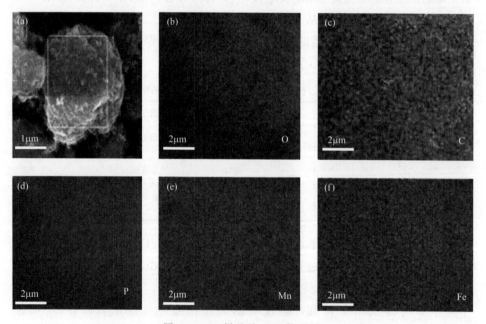

图 4.5　G2 样品的 EDS 能谱图

图 4.6 为 G2 样品的拉曼（Raman）光谱。可以看出，$1350cm^{-1}$ 和 $1580cm^{-1}$ 处的谱峰分别对应碳的 D 带和 G 带，其中 D 峰代表碳原子的晶格缺陷，G 峰代表 sp^2 杂化碳原子的面内伸缩振动[8]。这两个峰的出现说明碳层成功包覆在 $LiMn_{0.7}Fe_{0.3}PO_4$ 颗粒表面，且表面石墨化碳含量越高，颗粒之间的电子电导率越高，电化学性能越好。I_D/I_G 的比值可反映碳的石墨化程度，比值越小，表面碳层的石墨化程度越高[9]。由图可知，I_D/I_G 的比值为 0.97，小于 1，因此，该工艺得到的碳包覆层石墨化程度较高，导电性较好。

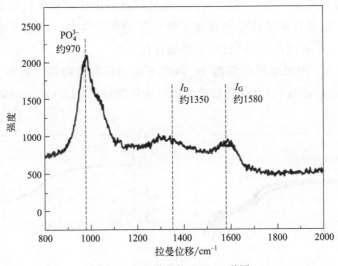

图 4.6　G2 样品的 Raman 谱图

此外，G0、G1、G2 和 G3 样品的比表面积分别为 $11.2m^2/g$、$12.4m^2/g$、$14.5m^2/g$、$17.8m^2/g$，可见石墨烯的添加增加了复合材料的比表面积，对材料的电化学性能有利。

4.5　样品电化学性能分析

G0、G1、G2、G3 样品的电化学性能如图 4.7 所示。图 4.7(a) 的放电曲线中，在 4.0V 和 3.5V 左右存在两个电压平台，分别对应 Mn^{3+}/Mn^{2+} 和 Fe^{3+}/Fe^{2+} 氧化还原电对[10,11]。G0、G1、G2、G3 在室温 0.2C 倍率下的放电比容量分别为 $140mA\cdot h/g$、$147mA\cdot h/g$、$153mA\cdot h/g$ 和 $143mA\cdot h/g$。样品在能量密度上的提高主要来自 Mn^{3+}/Mn^{2+} 的 4.0V 平台。均匀的纳米颗

粒和石墨烯的原位还原有利于锂离子扩散且有助于改善 $LiMn_{0.7}Fe_{0.3}PO_4/C$ 材料的导电性。G1、G2 的电子电导率优于 G0，因此 G1、G2 的放电比容量高于 G0，其中样品 G2 放电比容量最高。石墨烯的添加增加了复合材料的比表面积，增加了电化学反应位点的数量，这就是 G2 具有出色电导率和放电比容量的原因。但是由于过多的石墨烯的无序堆积阻碍了锂离子的传输，因此 G3 的放电比容量低于 G2。

图 4.7(b) 为 G2 和 G0 样品 $-20℃$、0.2C 倍率下的放电曲线。可以看出，G2 和 G0 的放电比容量分别为 117.1mA·h/g 和 90.2mA·h/g。与室温相比，容量保持率分别为 77% 和 64%。温度降低，电荷转移阻抗增加，锂离子扩散变慢。适量石墨烯的添加提高了锂离子的扩散速率，降低了电荷转移阻抗。因此，G2 表现出比 G0 更好的低温性能。

图 4.7(c) 为四组样品室温 1C 倍率下的循环性能曲线。由图可知，G0、G1、G2、G3 样品第 100 次循环的放电比容量分别为 125mA·h/g、150mA·h/g、

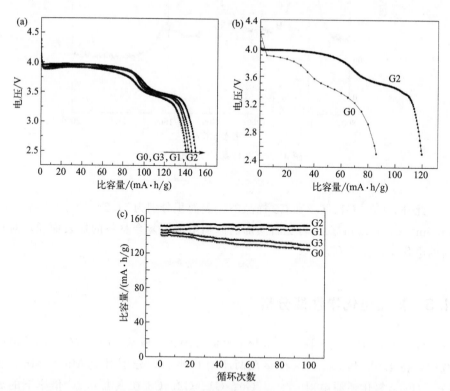

图 4.7　$LiMn_{0.7}Fe_{0.3}PO_4/C$/石墨烯复合材料 0.2C 倍率放电曲线（a）；
G2 和 G0 样品 $-20℃$、0.2C 倍率放电曲线（b）；1C 倍率循环性能曲线（c）

151mA・h/g、130mA・h/g，100 次循环后的容量保持率分别为 89.6%、95.9%、99.0%、90.0%。其中，G2 表现出最优的循环性能和较高的放电比容量。当石墨烯添加量较多时，G3 性能不佳。由此可以得出，石墨烯的添加可提高材料的电导率，但适当的添加量是非常重要的。

采用 EIS 方法深入分析材料的电化学行为。在 0.2C 充放电两个循环后，在完全放电状态下进行 EIS 测试，对应的 Nyquist 图如图 4.8(a) 所示。所有样品的 Nyquist 曲线均由中高频区的半圆和低频区的斜线组成。通常 Z' 轴上的高频截距代表欧姆电阻（R_s），中频区半圆代表电荷转移电阻（R_{ct}），低频区斜线反映了锂离子在电极材料内部的扩散，即 Warburg 阻抗（Z_w）[12,13]。基于图 4.8(c) 中的等效电路采用 ZView 软件对曲线进行拟合，得到四个样品的电荷转移阻抗 R_{ct} 值，如表 4.2 所示。由表可知，G2 电极的电荷转移阻抗最低（34.78Ω），这归因于其较高的比表面积和电子导电性。复合材料中石墨烯薄片的堆叠造成 G3 较高的电荷转移阻抗（49.11Ω）。

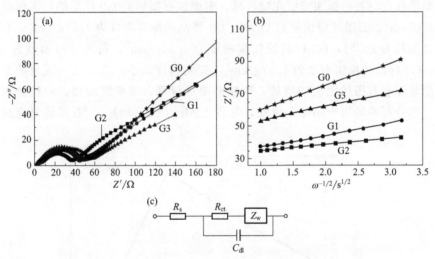

图 4.8　$LiMn_{0.7}Fe_{0.3}PO_4/C/$石墨烯复合材料的 Nyquist 曲线（a）；
Z' 与 $\omega^{-1/2}$ 关系曲线（b）；等效电路图（c）

根据图 4.8(b) 中 Z' 与 $\omega^{-1/2}$ 的拟合直线的斜率求得 Warburg 系数 σ，如表 4.2 所示。根据式(3.1) 可以求出 G0、G1、G2、G3 样品的 Li^+ 扩散系数 D_{Li^+} 分别为 $2.34 \times 10^{-14} cm^2/s$、$2.02 \times 10^{-13} cm^2/s$、$4.53 \times 10^{-13} cm^2/s$、$4.73 \times 10^{-14} cm^2/s$，如表 4.2 所示。可见，G2 样品具有最高的锂离子扩散系

数。因此，G2 样品优异的倍率性能和循环稳定性归因于较低的电荷转移阻抗和较高的锂离子扩散系数。

表 4.2　$\mathrm{LiMn_{0.7}Fe_{0.3}PO_4/C}$ 石墨烯复合材料的 R_{ct}、σ 和 D_{Li^+} 值

样品	R_{ct}/Ω	$\sigma/(\Omega/s^{1/2})$	$D_{Li^+}/(cm^2/s)$
G0	59.89	51.42	2.34×10^{-14}
G1	42.89	17.49	2.02×10^{-13}
G2	34.78	11.62	4.53×10^{-13}
G3	49.11	36.16	4.73×10^{-14}

4.6　样品振实密度分析

图 4.9 为不同石墨烯添加量合成的 $\mathrm{LiMn_{0.7}Fe_{0.3}PO_4/C}$/石墨烯复合材料的振实密度值。可以看出，随着石墨烯添加量的增加，$\mathrm{LiMn_{0.7}Fe_{0.3}PO_4/C}$/石墨烯复合材料的振实密度先增后减。未添加石墨烯的 G0 样品的振实密度为 $1.19\mathrm{g/cm^3}$；石墨烯添加量为 1‰时，G1 样品的振实密度为 $1.27\mathrm{g/cm^3}$；石墨烯添加量为 2‰时，G2 样品的振实密度为 $1.37\mathrm{g/cm^3}$；石墨烯添加量为 3‰时，G3 样品的振实密度为 $1.07\mathrm{g/cm^3}$，振实密度最小。造成这一现象的原因可能是随着石墨烯比例的增加，颗粒形貌更规则，球形度增加，颗粒分布集中，部分石墨烯用于还原三价铁，导致 $\mathrm{LiMn_{0.7}Fe_{0.3}PO_4/C}$/石墨烯复合材料

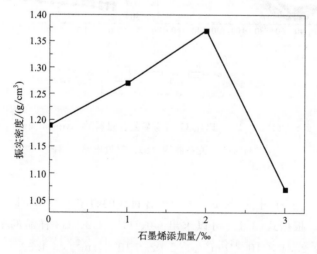

图 4.9　不同石墨烯添加量制得的 $\mathrm{LiMn_{0.7}Fe_{0.3}PO_4/C}$/石墨烯复合材料的振实密度值

中的残碳量下降，这是 $LiMn_{0.7}Fe_{0.3}PO_4/C$/石墨烯复合材料振实密度提高的一个重要原因。当残碳量增加到一定程度后，$LiMn_{0.7}Fe_{0.3}PO_4$ 材料本身的真密度逐渐降低，同时石墨烯蓬松，所以过多的石墨烯会降低复合材料的振实密度。

4.7　本章小结

通过湿法球磨、喷雾干燥和高温煅烧相结合的方法，以聚乙烯醇（PVA）为碳源、石墨烯为导电剂，制备球形 $LiMn_{0.7}Fe_{0.3}PO_4/C$/石墨烯复合材料，并研究了石墨烯添加量对 $LiMn_{0.7}Fe_{0.3}PO_4/C$ 材料性能的影响，从而找到最佳的石墨烯添加量。实验结果表明，当石墨烯添加量为 $LiMn_{0.7}Fe_{0.3}PO_4$ 质量的 2‰时，复合材料表现出最优的电化学性能。室温 0.2C 倍率下的首次放电比容量为 153mA·h/g，-20℃、0.2C 倍率下的首次放电比容量为 117.1mA·h/g，为室温放电比容量的 77%。

参考文献

[1] Zhu X D, Tian J, Le S R, et al. Improved electrochemical performance of $CuCrO_2$ anode with CNTs as conductive agent for lithium ion batteries. Materials Letters, 2013, 97: 113-116.

[2] Huang Y, Liu H, Gong L, et al. A simple route to improve rate performance of $LiFePO_4$/reduced graphene oxide composite cathode by adding Mg^{2+} via mechanical mixing. Journal of Power Sources, 2017, 347: 29-36.

[3] Zoller F, Böhm D, Luxa J, et al. Freestanding $LiFe_{0.2}Mn_{0.8}PO_4$/rGO nanocomposites as high energy density fast charging cathodes for lithium-ion batteries. Materials Today Energy, 2020, 16: 100416.

[4] Zhou X, Deng Y, Wan L. et al. A surfactant-assisted synthesis route for scalable preparation of high performance of $LiFe_{0.15}Mn_{0.85}PO_4/C$ cathode using bimetallic precursor. Journal of Power Sources, 2014, 265: 223-230.

[5] Wen F, Gao P, Wu B. et al. Graphene-embedded $LiMn_{0.8}Fe_{0.2}PO_4$ composites with promoted electrochemical performance for lithium ion batteries. Electrochimica Acta, 2018, 276: 134-141.

[6] Dhaybi S, Marsan B. $LiFe_{0.5}Mn_{0.5}PO_4/C$ prepared using a novel colloidal route as a cathode material for lithium batteries. Journal of Alloys and Compounds, 2018, 737: 189-196.

[7] Yang S, Zavalij P Y, Whittingham M S. et al. Hydrothermal synthesis of lithium iron phosphate cathodes. Electrochemistry Communications, 2001, 3 (9): 505-508.

[8] Khan S, Raj R P, Mohan T V R, et al. Electrochemical performance of nano-sized $LiFePO_4$-embedded 3D-cubic ordered mesoporous carbon and nitrogenous carbon composites. RSC Advances,

2020，10：30406-30414.

[9] Song Z，Chen S，Du S. et al. Construction of high-performance $LiMn_{0.8}Fe_{0.2}PO_4/C$ cathode by using quinoline soluble substance from coal pitch as carbon source for lithium ion batteries. Journal of Alloys and Compounds，2022，927：166921.

[10] Zhu C，Wu Z，Xie J，et al. Solvothermal-assisted morphology evolution of nanostructured $LiMnPO_4$ as high-performance lithium-ion batteries cathode. Journal of Materials Science & Technology，2018，34（9）：1544-1549.

[11] Huang Y H，Goodenough J B. High-rate $LiFePO_4$ lithium rechargeable battery promoted by electrochemically active polymers. Chemistry of Materials，2008，20（23）：7237-7241.

[12] Jegal J P，Kim K B. Carbon nanotube-embedding $LiFePO_4$ as a cathode material for high rate lithium ion batteries. Journal of Power Sources，2013，243：859-864.

[13] Lei X，Zhang H，Chen Y，et al. A three-dimensional $LiFePO_4$/carbon nanotubes/graphene composite as a cathode material for lithium-ion batteries with superior high-rate performance. Journal of Alloys and Compounds，2015，626：280-286.

第5章

用廉价铁源合成磷酸锰铁锂的研究

5.1 引言

　　磷酸锰铁锂材料性能主要依赖铁源及锰源的品质，因此原料的稳定性至关重要。铁是自然界中含量丰富的金属元素之一，有多种铁源可用于合成磷酸锰铁锂，但考虑到成本和铁的存在形式等因素，并不是所有三价铁都能用来合成磷酸锰铁锂。目前报道的合成磷酸锰铁锂所用的三价铁原料主要有三氧化二铁、氯化铁、硝酸铁及磷酸铁等[1-5]。氯化铁和硝酸铁虽是合成磷酸锰铁锂的合适铁源，但是考虑到硝酸铁中的硝酸根离子在实验过程中容易产生有害气体而污染环境，所以不适合工业化生产，只适合小规模实验。三氧化二铁性能稳定，作为原料稳定不易变质，且容易操作，是优质铁源。本章选用廉价的三氧化二铁为铁源、四氧化三锰为锰源来合成磷酸锰铁锂材料，具有广阔的市场应用前景。

5.2 水热预处理法合成磷酸锰铁锂

5.2.1 样品制备

　　将磷酸二氢锂、三氧化二铁、四氧化三锰、柠檬酸按一定摩尔比称取后溶于去离子水中，通过超声分散使原料混合均匀。将上述混合物转移全 250mL 反应釜中，置于烘箱中 180℃保温 12h，自然冷却至室温，经过滤、洗涤、干燥后得到磷酸锰铁锂前驱体。将质量比为 15% 的乳糖溶于 5mL 去离子水和 45mL 乙二醇的混合溶液中，加入磷酸锰铁锂前驱体，边加热边搅拌，待溶剂蒸发后，将所得粉末转移至管式炉中在氮气气氛下 750℃煅烧 3h 制得

$LiMn_{0.7}Fe_{0.3}PO_4/C$ 复合材料。由于三氧化二铁的反应惰性极大，水热预处理过程相当于一个激活过程，通过对比柠檬酸加入与否来研究柠檬酸在该制备工艺中的作用。添加 15％柠檬酸和未添加柠檬酸所制备的 $LiMn_{0.7}Fe_{0.3}PO_4/C$ 样品分别命名为 LMFP-Y 和 LMFP-W。合成流程图如图 5.1 所示。

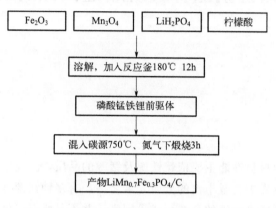

图 5.1 $LiMn_{0.7}Fe_{0.3}PO_4/C$ 样品合成流程图

5.2.2 样品 XRD 分析

图 5.2 为 LMFP-Y 和 LMFP-W 样品的 XRD 图谱。由图可见，两样品的 XRD 图谱均与 $LiFePO_4$ 的橄榄石相 Pnma（62）空间群（PDF♯81-1173）的标准衍射图相对应，无其他杂质峰出现，说明样品纯度较高。LMFP-Y 和 LMFP-W 样品的衍射峰相对于标准卡片衍射峰向低角度方向偏移，这是因为合成的 $LiMn_{0.7}Fe_{0.3}PO_4/C$ 样品中 70％的铁被锰取代，而 Fe^{2+} 的离子半径（0.092nm）小于 Mn^{2+} 的离子半径（0.097nm），因此 $LiMn_{0.7}Fe_{0.3}PO_4$ 与 $LiFePO_4$ 相比势必会发生衍射角上的偏移。此外，XRD 图中并未发现碳的衍射峰，说明碳以无定形形态存在。

5.2.3 样品 SEM 分析

图 5.3 为添加柠檬酸与不加柠檬酸经水热预处理合成的 $LiMn_{0.7}Fe_{0.3}PO_4/C$ 样品的 SEM 图。由图可知，颗粒尺寸没有明显变化，但柠檬酸的添加具有诱导效应，使样品颗粒尺寸更均匀。此外，LMFP-Y 样品的颗粒比 LMFP-W 更

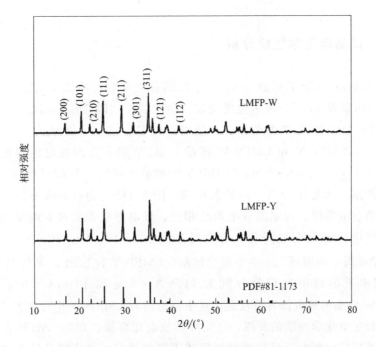

图 5.2　LMFP-Y 和 LMFP-W 样品的 XRD 图谱

均匀、更规则，这是由于柠檬酸与 Fe_2O_3 的螯合作用防止其聚集，进而阻止 $LiMn_{0.7}Fe_{0.3}PO_4/C$ 的聚集。从 SEM 图中还可以看出，在 750℃ 热处理后，$LiMn_{0.7}Fe_{0.3}PO_4$ 材料表面均匀地包覆碳壳，粒径没有明显变化。此外，添加柠檬酸的 LMFP-Y 样品相比未加柠檬酸的 LMFP-W 粒度分布更均匀。由此可推断 LMFP-Y 的电化学性能要优于 LMFP-W。

图 5.3　$LiMn_{0.7}Fe_{0.3}PO_4/C$ 样品的 SEM 图

(a) LMFP-W；(b) LMFP-Y

5.2.4 样品电化学性能分析

图 5.4(a) 给出了 0.2C 倍率下样品的首次充放电曲线。从图中可看出，70％的 Mn 替换 Fe 后，充放电曲线较纯磷酸铁锂和磷酸锰锂都有所不同，在 3.5V 和 4.0V 左右出现两个平台，分别对应 Fe^{3+}/Fe^{2+} 和 Mn^{3+}/Mn^{2+} 氧化还原电对。LMFP-Y 和 LMFP-W 样品 0.2C 倍率下首次放电比容量分别为 160mA·h/g、154mA·h/g，LMFP-Y 的放电比容量大于 LMFP-W，这是由于晶粒的细化缩短了锂离子的扩散距离。图 5.4(b) 为样品在 $-20℃$、0.2C 倍率下的放电曲线。与室温放电曲线相比，低温放电曲线没有明显的放电平台，且放电比容量明显降低。这主要是由于 $LiMn_{0.7}Fe_{0.3}PO_4/C$ 在低温下 Li^+ 扩散变慢，内阻增大，电极极化加剧。LMFP-Y 和 LMFP-W 样品 $-20℃$、0.2C 倍率下的放电比容量分别为 119mA·h/g 和 108mA·h/g。其中，LMFP-W 样品的放电比容量较低，这主要是因为 LMFP-W 中存在大量较大颗粒，不利于电化学性能的发挥，进而降低放电比容量。观察 LMFP-W 的放电曲线，发现其放电电压呈先缓慢后迅速下降的趋势，这主要是因为放电过程中，LMFP-W 中的活性物质先进行反应，当其内部的活性物质完全反应后，样品中的非晶相即非活性物质几乎不参加反应，从而导致电压迅速下降。同样，LMFP-Y 样品的放电电压也出现相似的规律，进一步证实 LMFP-Y 中存在少量的非晶相。这也解释了 LMFP-Y 颗粒尺寸比 LMFP-W 小的原因。LMFP-W 与 LMFP-Y 相比颗粒尺寸较大，加大了锂离子在 $LiMn_{0.7}Fe_{0.3}PO_4$ 颗粒中的扩散距离，导致内阻增大，电极极化加剧，不利于电化学性能的发挥。

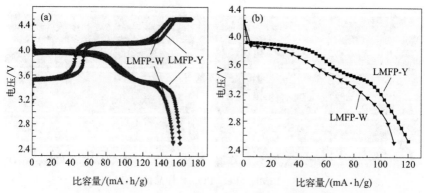

图 5.4 $LiMn_{0.7}Fe_{0.3}PO_4/C$ 样品 0.2C 倍率下首次充放电曲线 (a)；
$-20℃$、0.2C 倍率下放电曲线 (b)

电化学阻抗谱（EIS）可以用来研究电极的电化学动力学，对 LMFP-Y、LMFP-W 电极 1C 倍率下循环 3 次后在完全放电状态下进行 EIS 测试，所得交流阻抗谱如图 5.5(a) 所示。从图中可以看出，所有样品的交流阻抗谱均由高频区半圆和低频区斜线组成，其中高频区半圆代表电荷转移阻抗，低频区斜线代表锂离子在电极材料内部扩散产生的阻抗，即 Warburg 阻抗。在图 5.5(c) 的等效电路中，R_s 表示电解液、电极材料和隔膜产生的欧姆电阻，R_{ct} 代表电荷转移阻抗，Z_w 代表 Warburg 阻抗。基于该等效电路通过 ZView 软件拟合得到 LMFP-Y、LMFP-W 样品的电荷转移阻抗 R_{ct} 分别为 45.45Ω 和 75.12Ω（表 5.1）。可以看出，LMFP-Y 样品具有更小的电荷转移阻抗，对材料的循环性能和倍率性能有利。

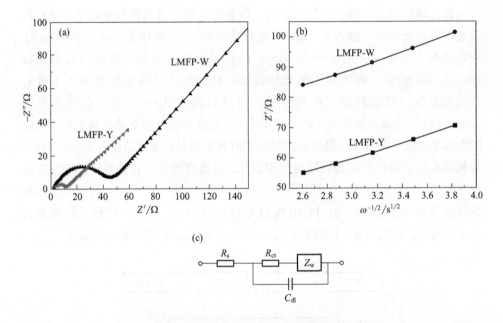

图 5.5　LMFP-W 和 LMFP-Y 样品的交流阻抗谱（a）；
Z' 与 $\omega^{-1/2}$ 的关系图（b）；等效电路图（c）

表 5.1　**LMFP-W 和 LMFP-Y 样品的 R_{ct}、σ 和 D_{Li^+} 值**

样品	R_{ct}/Ω	$\sigma/(\Omega/s^{1/2})$	$D_{Li^+}/(cm^2/s)$
LMFP-W	75.12	95.13	4.23×10^{-10}
LMFP-Y	45.45	61.37	7.38×10^{-10}

图 5.5(b) 为 Z' 与低频区频率 $\omega^{-1/2}$ 之间的关系，Warburg 系数 σ 可由拟合直线的斜率得到。根据式(3.1) 计算得到 LMFP-Y、LMFP-W 样品的锂离子扩散系数 D_{Li^+} 分别为 $7.38 \times 10^{-10} \mathrm{cm}^2/\mathrm{s}$ 和 $4.23 \times 10^{-10} \mathrm{cm}^2/\mathrm{s}$。LMFP-Y 样品由于颗粒小且分布均匀，表现出较高的锂离子扩散系数，因而表现出更好的电化学性能。

5.3 固相法合成磷酸锰铁锂

5.3.1 样品制备

首先将磷酸二氢锂、三氧化二铁、四氧化三锰、葡萄糖按一定摩尔比称取后加入去离子水中，放入 500mL 球磨罐中球磨 2h。将球磨好的浆料倒入 5L 塑料量筒中，将固含量稀释至 30%，放在搅拌机上搅拌。然后用蠕动泵以 100mL/min 的速率向喷雾干燥机中抽水，打开喷头，喷头压力为 0.4MPa。之后关喷头、开引风机，再开加热，出风口温度为 90℃ 时，用蠕动泵以 50mL/min 的速率开始加水，此时打开喷头，加水后温度会下降，当温度不再降时为加水稳定。等出风口温度上升至 93℃ 时开始加料，加料速度为 100mL/min，加料结束后，取出干燥物料即前驱体粉末。将前驱体粉末转移至管式炉中在氮气气氛下 750℃ 煅烧 3～5h 即可得到 $LiMn_{0.7}Fe_{0.3}PO_4/C$ 产物。其中前驱体预热时间分别为 0h、1h、2h 和 3h 所制备的 $LiMn_{0.7}Fe_{0.3}PO_4/C$ 样品分别命名为 LMFP-0、LMFP-1、LMFP-2、LMFP-3。合成流程图如图 5.6 所示。

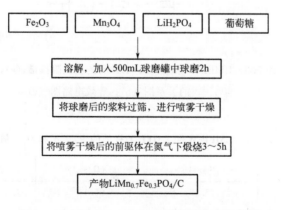

图 5.6　$LiMn_{0.7}Fe_{0.3}PO_4/C$ 样品的合成流程图

5.3.2　样品 XRD 分析

图 5.7 显示了 LMFP-0、LMFP-1、LMFP-2、LMFP-3 产物的 XRD 图谱。该样品的晶相符合有序橄榄石结构 Pnma 空间群（JCPDS♯81-1173），无杂质峰，且没有碳的衍射峰出现。由图可知，随着第一步煅烧时间的延长，样品的衍射峰强度逐渐增强，表明第一步煅烧时间的延长有利于晶体生长和结晶度提高。对 XRD 图谱进行 Rietveld 精修，得到晶胞参数和 Mn/Fe_{Li} 反位缺陷浓度，结果列于表 5.2 中。可见 LMFP-0、LMFP-1、LMFP-2 和 LMFP-3 样品中分别含有 6.3%、5.9%、3.4% 和 4.0% 的 Mn/Fe_{Li} 反位缺陷，说明第一步煅烧可有效降低 $LiMn_{0.7}Fe_{0.3}PO_4/C$ 的反位缺陷浓度。Mn/Fe_{Li} 反位缺陷浓度随晶胞参数增加而增大，因此，LMFP-2 晶胞参数的减小与其较少的 Mn/Fe_{Li} 反位缺陷浓度一致。

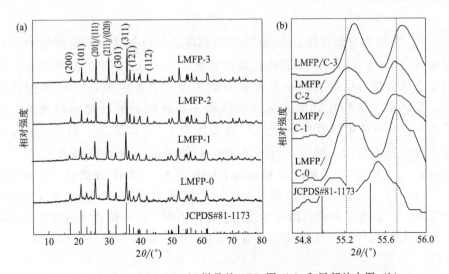

图 5.7　$LiMn_{0.7}Fe_{0.3}PO_4/C$ 样品的 XRD 图（a）和局部放大图（b）

表 5.2　$LiMn_{0.7}Fe_{0.3}PO_4/C$ 样品的晶胞参数及 Mn/Fe_{Li} 反位缺陷浓度

样品	a/nm	b/nm	c/nm	V/nm³	Mn/Fe_{Li} 反位缺陷浓度/%
LMFP-0	1.0445	0.7875	0.6554	0.5390	6.3
LMFP-1	1.0432	0.7766	0.6322	0.5121	5.9
LMFP-2	1.0310	0.6008	0.4695	0.2908	3.4
LMFP-3	1.0334	0.6559	0.5002	0.3390	4.0

为了进一步探究第一步煅烧时间对 $LiMn_{0.7}Fe_{0.3}PO_4/C$ 晶体结构的影响，对所有样品的 XRD 图谱进行比较，发现 LMFP-0 样品的所有衍射峰均略向左偏移，且在 $54.7°\sim56.0°$ 范围内的衍射峰劈裂程度较低，如图 5.7(b) 所示，说明 LMFP-0 样品的结晶性较差。此外，LMFP-0 衍射图谱的基线不平，说明样品中存在大量非晶相。LMFP-1 样品的衍射峰虽然比 LMFP-0 更为尖锐，但衍射图中依旧存在小的突出峰，说明 LMFP-1 样品的结晶性相比 LMFP/C-0 变好，但内部仍存在少量非晶相。LMFP-0 和 LMFP-1 样品之所以结晶性较差与前驱体 Fe_2O_3-Mn_3O_4-0 和 Fe_2O_3-Mn_3O_4-1 的晶体结构密不可分，说明前驱体 Fe_2O_3-Mn_3O_4 的晶体结构决定最终 $LiMn_{0.7}Fe_{0.3}PO_4/C$ 产物的晶体结构。而 LMFP-2 和 LMFP-3 样品均无非晶相存在，且衍射峰变尖锐，说明样品的结晶性变好。由此可知，$LiMn_{0.7}Fe_{0.3}PO_4/C$ 样品的结晶性随着第一步煅烧时间的延长逐渐提高。

5.3.3 样品 FT-IR 分析

FT-IR 图谱主要看在 $1000cm^{-1}$ 的对称伸缩 P-O 振动。考虑到每个 PO_4 四面体与 FeO_6 和 LiO_6 八面体共角或共边，$1000cm^{-1}$ 附近的吸收带广泛用于表征橄榄石结构材料中的反位缺陷浓度，这被认为是 PO_4 四面体共享，振动模式与 PO_4 四面体包围的锂离子和铁离子的环境密切相关。因此，Fe_{Li} 反位缺陷浓度可影响 PO_4 四面体中 P—O 键变化，相对应的振动频率也会发生变化。图 5.8 显示了 $400\sim1200cm^{-1}$ 波数范围内 LMFP-0、LMFP-1、LMFP-2、LMFP-3 样品的 FT-IR 图谱。FT-IR 图谱的一个明显特征是 LMFP-2（$965cm^{-1}$）在 $1000cm^{-1}$ 附近的吸收带相对于 LMFP-0（$971cm^{-1}$）发生了偏移，而其他的几乎保持不变。这种偏移可归因于反位缺陷浓度的降低。因此，LMFP-2 具有更少的 Mn/Fe_{Li} 反位缺陷，与 XRD 分析一致。

5.3.4 样品 SEM 和 TEM 分析

图 5.9 为 LMFP-0、LMFP-1、LMFP-2、LMFP-3 样品的 SEM 图。使用喷雾干燥法制备的样品均为由一次颗粒组成的二次微孔球形颗粒。如图 5.9 (a)～图 5.9(d) 所示，$LiMn_{0.7}Fe_{0.3}PO_4/C$ 微球的尺寸范围为 $5\sim20\mu m$，呈多孔结构。经过不同第一步煅烧时间制备的 $LiMn_{0.7}Fe_{0.3}PO_4/C$ 微球在尺寸和形貌方面相似。图 5.9(e)～图 5.9(h) 为放大图像。由图可知，每个球形二

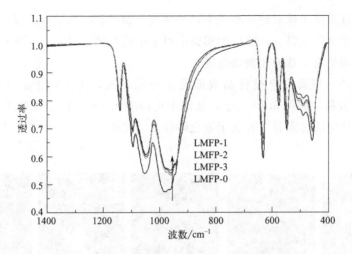

图 5.8　$LiMn_{0.7}Fe_{0.3}PO_4/C$ 样品的 FT-IR 图谱

次颗粒由许多不规则的一次颗粒聚集而成。如图 5.9(e) 所示，LMFP-0 的一次颗粒约 300nm，呈不规则形态。LMFP-1 具有相似的形貌，但一次颗粒约 150nm。LMFP-2 的一次颗粒小于 100nm。图 5.9(h) 中，大颗粒开始出现，这是由于随着第一步煅烧时间的增加，晶体出现二次生长。结果表明，虽然 $LiMn_{0.7}Fe_{0.3}PO_4/C$ 微球的大小和形貌相似，但一次颗粒明显不同。碳源在 100℃ 以上开始在颗粒表面熔融，熔融碳紧紧包裹住球形 $LiMn_{0.7}Fe_{0.3}PO_4$ 本体，并在热分解后生成无定形碳。此外也观察到图中仍然存在一些杂乱无章的

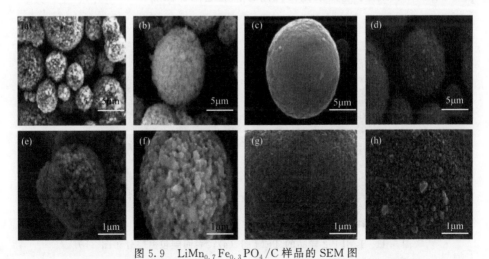

图 5.9　$LiMn_{0.7}Fe_{0.3}PO_4/C$ 样品的 SEM 图

(a)、(e) LMFP-0；(b)、(f) LMFP-1；(c)、(g) LMFP-2；(d)、(h) LMFP-3

小颗粒，这是由于球磨过程不完全，一些较大颗粒在喷雾干燥过程中无法形成规则形状的液体浆料。在随后的实验中可采取延长球磨时间、更换氧化锆球的大小以及调整大小球的比例来改进。

为了进一步研究合成样品表面元素分布情况，对 LMFP-2 样品进行了 EDS 能谱分析，如图 5.10 所示，从图中可以看出 Mn、Fe、O 和 P 等元素分布均匀。均匀的元素分布有利于电化学性能的发挥。

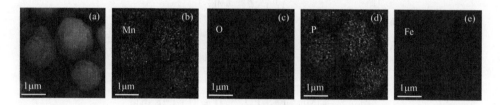

图 5.10　LMFP-2 样品的 EDS 能谱图

LMFP-2 样品的 TEM 图像如图 5.11 所示。从图 5.11(a) 中可以看出，二次颗粒表面存在碳壳，这是由于喷雾瞬间干燥，少量葡萄糖转移到颗粒表面，在随后的煅烧过程中葡萄糖裂解形成碳层。从图 5.11(b) 可以看出，在纳米颗粒的表面也存在完整而均匀的碳层。二次颗粒表面的均匀碳层和纳米粒子表面均匀的碳层可改善穿过 $LiMn_{0.7}Fe_{0.3}PO_4$ 颗粒之间界面的电子和锂离子的传输。同时，$LiMn_{0.7}Fe_{0.3}PO_4$ 一次颗粒之间存在多孔碳网络，形成电子传导网络，可以减小电极极化，提高材料的电化学性能。

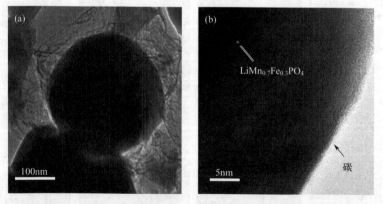

图 5.11　LMFP-2 样品的 TEM 图（a）；表面碳包覆层分布图（b）

5.3.5　样品电化学性能分析

图 5.12（a）显示了 LMFP-0、LMFP-1、LMFP-2 和 LMFP-3 样品在 0.2C 倍率下的首次充放电曲线。所有样品均在 4.0V 和 3.5V 左右出现两个电

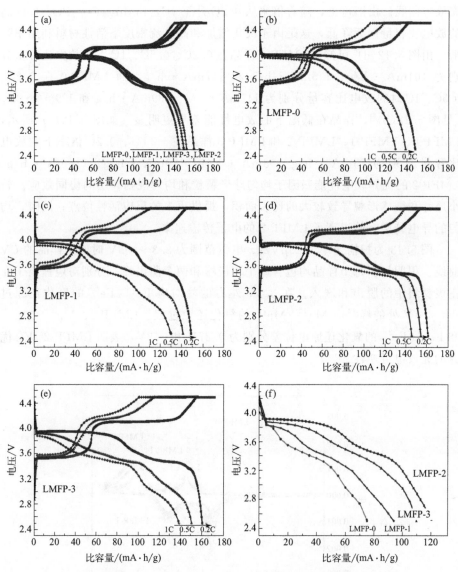

图 5.12　LiMn$_{0.7}$Fe$_{0.3}$PO$_4$/C 样品的电化学性能

（a）0.2C 倍率下首次充放电曲线；（b）～（e）不同倍率下的充放电曲线；

（f）—20℃、0.2C 倍率下的放电曲线

压平台，分别对应 Mn^{3+}/Mn^{2+} 和 Fe^{3+}/Fe^{2+} 的氧化还原反应[6,7]。LMFP-0、LMFP-1、LMFP-2 和 LMFP-3 样品 0.2C 倍率下首次放电比量分别为 147mA·h/g、150mA·h/g、161mA·h/g 和 154mA·h/g。可见 LMFP-2 具有最高的首次放电比容量，表明其优异的电化学活性。图 5.12（b）～图 5.12（e）为 LMFP-0、LMFP-1、LMFP-2 和 LMFP-3 样品在不同倍率下的充放电曲线。由图可见，随着倍率从 0.2C 升至 1C，$LiMn_{0.7}Fe_{0.3}PO_4/C$ 样品的放电比容量逐渐降低，这是由于极化增加和高电流密度下活性材料利用率降低。由图 5.12（d）可知，LMFP-2 样品在 0.2C、0.5C、1C 下的放电比容量分别为 161mA·h/g、155mA·h/g 和 147mA·h/g，而 LMFP-0 在 0.2C、0.5C、1C 时的放电比容量分别为 147mA·h/g、139mA·h/g 和 129mA·h/g〔见图 5.12（b）〕。样品在低温下的放电性能差异更明显。如图 5.12（f）所示，LMFP-0、LMFP-1、LMFP-2 和 LMFP-3 样品在 −20℃、0.2C 倍率下的放电比容量分别为 75mA·h/g、98mA·h/g、120mA·h/g、110mA·h/g。LMFP-2 的优异放电性能归因于均匀球形颗粒和均匀规则碳层的协同效应。较小尺寸和微球形貌导致较大的比表面积，提供更多的反应活性位点；同时，均匀的导电碳层有效提高了 LMFP-2 的电子传输速率。

图 5.13 为扫描速率为 $25\mu V/s$、电位范围为 2.3～4.5V 时四个样品的 CV 曲线。很明显，每个样品均包含两个阳极峰和两个阴极峰，分别对应锂离子在正极材料中的脱出和嵌入。在 3.5V 左右的峰对应 Fe^{3+}/Fe^{2+} 的氧化还原过程，4.1V 处的峰对应 Mn^{3+}/Mn^{2+} 的氧化还原过程。LMFP-2、Mn^{3+}/Mn^{2+} 和 Fe^{3+}/Fe^{2+} 的氧化还原电位差分别为 0.27V 和 0.2V，表明 LMFP-2 具有优异的充放电可逆性。

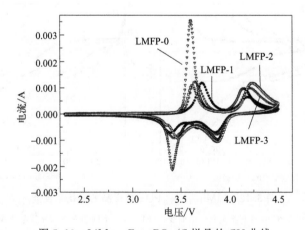

图 5.13　$LiMn_{0.7}Fe_{0.3}PO_4/C$ 样品的 CV 曲线

图 5.14(a) 为 LMFP-0、LMFP-1、LMFP-2、LMFP-3 样品的 Nyquist 曲线。从图中可以看出，所有样品的 Nyquist 曲线都由中高频区的半圆和低频区的斜线组成，其中曲线与高频区坐标轴 Z' 的截距代表电解液、电极材料和隔膜产生的欧姆电阻 (R_s)，中频区半圆对应的是电解质/电极界面处的电荷转移阻抗 (R_{ct})，低频区斜线对应的是 Li^+ 在电极材料中扩散引起的 Warburg 阻抗 (Z_w)[8,9]。中频区半圆的直径可代表电荷转移阻抗的大小，由图可知，LMFP-2 样品具有最小的电荷转移阻抗，有利于其倍率性能。此外，通过图 5.14(b) 中 Z' 与 $\omega^{-1/2}$ 拟合直线的斜率算出 Warburg 系数 σ，再通过公式(3.1) 计算出四种样品的锂离子扩散系数 D_{Li^+} 分别为 $4.53 \times 10^{-14}\,cm^2/s$、$2.02 \times 10^{-14}\,cm^2/s$、$4.73 \times 10^{-12}\,cm^2/s$、$2.34 \times 10^{-13}\,cm^2/s$。可以看出，LMFP-2 的 D_{Li^+} 比其他样品要高 2 个数量级。

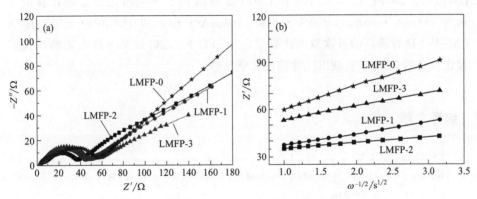

图 5.14　LMFP-0、LMFP-1、LMFP-2、LMFP-3
样品的 Nyquist 曲线 (a)；Z' 与 $\omega^{-1/2}$ 的关系曲线 (b)

LMFP-2 优异的放电比容量、倍率性能和低温放电性能可归结为以下原因：①通过控制第一步煅烧时间合成出纯度高、结晶良好的 $LiMn_{0.7}Fe_{0.3}PO_4/C$ 材料，确保锂离子反复嵌入/脱出过程中的结构稳定性；②纳米颗粒可缩短 Li^+ 扩散距离，增加反应活性位点；③均匀的碳包覆层可实现 Li^+ 快速脱嵌，降低极化。

5.4　本章小结

以 Fe_2O_3 和 Mn_3O_4 为低成本原料，分别采用两种合成工艺合成

$LiMn_{0.7}Fe_{0.3}PO_4/C$ 复合材料。一种合成工艺为水热-固相法。先以柠檬酸作为络合剂，通过水热法获得 $LiMn_{0.7}Fe_{0.3}PO_4$ 前驱体。水热过程相当于 Fe_2O_3 的激活过程，通过水热处理，材料的活性大大提高。再将前驱体球磨混碳、高温煅烧即可得到 $LiMn_{0.7}Fe_{0.3}PO_4/C$ 复合材料。通过添加柠檬酸，得到了结晶度良好的样品，提高了材料的电化学性能。

另一种合成工艺为固相球磨喷雾法。主要研究了第一步煅烧时间对材料形貌、电化学性能的影响。结果显示，经第一步煅烧合成的亚微米级 $LiMn_{0.7}Fe_{0.3}PO_4/C$ 颗粒为高纯度、高结晶度的橄榄石结构，具有完整的碳包覆层。EDS 分析表明，各元素均匀分布在材料表面。从 TEM 图可以看出，碳层厚度约为 $5.7nm$，纳米颗粒表面存在完整而均匀的碳包覆层，大大提高了材料的离子电导率和电子电导率。通过喷雾干燥工艺进行两步固相反应，通过控制变量法得到煅烧 2h 制备的 $LiMn_{0.7}Fe_{0.3}PO_4/C$ 材料的电化学性能最优。LMFP-0、LMFP-1、LMFP-2 和 LMFP-3 样品 0.2C 倍率下首次放电比容量分别为 147mA·h/g、150mA·h/g、161mA·h/g 和 154mA·h/g，其中 LMFP-2 具有最高的首次放电比容量，$-20℃$ 下 0.2C 倍率下放电比容量为室温比容量的 75%，表现出优异的电化学活性。

参考文献

[1]　Ou X, Liang G, Wang L, et al. Effects of magnesium doping on electronic conductivity and electrochemical properties of LiFePO$_4$ prepared via hydrothermal route. Journal of Power Sources, 2008, 184 (2): 543-547.

[2]　Shanmukaraj D, Wang G X, Murugan R, et al. Electrochemical studies on LiFe$_{1-x}$Co$_x$PO$_4$/carbon composite cathode materials synthesized by citrate gel technique for lithium-ion batteries. Materials Science and Engineering: B, 2008, 149 (1): 93-98.

[3]　Meethong N, Kao Y H, Speakman S A, et al. Aliovalent substitutions in olivine lithium iron phosphate and impact on structure and properties. Advanced Functional Materials, 2009, 19 (7): 1060-1070.

[4]　Wang G X, Needham S, Yao J, et al. A study on LiFePO$_4$ and its doped derivatives as cathode materials for lithium-ion batteries. Journal of Power Sources, 2006, 159 (1): 282-286.

[5]　Gao H, Jiao L, Peng W, et al. Enhanced electrochemical performance of LiFePO$_4$/C via Mo-doping at Fe site. Electrochimica Acta, 2011, 56 (27): 9961-9967.

[6]　Zhu C, Wu Z, Xie J, et al. Solvothermal-assisted morphology evolution of nanostructured LiMnPO$_4$ as high-performance lithium-ion batteries cathode. Journal of Materials Science & Technology, 2018, 34 (9): 1544-1549.

[7]　Huang Y H, Goodenough J B. High-rate LiFePO$_4$ lithium rechargeable battery promoted by elec-

trochemically active polymers. Chemistry of Materials，2008，20（23）：7237-7241.

[8]　Jegal J P，Kim K B. Carbon nanotube-embedding LiFePO$_4$ as a cathode material for high rate lithium ion batteries. Journal of Power Sources，2013，243：859-864.

[9]　Lei X，Zhang H，Chen Y，et al. A three-dimensional LiFePO$_4$/carbon nanotubes/graphene composite as a cathode material for lithium-ion batteries with superior high-rate performance. Journal of Alloys and Compounds，2015，626：280-286.

第6章

科琴黑为碳源添加剂合成磷酸锰铁锂材料的研究

6.1 引言

近年来，碳包覆被认为是改善磷酸盐基正极材料电化学性能行之有效的方法之一。碳包覆层不仅可以在正极材料一次颗粒之间传输电子，而且还可以通过吸收电解质来提高电极与电解质之间的锂离子交换速率。但传统的碳包覆虽然可提高材料的电导率，但会降低材料的振实密度。针对这一缺点，采用葡萄糖和科琴黑作为复合碳源对磷酸锰铁锂材料进行包覆改性，从而实现材料在放电比容量和振实密度方面的双提升。通过改变科琴黑占葡萄糖的质量比，来研究科琴黑添加量对磷酸锰铁锂材料微观形貌和电化学性能的影响，并与采用单一葡萄糖为碳源所制得的样品进行比较。

6.2 样品制备

采用球磨混料、喷雾干燥、高温煅烧相结合的方法制备磷酸锰铁锂/科琴黑（$LiMn_{0.65}Fe_{0.35}PO_4/KB$）复合材料。以 Fe_2O_3、LiH_2PO_4 和 Mn_3O_4 为原料，葡萄糖和科琴黑（KB）为碳源制备 $LiMn_{0.65}Fe_{0.35}PO_4/KB$ 复合材料。将三种原料与葡萄糖和去离子水混合，添加不同量的科琴黑（分别为葡萄糖质量的 0%、3%、5% 和 8%）。行星球磨 2h 后，将固含量为 45%（质量分数）的前驱体浆料以 15mL/min 的速度泵入喷雾干燥器中进行喷雾干燥。喷嘴处的温度和压力分别为 200~220℃ 和 0.3MPa，出口温度为 100~110℃。然后将得到的前驱体粉末在管式炉中 N_2 保护下 700℃ 煅烧 4.5h 得到 $LiMn_{0.65}Fe_{0.35}PO_4/KB$ 复合材料，合成流程如图 6.1 所示。科琴黑占葡萄糖的质量比分别为 0%、3%、5%、8% 制得的最终产物分别命名为 K0、K1、K2 和 K3。

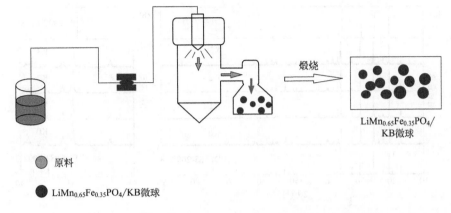

LiMn$_{0.65}$Fe$_{0.35}$PO$_4$/
KB微球

　● 原料

　● LiMn$_{0.65}$Fe$_{0.35}$PO$_4$/KB微球

图 6.1　LiMn$_{0.65}$Fe$_{0.35}$PO$_4$/KB复合材料的合成流程示意图

6.3　样品 XRD 分析

图 6.2 为 K0、K1、K2 和 K3 四个样品的 XRD 图。由图可见，所有样品的衍射图谱都与 LiMnPO$_4$ 的衍射图样［Pnmb（62）空间群（PDF♯77-0178）］和 LiFePO$_4$［Pnma（62）空间群（PDF♯83-2092）］相对应。此外，从图 6.2(b) 的放大图可以看到，所有样品的衍射峰相对于磷酸铁锂的标准谱峰向低角度方向偏移，而相对于磷酸锰锂的标准谱峰向高角度方向偏移，表明四个样品都是 LiMnPO$_4$ 和 LiFePO$_4$ 的固溶体[1,2]。在 LiMn$_{1-x}$Fe$_x$PO$_4$ 的四面体 $4c$ 位置，Mn 和 Fe 都处于＋2 价态。由于四面体配位的 Fe^{2+} 的离子半径（0.92Å）小于四面体配位的 Mn^{2+} 的离子半径（0.97Å），铁的掺杂必将导致晶胞收缩[3,4]。另外，图中并没有杂质相的存在，说明产物的纯度较高，科琴黑的加入并没有对 LiMn$_{0.65}$Fe$_{0.35}$PO$_4$ 晶体结构产生影响。而未发现科琴黑的衍射峰是由于科琴黑的添加量太少。表 6.1 列出了 K0、K1、K2 和 K3 的晶胞参数。可见 K1、K2 和 K3 的晶胞参数小于 K0，有利于 Li$^+$ 嵌入/脱嵌过程中保持晶体结构的稳定。

表 6.1　K0、K1、K2 和 K3 样品的晶胞参数

样品	a/nm	b/nm	c/nm	V/nm^3
K0	0.7766	1.0432	0.6322	0.5121
K1	0.6066	1.0433	0.4735	0.2997
K2	0.6061	1.0400	0.4718	0.2974
K3	0.6046	1.0368	0.4701	0.2947

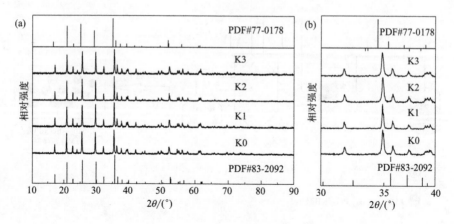

图 6.2　K0、K1、K2 和 K3 样品的 XRD 图谱
（a）和局部放大图（b）

6.4　样品 FT-IR 分析

已知 FT-IR 光谱中 $1000cm^{-1}$ 附近的吸收带代表橄榄石结构材料中的反位缺陷浓度，这是由 PO_4 四面体的对称伸缩 P-O 振动引起的。PO_4 四面体的对称伸缩 P-O 振动与每个 PO_4 四面体与 LiO_6 和 FeO_6 八面体共享角或边的环境密切相关。图 6.3(a) 显示了 K0、K1、K2 和 K3 样品在 $400\sim1400cm^{-1}$ 波数范围内的 FT-IR 图谱。图 6.3(b) 是 $900\sim1000cm^{-1}$ 波数范围内的局部放大图。一个明显的特征是：相对于 K0（$979cm^{-1}$），K2（$956cm^{-1}$）和 K3（$976cm^{-1}$）的吸收带在 $1000cm^{-1}$ 附近发生了轻微的偏移，这主要归因于

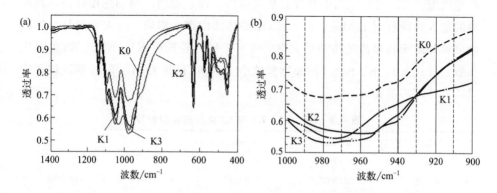

图 6.3　K0、K1、K2 和 K3 样品的 FT-IR 图谱
（a）$400\sim1400cm^{-1}$；（b）$900\sim1000cm^{-1}$

反位缺陷浓度的降低。因此，K2 样品具有最少的 Fe_{Li} 反位缺陷，对 $LiMn_{0.65}Fe_{0.35}PO_4/KB$ 材料的电化学性能有利。

6.5　样品 Raman 分析

图 6.4 为 K0 和 K2 样品的 Raman 谱图。在 $1342cm^{-1}$ 和 $1580cm^{-1}$ 处出现了两个大的吸收峰，分别对应碳的 D 能谱带（sp^3）和 G 能谱带（sp^2）。D 带对应无序结构的无定形碳；G 带代表石墨的 E_{2g} 振动模式，由 C—C 键的伸缩振动引起[5]。D 峰和 G 峰的面积比（I_D/I_G）通常用于评价碳的石墨化程度，比值越小，碳的石墨化程度越高[6]。K2 样品的 I_D/I_G 比值为 0.96，而 K0 的比值为 1.03。表明 K2 具有更高的石墨化程度，证实了科琴黑的添加可以提高 $LiMn_{0.65}Fe_{0.35}PO_4$ 的电导率。

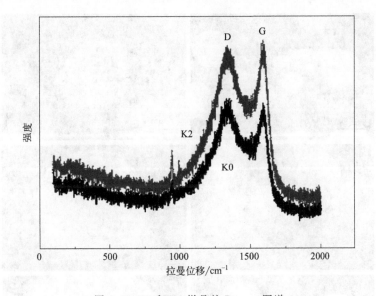

图 6.4　K0 和 K2 样品的 Raman 图谱

6.6　样品 SEM 和 TEM 分析

通过 SEM 和 TEM 观察科琴黑添加量对 $LiMn_{0.65}Fe_{0.35}PO_4$ 颗粒形貌和大小的影响。图 6.5(a)、图 6.5(b) 表明，样品 K0 的二次颗粒为不规则球形形貌，平均粒径为 $3\sim5\mu m$。由图 6.5(c)、图 6.5(d) 和图 6.6(a)、图 6.6(b) 可以看到，样品 K1 和 K2 颗粒的球形度优于 K0，其中 K2 颗粒表现出最佳的球形度。图 6.5(d) 表明 K1 一次颗粒的团聚程度比 K2 更疏松，原因是科琴黑添加量太少不能完全覆盖一次颗粒的表面，从而导致一次颗粒之间接触不足，不利于二次球形颗粒的形成。K2 颗粒之所以表现出最好的球形度，是因为包覆在一次颗粒表面的网络结构可通过范德华力拉近一次颗粒之间的距离以形成密实的聚集体。如图 6.5(e)、图 6.5(f) 所示，K3 颗粒形貌不规则，二次颗粒为不规则球形颗粒。这可能是科琴黑添加过多，导致在一次颗粒表面形成厚厚的科琴黑包覆层，Li^{+} 传输通道阻塞，从而降低材料的电导率。使用四探针法测量了 K0、K1、K2 和 K3 的电子电导率，如表 6.2 所示。可见 K2 的电导率最高，为 $7.2\times10^{-2}S/cm$，这主要归因于一次颗粒的孔隙（包括初级颗粒和集流体之间的空隙）中存在科琴黑网络结构，该结构能大大提高电子的传输速率。

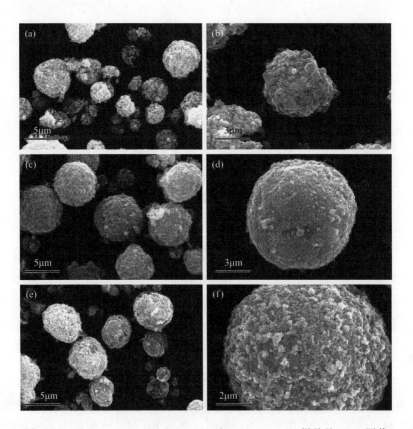

图 6.5 K0 (a)、(b)；K1 (c)、(d) 和 K3 (e)、(f) 样品的 SEM 图像

表 6.2　K0、K1、K2 和 K3 样品的电子电导率　　　　　单位：S/cm

样品	K0	K1	K2	K3
电导率	3.8×10^{-3}	9.2×10^{-3}	7.2×10^{-2}	9.8×10^{-3}

图 6.6(c) 为 K2 样品的 EDS 映射图。可以看出，Mn、Fe、C、O、P 原子呈均匀分布。为了准确检测 Mn/Fe 元素比，采用 ICP-OES 法分析 K2 样品的化学元素含量，如表 6.3 所示。由表可见，K2 样品的 Mn/Fe 实际比值为 0.645/0.345，基本符合 0.65/0.35 理论比。表 6.4 列出了样品的碳和硫含量，可见 K3 样品的碳含量最高（5.946%），而微量硫的存在可能源自原料中的杂质，如 Fe_2O_3 和 Mn_3O_4。需要注意的是，虽然 KB 的加入使碳含量增加，但碳含量增加对振实密度的影响远远小于 KB 对振实密度的影响，通常 KB 的加入使材料的振实密度增加。

表 6.3　K2 样品的 ICP-OES 分析结果

样品	理论摩尔比				实际摩尔比			
	Li	Fe	Mn	P	Li	Fe	Mn	P
K2	1	0.35	0.65	1	1	0.345	0.645	1.037

表 6.4　K0、K1、K2 和 K3 样品的元素含量和比表面积

样品	C 含量(质量分数)/%	S 含量(质量分数)/%	比表面积/(m²/g)
K0	2.183	0.052	9.748
K1	3.284	0.088	15.317
K2	4.668	0.79	19.357
K3	5.946	0.111	22.278

K2 和 K0 样品的 TEM 图像如图 6.6(d)～图 6.6(f) 和图 6.7(a)～图 6.7(c) 所示。从图 6.6(d) 可以看出，K2 样品的二次颗粒球形度很高，这是由一次颗粒紧密聚集造成的。而 K0 样品则呈现松散的团聚状态，如图 6.7(a) 所示，颗粒之间存在较大的空隙，导致 K0 的振实密度（0.8g/cm³）低于 K2 的振实密度（1.6g/cm³）。结果表明，链状结构具有较强的范德华力，可以使一次粒子紧密聚集。如图 6.6(e)、图 6.6(f) 所示，存在许多链状结构，不仅能为一次颗粒之间的电子传输提供桥梁，而且还能缩短一次颗粒之间的距离。此外还可以观察到，无定形碳层包覆在一次颗粒表面上，作为内碳层。在图 6.7(b) 中，颗粒分布无序，一次颗粒之间连接不明显，颗粒表面覆盖着一层无定形碳层。

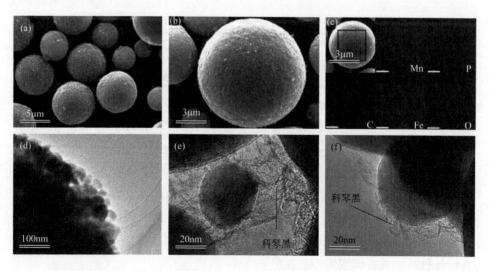

图 6.6 K2 样品的 SEM 图像（a）、（b）；EDS 图（c）；TEM 图像（d）～（f）

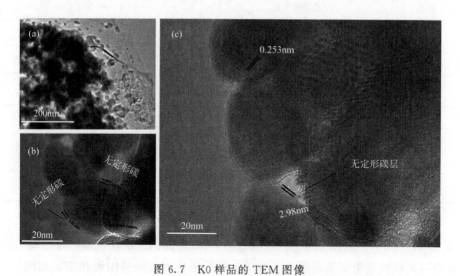

图 6.7 K0 样品的 TEM 图像

6.7 样品电化学性能分析

图 6.8 为四组样品的倍率放电曲线。当倍率从 0.2C 增加到 1C 时，所有 $LiMn_{0.65}Fe_{0.35}PO_4$ 样品的放电比容量由于极化的增加和高电流密度下活性材料利用率的降低而逐渐降低。但 K2 的放电比容量高于其他三个样品。如图 6.8（c）所示，K2 表现出最佳的倍率性能，0.2C、0.5C 和 1C 时的放电比容

量分别为 159.3mA·h/g、152mA·h/g 和 145mA·h/g。而 K0 在 0.2C、0.5C 和 1C 时的放电比容量分别为 145mA·h/g、139mA·h/g 和 133mA·h/g。K2 的高放电比容量归功于包覆在 $LiMn_{0.65}Fe_{0.35}PO_4$ 颗粒表面的科琴黑网状结构，其可以加快电子传输的速率并提高材料的电导率。然而，随着科琴黑的添加量增至 8% 时，包覆在一次颗粒表面的科琴黑层变厚，会阻止锂离子的迁移，导致 K3 放电比容量降低。

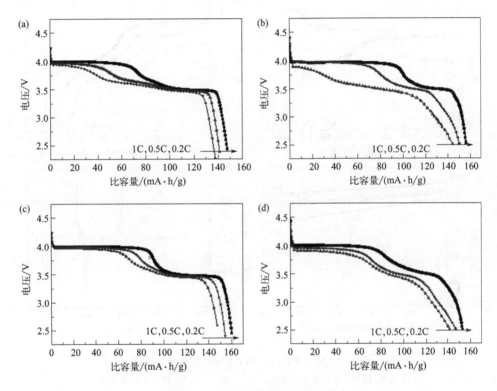

图 6.8　四组样品的倍率放电曲线
(a) K0；(b) K1；(c) K2；(d) K3

图 6.9(a) 为 K0、K1、K2 和 K3 样品 0.2C 倍率下的首次放电曲线。可以看出，在 3.5 和 4.0V 附近存在两个特征平台，与 Fe^{3+}/Fe^{2+} 和 Mn^{3+}/Mn^{2+} 氧化还原反应有关。Fe^{3+}/Fe^{2+} 反应电对的电压平台约为 3.5V，要高于磷酸铁锂，而 Mn^{3+}/Mn^{2+} 的 4.0V 电压平台低于 $LiMnPO_4$，这是由于 Fe-O-Mn 离子之间的超交换相互作用[7]。K0、K1、K2 和 K3 样品 0.2C 倍率下放电比容量分别为 145.3mA·h/g、152.7mA·h/g、159.3mA·h/g 和 149.8mA·h/g，

K2 表现出最高的放电比容量。这可能是因为科琴黑的网络结构显著提高了电子传输效率和氧化还原反应活性；此外，独特的 3D 网络结构还可以吸收更多的电解质，从而增加一次颗粒与电解质之间的接触面积，有助于提高一次颗粒与电解质之间的锂离子交换速率。K3 的放电比容量远低于 K2 是因为过多科琴黑包覆在一次颗粒的表面，阻碍了锂离子的传输。

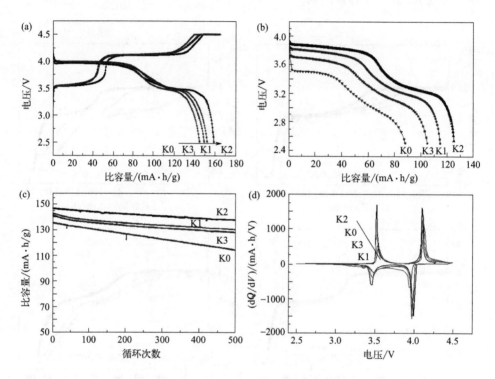

图 6.9　K0、K1、K2 和 K3 样品的电化学性能

(a) 0.2C 倍率下首次充放电曲线；(b) −20℃、0.2C 倍率下的放电曲线；
(c) 1C 倍率下的循环性能曲线；(d) dQ/dV 曲线

低温性能对于 $LiMn_{0.65}Fe_{0.35}PO_4$ 在实际中的应用至关重要，其取决于低温下电解质的离子电导率、电荷转移阻抗和正极材料中 Li^+ 的扩散速率[8-10]。图 6.9(b) 显示了 0.2C、−20℃ 下的放电曲线。K0、K1、K2 和 K3 的放电比容量分别为 88mA·h/g、114.4mA·h/g、125mA·h/g 和 104.7mA·h/g。与室温相比，K0、K1、K2 和 K3 的容量保持率分别为 60.6%、74.9%、78.5% 和 69.9%。随着温度降低，电荷转移阻抗显著增加。K2 表现出最佳的低温性能。

　　图 6.9(c) 显示了 1C 倍率下样品的循环性能。500 次循环后，K0、K1、K2 和 K3 的容量保留率分别为 84.6%、91.5%、96.8% 和 91%。K2 显示出优异的循环稳定性和放电比容量。因此，适当添加科琴黑可以显著提高材料的循环性能。

　　图 6.9(d) 显示了 K0、K1、K2 和 K3 的 dQ/dV 曲线。3.5V 和 4.0V 的两组峰分别对应 Fe^{2+}/Fe^{3+} 和 Mn^{2+}/Mn^{3+} 的氧化还原反应[11]，这不同于 $LiFePO_4$ 和 $LiMnPO_4$ 的单一两相反应。其中 K2 曲线表现出最强的峰，表明大量的 Li^+ 参与了反应。这可能是由于活性材料表面存在科琴黑涂层，通过大量吸收电解质，允许更多的内部 Li^+ 被传输和利用，科琴黑涂层显著提高了电子和锂离子的传输速率，大大提高了电池的可逆性。从图 6.9(d) 中还可以看到，K2 样品的 Mn^{3+}/Mn^{2+} 和 Fe^{3+}/Fe^{2+} 的电压差分别为 0.16V 和 0.11V，远小于其他样品，表明 K2 具有更低的极化，从而导致其最好的倍率性能。

6.8　样品电化学阻抗分析

　　为了研究复合材料的动力学参数，对扣式电池进行了电化学阻抗谱 (EIS) 测试，并对结果进行了拟合及计算 Li^+ 扩散系数。EIS 测试是在 0.2C 循环 2 次后在完全放电状态下进行的，相应的 Nyquist 曲线如图 6.10(a) 所示，其中包括中高频区半圆和低频区斜线。曲线在高频区与 Z' 轴的截距为电解液、电极材料和隔膜产生的欧姆电阻 (R_s)，中频区半圆代表电解质/电极界面处的电荷转移阻抗 (R_{ct})，低频区斜线为 Warburg 阻抗 (Z_w)，与锂离子在电极材料内部的扩散有关。由图 6.10(a) 可以看出，由于电极材料的不同，R_s 值也不同。表 6.5 列出了 ZView 软件基于图 6.10(c) 的等效电路拟合得到的数值。可以看到，K0、K1、K2 和 K3 样品的 R_{ct} 分别为 46.1Ω、21.3Ω、18.6Ω 和 28.7Ω。结果表明，添加单一葡萄糖的 K0 材料表现出最高的电荷转移阻抗，而 K2 显示出最低的电荷转移阻抗。从图 6.10(b) 所示的 Z'-$\omega^{-1/2}$ 拟合直线的斜率获得 Warburg 系数 σ。基于式(3.1) 可以算出样品 K0、K1、K2 和 K3 的锂离子扩散系数，分别为 $1.6 \times 10^{-14} cm^2/s$、$5.9 \times 10^{-13} cm^2/s$、$1.8 \times 10^{-12} cm^2/s$ 和 $4.3 \times 10^{-13} cm^2/s$，如表 6.5 所示。K2 较高的锂离子扩散系数表明电化学活性最高，归因于科琴黑的 3D 网络结构可以容纳更多的电解质并提高锂离子扩散速率[12]。

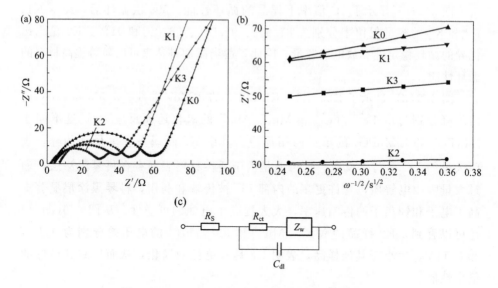

图 6.10　K0、K1、K2 和 K3 的 Nyquist 曲线 (a)；
Z' 与 $\omega^{-1/2}$ 关系图 (b)；等效电路图 (c)

表 6.5　K0、K1、K2 和 K3 的 R_{ct}、σ 和 D_{Li^+} 值

样品	R_{ct}/Ω	$\sigma/(\Omega/s^{1/2})$	$D_{Li^+}/(cm^2/s)$
K0	46.1	58.7	1.6×10^{-14}
K1	21.3	9.80	5.9×10^{-13}
K2	18.6	5.60	1.8×10^{-12}
K3	28.7	36.3	4.3×10^{-13}

6.9　样品体积能量密度分析

　　电池的体积能量密度与材料的振实密度和放电比容量有关（体积能量密度＝放电比容量×放电电压×振实密度）。其中，计算放电比容量时所用活性物质质量为磷酸锰铁锂和科琴黑质量之和，放电电压为放电中值电压。如图 6.11 所示，K2 具有更高的体积能量密度，这是因为其较高的放电比容量和振实密度。高放电比容量归因于初级颗粒之间科琴黑的导电网络结构；而高振实密度归因于科琴黑链状结构之间的范德华力，将磷酸锰铁锂一次颗粒聚集在一起形成致密的二次微球。

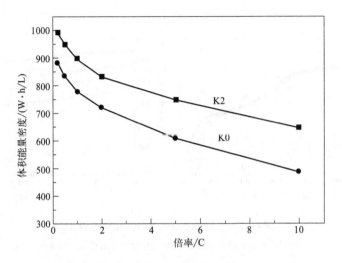

图 6.11　K0 和 K2 样品在不同倍率下的体积能量密度

6.10　14500 圆柱电池性能分析

　　为了检查 $LiMn_{0.65}Fe_{0.35}PO_4/KB$ 复合材料在实际应用中的性能并验证 K2 的容量，制造了 14500 圆柱形全电池。图 6.12 显示了使用双辊压机轧制 K0 和 K2 电极后的 SEM 图像。K2 更加紧凑，空隙更少，比 K0（$2.3g/cm^3$）具有更高的压实密度（$2.55g/cm^3$）。这可能是科琴黑的网状结构覆盖在一次颗粒的表面，导致一次颗粒更紧密地聚集在一起。从图 6.13(a) 可以看出，K2 表现出最高的放电容量（577.6mA·h），其中加入的活性物质为 3.8g。如图 6.13(b) 所示，K2 样品 1C 倍率下循环 100 次后表现出约 97.3% 的高容量保持率。通过这种方法，材料的体积能量密度得到了大幅提高。

图 6.12　辊压后电极的 SEM 图像

(a) K0；(b) K2

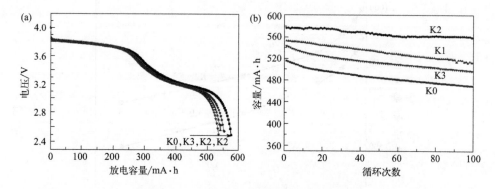

图 6.13　K0、K1、K2 和 K3 全电池性能
（a）1C 倍率下的放电曲线；（b）1C 倍率下的循环性能曲线

6.11　本章小结

通过球磨混料、喷雾干燥和高温煅烧相结合的方法合成了具有高电导率的磷酸锰铁锂/科琴黑（$LiMn_{0.65}Fe_{0.35}PO_4/KB$）复合材料。该工艺采用葡萄糖和科琴黑为混合碳源，通过一种简单快捷的合成路径可同时提高材料的振实密度和电导率。葡萄糖碳化形成的无定形碳在 $LiMn_{0.65}Fe_{0.35}PO_4$ 一次颗粒表面形成无定形碳层，提高材料的电导率；而科琴黑可将电子通过其独特的支链结构传输到集流体上，二者的协同作用使材料的电子传导作用显著增强。另外，科琴黑链状结构之间较强的范德华力，使得被科琴黑包裹的 $LiMn_{0.65}Fe_{0.35}PO_4$ 一次颗粒可以紧密地聚集在一起，形成紧实的二次颗粒，大大提高了材料的振实密度。电化学结果表明，当科琴黑添加量为葡萄糖的 5%（质量分数）时，$LiMn_{0.65}Fe_{0.35}PO_4/KB$ 复合材料表现出最优的电化学性能，0.2C 倍率下 500 次循环后的容量保持率为 96.8%。另外，该材料在 14500 圆柱电池中也表现出优异的性能，1C 倍率下循环 100 次后具有 97.3% 的容量保持率。显然，科琴黑作为一种碳添加剂，同时增加了材料的振实密度和放电比容量，大大提高了电池的体积能量密度。科琴黑作为电池材料的碳添加剂，为增加正极材料的体积能量密度提供新的可能性。该研究的碳涂层方法为增加材料的体积能量密度开辟了新的可能性，也克服了传统碳涂层工艺中振实密度低的缺点。

参考文献

[1] Wen F, Gao P, Wu B. et al. Graphene-embedded $LiMn_{0.8}Fe_{0.2}PO_4$ composites with promoted electrochemical performance for lithium ion batteries. Electrochimica Acta, 2018, 276: 134-141.

[2] Dhaybi S, Marsan B. $LiFe_{0.5}Mn_{0.5}PO_4$/C prepared using a novel colloidal route as a cathode material for lithium batteries. Journal of Alloys and Compounds, 2018, 737: 189-196.

[3] Zoller F, Böhm D, Luxa J, et al. Freestanding $LiFe_{0.2}Mn_{0.8}PO_4$/rGO nanocomposites as high energy density fast charging cathodes for lithium-ion batteries. Materials Today Energy, 2020, 16: 100416.

[4] Zhou X, Deng Y, Wan L. et al. A surfactant-assisted synthesis route for scalable preparation of high performance of $LiFe_{0.15}Mn_{0.85}PO_4$/C cathode using bimetallic precursor. Journal of Power Sources, 2014, 265: 223-230.

[5] Khan S, Raj R P, Mohan T V R, et al. Electrochemical performance of nano-sized $LiFePO_4$-embedded 3D-cubic ordered mesoporous carbon and nitrogenous carbon composites. RSC Advances, 2020, 10: 30406-30414.

[6] Song Z, Chen S, Du S. et al. Construction of high-performance $LiMn_{0.8}Fe_{0.2}PO_4$/C cathode by using quinoline soluble substance from coal pitch as carbon source for lithium ion batteries. Journal of Alloys and Compounds, 2022, 927: 166921.

[7] An L, Liu H, Liu Y, et al. The best addition of graphene to $LiMn_{0.7}Fe_{0.3}PO_4$/C cathode material synthesized by wet ball milling combined with spray drying method. Journal of Alloys and Compounds, 2018, 767: 315-322.

[8] Zhou Y, Gu C D, Zhou J P, et al. Effect of carbon coating on low temperature electrochemical performance of $LiFePO_4$/C by using polystyrene sphere as carbon source. Electrochimica Acta, 2011, 56 (14): 5054-5059.

[9] Shin H C, Cho W I, Jang H. Electrochemical properties of the carbon-coated $LiFePO_4$ as a cathode material for lithium-ion secondary batteries. Journal of Power Sources, 2006, 159 (2): 1383-1388.

[10] An L, Li Z, Ren X, et al. Low-cost synthesis of $LiMn_{0.7}Fe_{0.3}PO_4$/C cathode materials with Fe_2O_3 and Mn_3O_4 via two-step solid-state reaction for lithium-ion battery. Ionics, 2019, 25 (7): 2997-3007.

[11] Jin B, Jin E M, Park K H, et al. Electrochemical properties of $LiFePO_4$-multiwalled carbon nanotubes composite cathode materials for lithium polymer battery. Electrochemistry Communications, 2008, 10 (10): 1537-1540.

[12] Zuo P, Cheng G, Wang L, et al. Ascorbic acid-assisted solvothermal synthesis of $LiMn_{0.9}Fe_{0.1}PO_4$/C nanoplatelets with enhanced electrochemical performance for lithium ion batteries. Journal of Power Sources, 2013, 243: 872-879.

第7章

不同锰源制备磷酸锰铁锂材料的研究

7.1　引言

　　高温固相法合成磷酸锰铁锂材料的影响因素有很多，例如前驱体粒度、烧结温度及时间、冷却方式等。根据前期报道的研究成果确定了最佳工艺参数：前驱体 $D50=0.1\sim0.3\mu m$、烧结温度720℃、烧结时间6h、空气中自然冷却。本章在此工艺基础上，研究不同锰源对磷酸锰铁锂材料电化学性能的影响。对三种常见锰源（MnO_2、$MnC_2O_4 \cdot 2H_2O$、$MnC_4H_6O_4 \cdot 4H_2O$）合成的样品进行 XRD、SEM、电化学性能分析，从而确定合成磷酸锰铁锂的最优锰源，优化磷酸锰铁锂的合成工艺。

7.2　样品制备

　　分别采用 MnO_2、$MnC_2O_4 \cdot 2H_2O$、$MnC_4H_6O_4 \cdot 4H_2O$ 为锰源，$FePO_4$ 为铁源，LiH_2PO_4 为磷源，Li_2CO_3 为锂源合成磷酸锰铁锂正极材料。按照 Fe：Mn：Li：P 摩尔比 2：3：5：5 称量原料，加入 9% 质量比的葡萄糖。球磨混合均匀后，进行喷雾干燥，再在氮气保护下 750℃ 煅烧 4h 即可制得 $LiMn_{0.6}Fe_{0.4}PO_4/C$ 复合材料。采用三种不同锰源 MnO_2、$MnC_2O_4 \cdot 2H_2O$、$MnC_4H_6O_4 \cdot 4H_2O$ 合成的 $LiMn_{0.6}Fe_{0.4}PO_4/C$ 复合材料分别命名为 LMFP-A、LMFP-B、LMFP-C。

7.3　样品 XRD 分析

　　图 7.1 是不同锰源 MnO_2、$MnC_2O_4 \cdot 2H_2O$、$MnC_4H_6O_4 \cdot 4H_2O$ 制备

的 $LiMn_{0.6}Fe_{0.4}PO_4/C$ 复合材料的 XRD 图谱。从图中可以看出，三种锰源制备的 $LiMn_{0.6}Fe_{0.4}PO_4/C$ 材料的衍射峰均与 $LiMnPO_4$ 的标准卡片（PDF♯ 33-0804）相匹配，没有其他杂质峰出现。由于 Fe^{2+} 的离子半径小于 Mn^{2+} 的离子半径，图中所有衍射峰均相比标准衍射峰向高角度方向偏移[1,2]。此外，样品的衍射峰尖锐，说明结晶度高。其中 LMFP-A 样品相比其他两个样品具有更窄的半峰宽，说明以 MnO_2 为原料合成的 $LiMn_{0.6}Fe_{0.4}PO_4/C$ 结晶度更高。另外，由于葡萄糖碳化后的碳含量较低，且碳为无定形结构，因此在 XRD 图谱中并未发现碳的衍射峰。

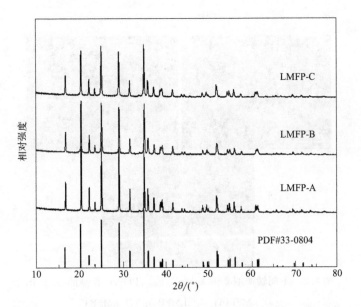

图 7.1　不同锰源制备的 $LiMn_{0.6}Fe_{0.4}PO_4/C$ 样品的 XRD 图谱

通过对不同锰源制备的 $LiMn_{0.6}Fe_{0.4}PO_4/C$ 样品的 XRD 图谱进行 Rietveld 拟合得到材料的晶胞参数，如表 7.1 所示。由表可知，不同锰源制备的 $LiMn_{0.6}Fe_{0.4}PO_4/C$ 材料的晶胞参数几乎不变，说明锰源对 $LiMn_{0.6}Fe_{0.4}PO_4/C$ 材料的晶体结构几乎无影响。

表 7.1　不同锰源制备的 $LiMn_{0.6}Fe_{0.4}PO_4/C$ 样品的晶胞参数

样品	a/nm	b/nm	c/nm	V/nm^3
LMFP-A	1.0328	0.6551	0.5011	0.3390
LMFP-B	1.0336	0.6556	0.5015	0.3398
LMFP-C	1.0334	0.6554	0.5009	0.3392

7.4 样品 SEM 分析

图 7.2 是不同锰源制备的 $LiMn_{0.6}Fe_{0.4}PO_4/C$ 样品的 SEM 图。从图 7.2
(a) 可以看出，以 MnO_2 为锰源制备的 LMFP-A 样品由类球形一次颗粒聚集
而成。较小的一次颗粒缩短了锂离子的扩散距离，且颗粒大小均匀，有利于提
高锂离子在材料内部的扩散效率。此外，LMFP-A 一次颗粒间松散的团聚结
构有助于电解液的充分渗透，从而提高锂离子的扩散效率。

图 7.2　不同锰源制备的 $LiMn_{0.6}Fe_{0.4}PO_4/C$ 样品的 SEM 图
(a) LMFP-A；(b) LMFP-B；(c) LMFP-C

图 7.2(b) 是以 $MnC_2O_4 \cdot 2H_2O$ 为锰源制备的 LMFP-B 样品的 SEM 图。
由图可知，LMFP-B 是由形状不规则的一次颗粒聚集而成，颗粒大小不均匀，
一次颗粒之间堆积紧密，不利于电解液的充分渗透。

图 7.2(c) 是以 $MnC_4H_6O_4 \cdot 4H_2O$ 为锰源制备的 LMFP-C 样品的 SEM
图。可以看出，与 LMFP-B 类似，LMFP-C 是由不规则的一次颗粒聚集而成，
颗粒大小不均匀，团聚现象比较严重。与 LMFP-B 不同的是，LMFP-C 样品
一次颗粒堆积更紧密，不利于电解液的充分渗透，从而导致极化增大。不同锰
源合成的 $LiMn_{0.6}Fe_{0.4}PO_4/C$ 材料形貌不同的原因可能是球磨过程中
$MnC_2O_4 \cdot 2H_2O$ 和 $MnC_4H_6O_4 \cdot 4H_2O$ 破碎严重，从而加快原料反应速度，
造成高温煅烧时颗粒团聚严重[3,4]。

　　表 7.2 列出了三组样品的比表面积测试结果。可以看出，LMFP-A 样品具有最大的比表面积 $15.68\text{m}^2/\text{g}$，大的比表面积使得活性物质与电解液接触更充分，从而提高锂离子的迁移效率。

表 7.2　不同锰源制备的 $\text{LiMn}_{0.6}\text{Fe}_{0.4}\text{PO}_4/\text{C}$ 样品的比表面积

样品	比表面积/(m^2/g)
LMFP-A	15.68
LMFP-B	13.86
LMFP-C	13.28

7.5　样品电化学性能分析

　　图 7.3(a) 是不同锰源制备的 $\text{LiMn}_{0.6}\text{Fe}_{0.4}\text{PO}_4/\text{C}$ 材料 0.2C 倍率下的首次充放电曲线。可以看出，所有样品均在 3.5V 和 4.0V 附近出现两个特征平

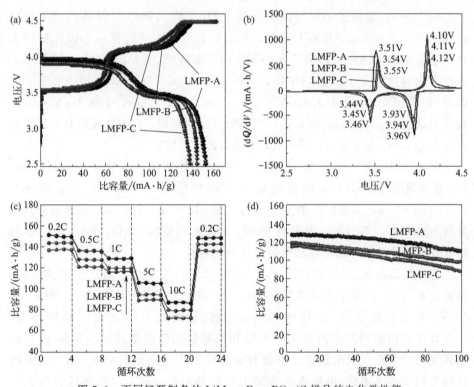

图 7.3　不同锰源制备的 $\text{LiMn}_{0.6}\text{Fe}_{0.4}\text{PO}_4/\text{C}$ 样品的电化学性能

(a) 0.2C 倍率下首次充放电曲线；(b) dQ/dV 曲线；(c) 倍率性能曲线；(d) 1C 倍率下循环性能曲线

台，分别对应 Fe^{3+}/Fe^{2+} 和 Mn^{3+}/Mn^{2+} 的氧化还原反应[5,6]。Fe^{3+}/Fe^{2+} 的反应平台约为 3.5V，明显高于 $LiFePO_4$；而 Mn^{3+}/Mn^{2+} 的反应平台约为 4.0V，明显低于 $LiMnPO_4$，这是由于 Fe-O-Mn 之间的超交换相互作用[7]。相比 LMFP-B(143.8mA·h/g) 和 LMFP-C(137.4mA·h/g)，LMFP-A 表现出更高的放电比容量（151.6mA·h/g），且 LMFP-A 的放电平台略高。此外，较短的恒压充电平台也说明 LMFP-A 材料具有更小的极化和更高的库仑效率。

图 7.3(b) 是三组样品的 dQ/dV 曲线。在 3.5V 和 4.0V 附近的两组氧化还原峰分别对应 Fe^{3+}/Fe^{2+} 和 Mn^{3+}/Mn^{2+} 氧化还原反应。其中 LMFP-A 的氧化还原峰最尖锐，说明参与反应的 Li^+ 最多，且充放电可逆性更高。在 4.0V 处，LMFP-A 的氧化还原峰电位差为 0.14V，小于 LMFP-B 的 0.17V 和 LMFP-C 的 0.19V；在 3.5V 处，LMFP-A 的氧化还原峰电位差为 0.05V，同样小于 LMFP-B 的 0.09V 和 LMFP-C 的 0.11V，这些均表明 LMFP-A 具有更小的极化。这可能是由于以 MnO_2 为锰源制备的 $LiMn_{0.6}Fe_{0.4}PO_4/C$ 一次颗粒粒径最小，缩短了锂离子的扩散距离。

图 7.3(c) 比较了不同锰源制备的 $LiMn_{0.6}Fe_{0.4}PO_4/C$ 样品的倍率性能曲线。当倍率从 0.2C 升至 10C 时，所有样品的放电比容量由于极化的增大和高电流密度下活性材料利用率的下降而逐渐降低。LMFP-A 在不同倍率下的放电比容量均高于其他两组样品，0.2C、0.5C、1C、5C、10C 倍率下的放电比容量分别为 151.6mA·h/g、136.7mA·h/g、129.1mA·h/g、105.6mA·h/g、86.5mA·h/g。当倍率重回 0.2C 时，LMFP-A 样品的放电比容量为 150mA·h/g 左右，说明其具有良好的结构稳定性。

图 7.3(d) 为三组样品 1C 倍率下的循环性能曲线。从图中可以看出，100 次循环后，LMFP-A 的放电比容量从初始的 129.1mA·h/g 衰减至 110.5mA·h/g，容量保持率为 85.6%。而 LMFP-B、LMFP-C 的容量保持率分别为 82.3%、75.6%。表明以 MnO_2 为锰源制备的 $LiMn_{0.6}Fe_{0.4}PO_4/C$ 材料表现出更优的循环稳定性和更高的放电比容量。

为了研究电极反应动力学，对三组样品进行了电化学阻抗谱测试。EIS 测试是在 0.2C 倍率下充放电循环两次后，将电池充电至荷电状态（SOC）= 50% 的状态下进行的，相应的 Nyquist 曲线如图 7.4(a) 所示。由图可见，三组样品的曲线均由中高频区的半圆和低频区的斜线组成，坐标轴 Z' 与曲线高频区的交点代表电解液、电极材料和隔膜产生的欧姆电阻（R_s），中频区的半圆表示电解质/电极界面处的电荷转移阻抗（R_{ct}），低频区斜线表示锂离子在电极材料内部扩散产生阻抗，称为 Warburg 阻抗（Z_w）[8,9]。

表 7.3 列出了 ZView 软件基于图 7.4(c) 等效电路拟合得到的 R_{ct} 值。由表可知，LMFP-A、LMFP-B 和 LMFP-C 样品的 R_{ct} 值分别为 47.22Ω、77.81Ω 和 152.73Ω。

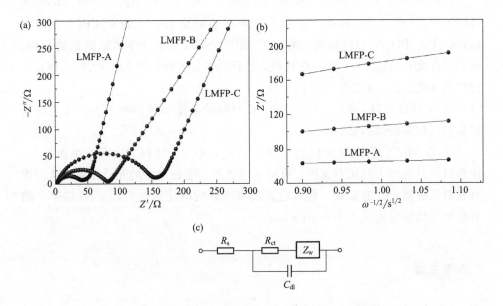

图 7.4　不同锰源制备的 $LiMn_{0.6}Fe_{0.4}PO_4/C$ 样品的

Nyquist 曲线 (a)；Z'-$\omega^{-1/2}$ 关系曲线 (b)；等效电路图 (c)

从图 7.4(b) 所示的 Z'-$\omega^{-1/2}$ 拟合直线的斜率获得 Warburg 系数 σ，再根据式(3.1) 计算得到锂离子扩散系数 D_{Li^+}，如表 7.3 所示，样品 LMFP-A、LMFP-B 和 LMFP-C 的锂离子扩散系数 D_{Li^+} 分别为 $3.42 \times 10^{-14} cm^2/s$、$1.23 \times 10^{-14} cm^2/s$ 和 $9.60 \times 10^{-15} cm^2/s$。可以看出，LMFP-A 的 D_{Li^+} 明显高于其他两组样品，这是由于 LMFP-A 的一次颗粒粒径小且均匀，其较大的比表面积使其能与电解液充分接触，进而提高锂离子扩散效率。

表 7.3　不同锰源制备的 $LiMn_{0.6}Fe_{0.4}PO_4/C$ 样品的 R_{ct} 和 D_{Li^+} 值

样品	R_{ct}/Ω	$D_{Li^+}/(\times 10^{-14} cm^2/s)$
LMFP-A	47.22	3.42
LMFP-B	77.81	1.23
LMFP-C	152.73	0.96

7.6 本章小结

以铁源（$FePO_4$）和不同锰源（MnO_2、$MnC_2O_4 \cdot 2H_2O$、$MnC_4H_6O_4 \cdot 4H_2O$）为原料，通过球磨、喷雾干燥和高温煅烧相结合的方法成功制备了 $LiMn_{0.6}Fe_{0.4}PO_4/C$ 复合材料。通过对 XRD、SEM 及电化学测试结果的分析，确定了合成 $LiMn_{0.6}Fe_{0.4}PO_4/C$ 材料的最佳锰源，并优化了 $LiMn_{0.6}Fe_{0.4}PO_4/C$ 材料的合成工艺。主要结论如下：

① 不同锰源对 $LiMn_{0.6}Fe_{0.4}PO_4/C$ 材料的晶胞参数影响不大，合成的材料都具有较高的结晶度。

② 以 MnO_2 为锰源合成的 $LiMn_{0.6}Fe_{0.4}PO_4/C$ 材料一次颗粒小而均匀，使得材料具有较大的比表面积，有助于电解液与电极材料的充分接触，从而提升材料的锂离子扩散系数。材料也表现出更好的电化学性能，0.2C 倍率下的首次放电比容量可达 $151.6mA \cdot h/g$。

参考文献

[1] Zoller F，Böhm D，Luxa J. et al. Freestanding $LiFe_{0.2}Mn_{0.8}PO_4/rGO$ nanocomposites as high energy density fast charging cathodes for lithium-ion batteries. Materials Today Energy，2020，16：100416.

[2] Zhou X，Deng Y，Wan L. et al. A surfactant-assisted synthesis route for scalable preparation of high performance of $LiFe_{0.15}Mn_{0.85}PO_4/C$ cathode using bimetallic precursor. Journal of Power Sources，2014，265：223-230.

[3] Molenda J，Ojczyk W，Marzec J. Electrical conductivity and reaction with lithium of $LiFe_{1-y}Mn_yPO_4$ olivine-type cathode materials. Journal of Power Sources，2007，174（2）：689-694.

[4] 李运娇，李洪桂，孙培梅，等. $LiMn_2O_4$ 的机械活化-湿化学合成机理. 功能材料，2004，35（2）：183-185.

[5] Zhu C，Wu Z，Xie J，et al. Solvothermal-assisted morphology evolution of nanostructured LiMnPO$_4$ as high-performance lithium-ion batteries cathode. Journal of Materials Science & Technology，2018，34（9）：1544-1549.

[6] Huang Y H，Goodenough J B. High-rate $LiFePO_4$ lithium rechargeable battery promoted by electrochemically active polymers. Chemistry of Materials，2008，20（23）：7237-7241.

[7] An L，Liu H，Liu Y，et al. The best addition of graphene to $LiMn_{0.7}Fe_{0.3}PO_4/C$ cathode material synthesized by wet ball milling combined with spray drying method. Journal of Alloys and Compounds，2018，767：315-322.

[8]　Jegal J P，Kim K B. Carbon nanotube-embedding LiFePO$_4$ as a cathode material for high rate lithium ion batteries. Journal of Power Sources，2013，243：859-864.

[9]　Lei X，Zhang H，Chen Y，et al. A three-dimensional LiFePO$_4$/carbon nanotubes/graphene composite as a cathode material for lithium-ion batteries with superior high-rate performance. Journal of Alloys and Compounds，2015，626：280-286.

第8章

复合碳源对磷酸锰铁锂材料性能的影响

8.1 引言

　　碳包覆是一种提高磷酸锰铁锂材料电子电导率和锂离子扩散系数的有效途径。碳的均匀包覆可限制活性材料颗粒的生长，促进活性材料之间的充分接触，从而改善电极反应动力学。良好的电接触使得电极在充放电过程中，在同一位置同时获得 Li$^+$ 和电子，而导电碳的引入使得电极传导电子的效率大大提高，这将减小电极极化。三维导电网络一直是碳包覆研究的热点，其能增加活性材料的导电位点，极大程度地提高材料的电导率。

　　葡萄糖是一种最常见的包覆碳源，其高温碳化分解时可形成致密的碳网，紧密地包裹在活性材料表面。β-环糊精（β-CD）具有特殊的环状结构，是由 7 个葡萄糖组成的低聚物，大量的羟基分散在葡萄糖分子外部，高温下由于羟基的存在会产生大量气体。Yang 等人[1] 以 β-CD 为碳源包覆 LiFePO$_4$，在二次颗粒表面形成疏松结构，提高了材料的锂离子扩散系数（$8.98 \times 10^{-11} \, \text{cm}^2/\text{s}$），但材料的电子电导率较低（$6.66 \times 10^{-5} \, \text{S/cm}$），导致放电比容量不高（0.2C，155mA·h/g）。碳纳米管（CNT）与石墨的结构大致相同，均为层状结构，所以 CNT 也具有良好的导电性能。Zhang 等人[2] 通过溶剂热法合成了 LiMn$_{0.6}$Fe$_{0.4}$PO$_4$/CNT 复合材料，CNT 的加入极大提高了材料的电导率，但较低的 Li$^+$ 扩散系数（$3.92 \times 10^{-13} \, \text{cm}^2/\text{s}$）限制了其电化学性能的进一步提高。本章将同时采用 β-环糊精和碳纳米管作为复合碳源包覆磷酸锰铁锂材料，制备出具有三维导电碳网络的 LiMn$_{0.6}$Fe$_{0.4}$PO$_4$/C 复合材料，大大提升材料的电导率和锂离子扩散系数。

8.2 样品制备

　　将 FePO$_4$、MnO$_2$、LiH$_2$PO$_4$、Li$_2$CO$_3$ 按摩尔比 2∶3∶3∶1 称量。碳源

的添加有四种方案：①葡萄糖（原料总质量的 9%）；②葡萄糖与 β-环糊精（分别为原料总质量的 4.5% 与 4.5%）；③葡萄糖与碳纳米管（分别为原料总质量的 4.5% 与 4.5%）；④葡萄糖、β-环糊精与碳纳米管（分别为原料总质量的 3%、3%、3%）。经球磨、喷雾干燥后，在氮气保护下 750℃ 煅烧 4h 制得 $LiMn_{0.6}Fe_{0.4}PO_4/C$ 复合材料。采用上述四种碳源添加方案制得的样品命名如表 8.1 所示。图 8.1 是采用葡萄糖、β-环糊精、碳纳米管三种碳源共同包覆磷酸锰铁锂材料的合成过程示意图。

表 8.1 不同碳源制备的 $LiMn_{0.6}Fe_{0.4}PO_4/C$ 样品的命名表

样品名称	葡萄糖添加量 /%	β-环糊精添加量 /%	碳纳米管添加量 /%
LMFP/C	9	0	0
LMFP/CD	4.5	4.5	0
LMFP/CNT	4.5	0	4.5
LMFP/CD/CNT	3	3	3

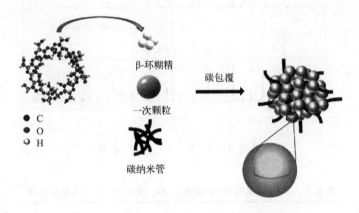

图 8.1 LMFP/CD/CNT 样品的合成过程示意图

8.3 样品 XRD 分析

图 8.2 为 LMFP/C、LMFP/CD、LMFP/CNT 和 LMFP/CD/CNT 样品的 XRD 图谱。由图可见，所有样品的衍射峰均与 Pnmb（62）空间群橄榄石结构 $LiMnPO_4$ 的标准衍射峰（PDF♯77-0178）相匹配。与 $LiMnPO_4$ 标准卡片相比，样品的衍射峰均向高角度方向偏移，这是因为 Fe^{2+} 的离子半径小于 Mn^{2+} 的离子半径[3]。尖而窄的衍射峰表明样品具有较高的结晶度，没有明显

的杂质峰说明材料的纯度高。由于量少且为无定形状态，所以图中均未发现碳的衍射峰。对四组样品的 XRD 图进行里特沃尔德（Rietveld）拟合，得出样品的晶胞参数，如表 8.2 所示。可以看到，LMFP/CD/CNT 和 LMFP/CD 具有较小的晶胞参数，说明良好的包覆可有效抑制晶粒的生长。较小的晶胞体积可以缩短 Li^+ 的扩散距离，提高材料的 Li^+ 扩散速率，有利于 Li^+ 嵌入/脱出过程中保持晶体结构的稳定。

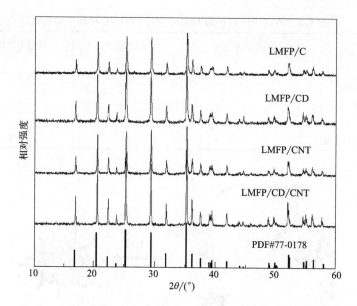

图 8.2　不同碳源制备的 $LiMn_{0.6}Fe_{0.4}PO_4/C$ 样品的 XRD 图谱

表 8.2　不同碳源制备的 $LiMn_{0.6}Fe_{0.4}PO_4/C$ 样品的晶胞参数

样品	a/nm	b/nm	c/nm	V/nm³
LMFP/C	1.0332	0.6549	0.5003	0.3385
LMFP/CD	1.0326	0.6027	0.4782	0.2976
LMFP/CNT	1.0329	0.6231	0.4892	0.3148
LMFP/CD/CNT	1.0321	0.6022	0.4702	0.2922

8.4　样品包覆层石墨化程度分析

图 8.3 显示了不同碳源制备的 $LiMn_{0.6}Fe_{0.4}PO_4/C$ 样品的 Raman 光谱，

用于分析材料中碳的石墨化程度。由图可见，四组样品均可在 1350cm^{-1} 和 1590cm^{-1} 处观察到碳的特征峰，分别对应碳的 D 能谱带（sp^3）和 G 能谱带（sp^2）[4]。D 能谱带代表碳的无序峰，G 能谱带代表碳的有序峰。D 峰和 G 峰的面积比（I_D/I_G）通常用于评价碳的石墨化程度，比值越小，碳的石墨化程度越高[5]。经 CNT 和 β-CD 共包覆后，LMFP/CD/CNT 样品的 I_D/I_G 比为 1.563，远低于 LMFP/C（1.816）、LMFP/CD（1.651）和 LMFP/CNT（1.765），说明 LMFP/CD/CNT 样品中碳的石墨化程度更高。更高的石墨化程度使得 LMFP/CD/CNT 表现出更高的电子电导率。表 8.3 列出了四组样品的碳含量，发现 LMFP/CD 样品的碳含量最高，为 3.11%（质量分数），表明 β-CD 煅烧后会产生大量残留碳[6]。

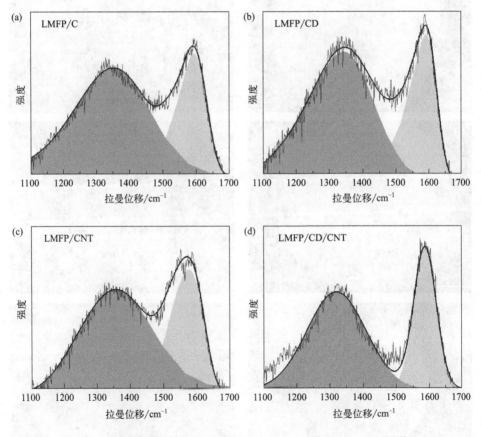

图 8.3　不同碳源制备的 LiMn$_{0.6}$Fe$_{0.4}$PO$_4$/C 样品的 Raman 图谱

8.5 样品 SEM 和 TEM 分析

通过 SEM 观察复合材料的粒度和形貌，如图 8.4 所示。由图可见，碳的分布状态对 $LiMn_{0.6}Fe_{0.4}PO_4/C$ 的形貌和微观结构有显著影响。大多数二次颗粒为直径 $7\sim10\mu m$ 的球形颗粒，由粒径 $60\sim200nm$ 的一次颗粒紧密团聚而成。四组样品的形貌差异主要归因于碳源的不同。

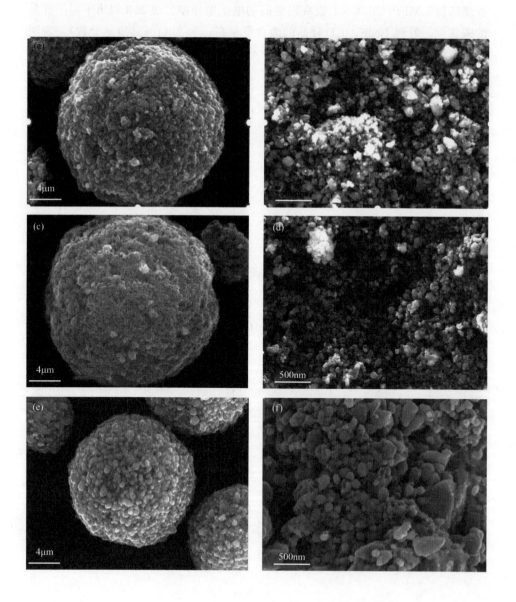

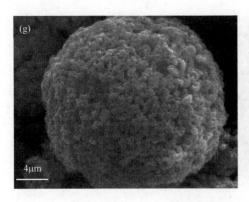

图 8.4　不同碳源制备的 LiMn$_{0.6}$Fe$_{0.4}$PO$_4$/C 样品的 SEM 图

(a)、(b) LMFP/C；(c)、(d) LMFP/CD；(e)、(f) LMFP/CNT；(g)、(h) LMFP/CD/CNT

从图 8.4(a) 和图 8.4 (b) 可以看出，LMFP/C 材料具有类球形一次颗粒，直径在 100～300nm 之间，但分布不均匀。与 LMFP/C 和 LMFP/CNT 相比，LMFP/CD 表面更粗糙、更松散，如图 8.4(c) 和图 8.4(d) 所示，这有利于电解液的充分渗透和 Li$^+$ 的嵌入/脱出反应。这是因为 β-CD 具有锥形空心圆柱环形结构，该结构中存在大量羟基，在煅烧过程中会产生大量气体，从而形成松散结构。此外，LMFP/CD 样品一次颗粒较小，这归因于 β-CD 煅烧后产生的无定形碳均匀包覆在活性颗粒表面，限制了颗粒的生长。如图 8.4 (e)、图 8.4(f) 所示，添加 CNT 后，一次颗粒可以在 CNT 上生长，或将 CNT 掺入一次颗粒团聚体中，以确保 CNT 与导电性不良的活性颗粒之间良好的电接触，形成有效的电子传输网络。但碳纳米管在煅烧过程中对颗粒生长的限制作用不明显，导致一次颗粒形状不规则。采用 β-CD 和 CNT 共同包覆 LiMn$_{0.6}$Fe$_{0.4}$PO$_4$ 后，在 LMFP/CD/CNT 颗粒表面形成独特的三维导电网络，CNT 均匀分散并与一次颗粒表面紧密连接，如图 8.4(g)、图 8.4(h) 所示。LMFP/CD/CNT 二次颗粒结构松散，有利于电解液与一次颗粒的充分接触，从而提高 Li$^+$ 扩散速率；同时 CNT 充当导线，与一次颗粒缠绕在一起，形成独特的"点对线"的电子传输模式，与传统二维导电网络"点对点"的传输模式相比，可有效缩短电子的传输距离。因此，LMFP/CD/CNT 复合材料的电子电导率和锂离子扩散速率均得到大幅提升。图 8.5 为 LMFP/CD/CNT 材料的 EDS 能谱图，图中亮点分布均匀，表明样品中 C、Fe、O、Mn 和 P 等原子分布均匀。

如表 8.3 所示，LMFP/CD/CNT 样品具有最大的比表面积（18.89m^2/g），大的比表面积可增大活性物质与电解液的接触面积，从而缩短 Li$^+$ 扩散距离，

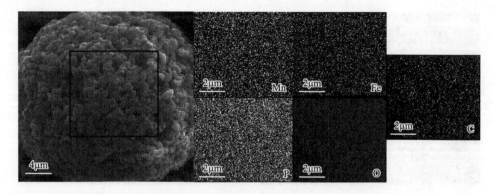

图 8.5　LMFP/CD/CNT 样品的 EDS 能谱图

降低电极中的浓差极化。为了研究碳源对 $LiMn_{0.6}Fe_{0.4}PO_4$ 材料电子电导率的影响，测量了各样品粉末的电子电导率，如表 8.3 所示。可见，LMFP/CD/CNT 样品具有最高的电子电导率（$6.83 \times 10^{-2} S/cm$），这是 LMFP/CD/CNT 样品具有优异电化学性能的原因之一。

表 8.3　不同碳源制备的 $LiMn_{0.6}Fe_{0.4}PO_4/C$ 样品的碳含量、比表面积和电子电导率

样品	碳含量（质量分数）/%	比表面积/(m²/g)	电子电导率/(S/cm)
LMFP/C	2.23	14.15	0.42×10^{-2}
LMFP/CD	3.11	17.65	0.79×10^{-2}
LMFP/CNT	2.84	16.61	2.91×10^{-2}
LMFP/CD/CNT	3.02	18.89	6.83×10^{-2}

采用 TEM 进一步观察 LMFP/CD/CNT 样品的微观形貌，如图 8.6(a)、图 8.6(b) 所示。从图中可以清楚观察到，$LiMn_{0.6}Fe_{0.4}PO_4$ 的一次颗粒为类

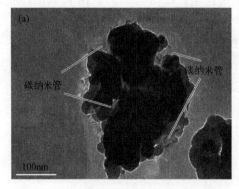
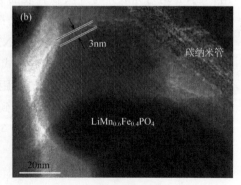

图 8.6　LMFP/CD/CNT 样品的 TEM 图（a）和 TEM 图（b）

球形，表面存在均匀且完整的无定形碳包覆层，厚度为 3～5nm。同时，外径为 20～40nm 的 CNT 与碳层紧密连接，增加了材料的导电位点，进一步提高材料的电导率。综合 SEM 与 TEM 结果可知，$LiMn_{0.6}Fe_{0.4}PO_4$ 材料一次颗粒表面形成了独特的三维导电碳网络。

8.6　样品电化学性能分析

图 8.7(a) 为样品 0.2C 倍率下的首次充放电曲线。图中所有曲线均在 3.5V 和 4.0V 左右处出现两个平台，分别对应 Fe^{3+}/Fe^{2+} 和 Mn^{3+}/Mn^{2+} 电对的氧化还原反应[7,8]。LMFP/CD/CNT 在 0.2C 倍率下的首次放电比容量为 160.2mA·h/g，高于 LMFP/C（145.2mA·h/g）、LMFP/CD（153.6mA·h/g）、LMFP/CNT（149.6mA·h/g）。独特的三维导电碳网络提高了电子/离子迁移速率，且 β-CD 裂解形成的均匀碳层限制了颗粒的长大，使 LMFP/CD/CNT 材料表现出优异的放电性能。

图 8.7(b) 为四组样品的 dQ/dV 曲线。不同于磷酸铁锂和磷酸锰锂只存在一对氧化还原峰，四组样品均出现两对氧化还原峰。其中，3.5V 附近的对称峰对应 Fe^{3+}/Fe^{2+} 氧化还原过程，4.0V 附近的对称峰对应 Mn^{3+}/Mn^{2+} 的氧化还原过程。LMFP/CD/CNT 样品的氧化还原峰最尖锐，氧化还原峰的电位差最小（Mn^{3+}/Mn^{2+} 和 Fe^{3+}/Fe^{2+} 分别为 0.06V 和 0.03V），表明该样品具有最小的极化和最好的电化学动力学。这可归因于其独特的三维导电碳网络可提供足够的电子转移并加快电化学反应过程动力学。

图 8.7(c) 比较了四组样品的倍率性能。可以看出，在不同倍率下，LMFP/CD/CNT 样品均表现出更高的放电比容量，即使在 10C 大倍率下，仍具有 131.7mA·h/g 的放电比容量，而 LMFP/C、LMFP/CD、LMFP/CNT 的放电比容量仅有 85.2mA·h/g、109.4mA·h/g 和 96.4mA·h/g。放电倍率从 0.2C 升至 10C，LMFP/CD/CNT 样品的放电比容量仅损失 17.8%，而 LMFP/C、LMFP/CD 和 LMFP/CNT 的放电比容量损失分别为 41.4%、28.8% 和 35.6%。LMFP/CD/CNT 出色的倍率性能归因于其独特的三维导电碳网络，其中无定形碳层与碳纳米管相连形成连续的电子传输路径，极大地提高了 LMFP/CD/CNT 的锂离子扩散速率和电子电导率。当电流重新回到 0.2C 时，所有样品的放电比容量几乎恢复到初始比容量，表明样品具有优异的 Li^+ 脱嵌可逆性。

四组样品 1C 倍率下的循环性能曲线如图 8.7 (d) 所示。由图可知，LMFP/C、LMFP/CD、LMFP/CNT、LMFP/CD/CNT 的初始放电比容量分

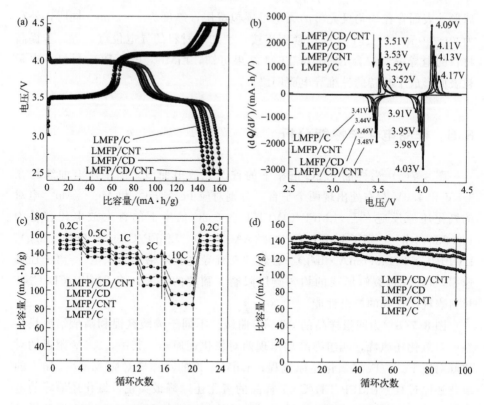

图 8.7　不同碳源制备的 $LiMn_{0.6}Fe_{0.4}PO_4/C$ 样品的电化学性能

(a) 0.2C 倍率下首次充放电曲线；（b）dQ/dV 曲线；

（c）倍率性能曲线；（d）1C 倍率下循环性能曲线

别为 129.6mA·h/g、140.6mA·h/g、135.5mA·h/g、146.6mA·h/g，
100 次循环后的容量保持率分别为 82.5%、91.6%、90.9%、98.8%。可见，
LMFP/CD/CNT 样品表现出更优异的循环稳定性和更高的放电比容量，表明
独特的三维导电碳网络不仅可以提高材料的放电比容量，还可以提高其循环稳
定性。

为了进一步研究三维导电碳网络对 $LiMn_{0.6}Fe_{0.4}PO_4/C$ 电化学性能的影
响，对四组样品进行了 EIS 测试，所得 Nyquist 曲线如图 8.8(a) 所示。由图
可见，所有 Nyquist 曲线均由中高频区半圆和低频区斜线组成，其中坐标轴
Z' 与高频区曲线的交点代表电解液、电极材料和隔膜产生的欧姆电阻（R_s），
中频区半圆表示电解质/电极界面处的电荷转移阻抗（R_{ct}），低频区斜线表示
锂离子在电极材料内部扩散产生的 Warburg 阻抗（Z_w）[9,10]。使用 ZView 软
件基于图 8.8(c) 等效电路进行了拟合，所得 R_{ct} 值列于表 8.4 中。由表可知，

LMFP/CD/CNT 的 R_{ct} 值为 15.21Ω，在所有样品中最小，这归因于其优异的电子传导性。根据图 8.8(b) 中 Z' 与 $\omega^{-1/2}$ 拟合直线的斜率求得 Warburg 系数 σ，再根据式（3.1）计算得到锂离子扩散系数 D_{Li^+}，如表 8.4 所示，LMFP/C、LMFP/CD、LMFP/CNT、LMFP/CD/CNT 样品的 D_{Li^+} 分别为 $4.30 \times 10^{-14} \, cm^2/s$、$9.80 \times 10^{-14} \, cm^2/s$、$7.60 \times 10^{-14} \, cm^2/s$ 和 $6.14 \times 10^{-13} \, cm^2/s$。较高的 Li^+ 扩散系数可确保 Li^+ 在电极中的快速传输，使材料表现出更好的倍率性能。EIS 结果表明具有三维导电碳网络的 $LiMn_{0.6}Fe_{0.4}PO_4/C$ 复合材料具有更好的电化学性能。三维导电碳网络使得 $LiMn_{0.6}Fe_{0.4}PO_4/C$ 具有更高的锂离子扩散系数和电子电导率，从而使材料的放电比容量、倍率性能和循环稳定性得到大幅提升。

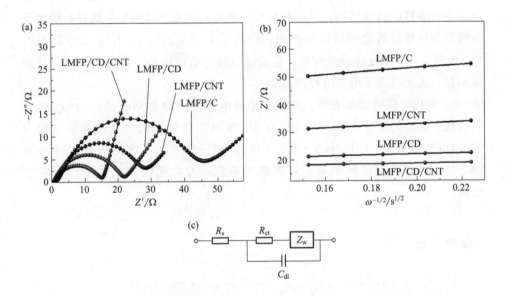

图 8.8　不同碳源制备的 $LiMn_{0.6}Fe_{0.4}PO_4/C$ 样品的 Nyquist 曲线（a）；
Z'-$\omega^{-1/2}$ 关系曲线（b）；等效电路图（c）

表 8.4　不同碳源制备 $LiMn_{0.6}Fe_{0.4}PO_4/C$ 样品的 R_{ct} 和 D_{Li^+} 值

样品	R_{ct}/Ω	$D_{Li^+}/(cm^2/s)$
LMFP/C	45.19	0.43×10^{-13}
LMFP/CD	22.58	0.98×10^{-13}
LMFP/CNT	28.86	0.76×10^{-13}
LMFP/CD/CNT	15.21	6.14×10^{-13}

8.7 本章小结

分别以葡萄糖、β-环糊精、碳纳米管为碳源，采用四种碳源加入方案，研究了不同碳源对 $LiMn_{0.6}Fe_{0.4}PO_4/C$ 材料结构、形貌及电化学性能的影响。主要结论如下：

① 以葡萄糖、β-CD、CNT 为复合碳源，通过湿法球磨、喷雾干燥和高温煅烧相结合的方法成功制备了具有独特三维导电碳网络的 $LiMn_{0.6}Fe_{0.4}PO_4/C$ 复合材料。

② 通过对 $LiMn_{0.6}Fe_{0.4}PO_4/C$ 复合材料的物理性能测试发现，β-环糊精和 CNT 的添加对 $LiMn_{0.6}Fe_{0.4}PO_4/C$ 的形貌、粒径和电化学性能影响较大。由于 β-环糊精的特殊结构，其碳化后使二次颗粒表面变得粗糙、疏松，增加了电解液和活性材料之间的接触面积，提高了 $LiMn_{0.6}Fe_{0.4}PO_4/C$ 复合材料的 Li^+ 扩散速率。添加碳纳米管后，形成了三维导电碳网络，材料的电子传导距离缩短，大大提高了电子电导率。

③ 电化学测试结果表明，具有三维导电碳网络的 $LiMn_{0.6}Fe_{0.4}PO_4/C$ 材料表现出优异的倍率和循环性能。0.2C 和 10C 倍率下的放电比容量分别为 160.2mA·h/g 和 131.7mA·h/g，1C 倍率下循环 100 次的容量保持率为 98.8%。该合成方法简单易行，碳源成本低，为大规模商业化生产提供了思路。

参考文献

[1] Yang X, Tu J, Lei M, et al. Selection of carbon sources for enhancing 3D conductivity in the secondary structure of LiFePO4/C cathode. Electrochimica Acta, 2016, 193: 206-215.

[2] Zhang H, Wei Z, Jiang J, et al. Three dimensional nano-LiMn0.6Fe0.4PO4@C/CNT as cathode materials for high-rate lithium-ion batteries. Journal of Energy Chemistry, 2018, 27 (2): 544-551.

[3] Zhao R, Hung I M, Li Y T, et al. Synthesis and properties of Co-doped LiFePO4 as cathode material via a hydrothermal route for lithium-ion batteries. Journal of Alloys and Compounds, 2012, 513: 282-288.

[4] Khan S, Raj R P, Mohan T V R, et al. Electrochemical performance of nano-sized LiFePO4-embedded 3D-cubic ordered mesoporous carbon and nitrogenous carbon composites. RSC Advances, 2020, 10: 30406-30414.

[5] Song Z, Chen S, Du S, et al. Construction of high-performance LiMn0.8Fe0.2PO4/C cathode by

using quinoline soluble substance from coal pitch as carbon source for lithium ion batteries. Journal of Alloys and Compounds, 2022, 927: 166921.

[6]　Wu Y, Zhou L, Xu G, et al. Preparation of high tap density $LiFePO_4$/C through carbothermal reduction process using beta-cyclodextrin as carbon source. International Journal of Electrochemical Science, 2018, 13 (3): 2958-2968.

[7]　Zhu C, Wu Z, Xie J, et al. Solvothermal-assisted morphology evolution of nanostructured $LiMnPO_4$ as high-performance lithium-ion batteries cathode. Journal of Materials Science & Technology, 2018, 34 (9): 1544-1549.

[8]　Huang Y H, Goodenough J B. High-rate $LiFePO_4$ lithium rechargeable battery promoted by electrochemically active polymers. Chemistry of Materials, 2008, 20 (23): 7237-7241.

[9]　Jegal J P, Kim K B. Carbon nanotube-embedding $LiFePO_4$ as a cathode material for high rate lithium ion batteries. Journal of Power Sources, 2013, 243: 859-864.

[10]　Lei X, Zhang H, Chen Y, et al. A three-dimensional $LiFePO_4$/carbon nanotubes/graphene composite as a cathode material for lithium-ion batteries with superior high-rate performance. Journal of Alloys and Compounds, 2015, 626: 280-286.

第9章

复合碳源制备高压实密度磷酸锰铁锂材料

9.1 引言

本章针对 $LiMn_{0.6}Fe_{0.4}PO_4/C$ 材料压实密度低的缺点,进行提高材料压实密度的研究。通常,减少碳含量、增大一次颗粒粒径、改善颗粒间配级、减小颗粒间空隙等方法均可提高材料的压实密度。一般情况下,高分子聚合物为碳源时,其膜状碳包覆层在保证碳层均匀包覆的同时可降低材料的比表面积,但以纯高分子聚合物为碳源时,材料的电子电导率通常较低。因此本章以葡萄糖和高分子聚合物为复合碳源进行一系列碳源和工艺的改良,合成具有优良电化学性能和高压实密度的 $LiMn_{0.6}Fe_{0.4}PO_4/C$ 复合材料。

9.2 样品制备

将 $FePO_4$、MnC_2O_4、LiH_2PO_4、Li_2CO_3 按摩尔比 $4:6:0.6:2.2$ 混合后加入去离子水,达到 50% 的固含量,按 $5:1$ 的球料比将直径 $0.8mm$ 的氧化锆球一同置于聚四氟乙烯球磨罐中。将球磨罐置于行星式球磨机中,以 $500r/min$ 转速球磨,每球磨 $30min$ 取样一次进行粒度测试,当粒度达到要求后停止球磨。用去离子水将所得浆料固含量调至 40%,并以 $80mL/min$ 的速度导入喷雾干燥机(进风口温度 $260\sim300℃$,出风口温度 $100\sim150℃$)中进行干燥。将干燥后粉体在管式炉中氮气气氛下 $700℃$ 煅烧 $8h$,自然冷却后得到 $LiMn_{0.6}Fe_{0.4}PO_4/C$ 复合材料。

本实验采用三种碳源添加方案:①将葡萄糖:聚乙烯醇(PVA)=1:1(质量比)作为碳源,碳源占原料总质量的 9%,所合成材料命名为 LMFP-P。②将葡萄糖:PVA:碳纳米管=5:4:1(质量比)作为碳源,碳源占原料总质量的 9%，所合成材料命名为 LMFP-PCNT。③首先以葡萄糖：碳纳米管＝5：1（质量比）作为一次包覆碳源，一次包覆碳源占总质量的 5.4%；按上述合成步骤完成后，将取出的物料与作为二次碳源的 PVA（占原料质量的 3.6%）溶于去离子水中，超声分散 1h 后抽滤，在 120℃干燥 4h，将干燥好的混合物再次在氮气气氛中进行煅烧，先以 10℃/min 的速率升至 350℃煅烧 1h，再以 15℃/min 的速率升至 740℃煅烧 4h，所合成材料命名为 LMFP-CNT-P。

9.3　样品 XRD 分析

图 9.1 为三组样品的 XRD 图谱。由图可见，三组样品的衍射峰均与标准卡片（PDF♯77-0178）相对应，没有杂峰出现，且衍射峰尖锐，说明样品的结晶度高。三组样品中，LMFP-CNT-P 的半峰宽最窄，说明二次煅烧在一定程度上提高了样品的结晶度。磷酸锰铁锂材料是磷酸铁锂与磷酸锰锂的固溶体，而 Fe^{2+} 的离子半径小于 Mn^{2+}，因此样品的衍射峰较磷酸铁锂标准卡片（PDF♯81-1173）向低角度方向偏移，较磷酸锰锂标准卡片（PDF♯77-0178）向高角度方向偏移。三组衍射图的基线平滑，说明不存在非晶相。此外，XRD 图谱中并未发现碳的衍射峰，说明碳以无定形形式存在[1]。

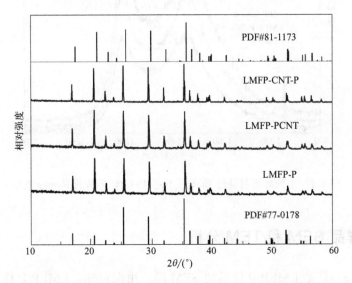

图 9.1　不同碳源制备的 $LiMn_{0.6}Fe_{0.4}PO_4/C$ 样品的 XRD 图

9.4 样品 Raman 分析

图 9.2 为三组样品的 Raman 光谱，用于分析样品中碳的石墨化程度。由图可知，945cm^{-1} 处的峰与橄榄石结构中磷酸盐阴离子的振动有关，在 1326cm^{-1} 和 1595cm^{-1} 处的两个峰分别对应碳的 D（sp^3）峰和 G（sp^2）峰，其中 D 峰代表碳原子的晶格缺陷，G 峰代表 sp^2 杂化碳原子的面内伸缩振动[2]。而 D 峰和 G 峰的面积比（I_D/I_G）可代表包覆碳的石墨化程度，比值越小，代表碳的石墨化程度越高[3]。由图可知，LMFP-CNT-P 的 I_D/I_G 值最低，为 0.617，表明其石墨化程度最高，说明二次煅烧一定程度上提高了碳的石墨化程度。此外，LMFP-PCNT 样品（$I_D/I_G=0.665$）中碳纳米管的加入相较于 LMFP-P（$I_D/I_G=0.811$）中葡萄糖与 PVA 混合碳源具有更高的石墨化程度。

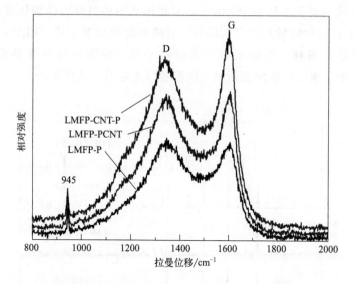

图 9.2 不同碳源制备的 $\text{LiMn}_{0.6}\text{Fe}_{0.4}\text{PO}_4/\text{C}$ 样品的 Raman 光谱

9.5 样品 SEM 和 TEM 分析

图 9.3(a) 是 LMFP-P 样品的 SEM 图。由图可知，LMFP-P 样品为直径 $8\mu\text{m}$ 左右的二次球形颗粒，表面致密。从图 9.3(b) 的放大图可知，LMFP-P

颗粒是由粒径为 100～200nm 的类球形一次颗粒组成，一次颗粒均匀且排列紧密。PVA 在浆料中可作为分散剂，使一次颗粒更加均匀，在喷雾干燥中形成致密的二次颗粒；此外煅烧过程中 PVA 的包覆可以抑制晶粒的长大，使得一次颗粒粒径分布均匀，压实密度较低。

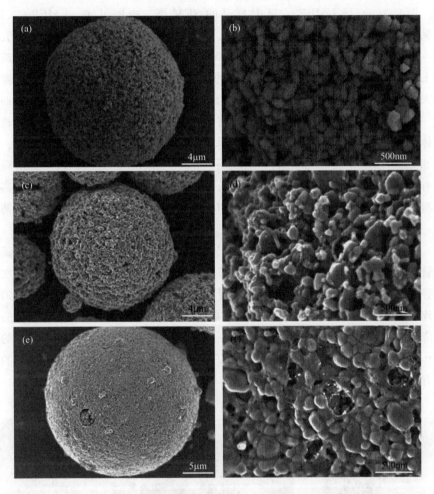

图 9.3　不同碳源制备的 LiMn$_{0.6}$Fe$_{0.4}$PO$_4$/C 样品的 SEM 图
(a)、(b) LMFP-P；(c)、(d) LMFP-PCNT；(e)、(f) LMFP-CNT-P

图 9.3(c) 是 LMFP-PCNT 样品的 SEM 图。由图可知，LMFP-PCNT 样品为直径 8μm 左右的二次球形颗粒，表面粗糙，有明显孔隙。从图 9.3(d) 的放大图可以看到，LMFP-PCNT 是由粒径为 60～300nm 的不规则一次颗

粒构成，一次颗粒间由碳纳米管连接，碳纳米管的掺入可有效提高正极材料的电导率。但葡萄糖的添加量较少，不能实现对磷酸锰铁锂的均匀包覆，导致一次颗粒大小不均匀。虽然这种现象有利于提高压实密度，但小颗粒通常伴随较大的团聚，会使得正极材料与电解液接触的接触面积减少，不利于锂离子的扩散。

图 9.3(e) 是 LMFP-CNT-P 样品的 SEM 图。由图可知，LMFP-CNT-P 样品为直径 $9\mu m$ 左右的二次球形颗粒。需要特别指出，该球形颗粒为核壳结构，外部为一薄层排列紧密的片状 $LiMn_{0.6}Fe_{0.4}PO_4$ 晶体，内部为排列疏松的 $LiMn_{0.6}Fe_{0.4}PO_4$ 颗粒。核壳结构的形成是由于二次包覆过程中新碳源的引入为晶体生长提供了新的成核点，二次颗粒表面会生长出新的晶体，进而形成一层致密的壳状结构。而内部由于与二次加入的碳源接触不充分，新生成的晶体较少，在二次煅烧过程中晶粒长大的同时修复了原有的晶格缺陷[4]。如图 9.3(f) 所示，表面壳状结构颗粒粒径为 $60\sim300nm$，二次包覆使二次颗粒具有更好的球形度。二次煅烧使颗粒长大，减少了小颗粒的团聚，同时提高了材料的压实密度。虽然致密的表面不利于电解液的渗透，但壳状结构仅为薄薄的一层，对其影响较小。

图 9.4 为 LMFP-CNT-P 样品的 TEM 图。从图中可以清晰地观察到碳纳米管的存在，颗粒粒径分布不均匀，部分过度生长晶粒的出现可能是由二次煅烧导致的晶粒二次长大。颗粒表面包覆着均匀的碳层，且颗粒间有网络状的碳网连接，如图 9.4(c) 所示。这种薄膜状碳包覆可在确保材料良好电导率的同时降低材料的比表面积。表面的碳层、网络状碳连接以及颗粒间碳纳米管的协同作用可在一定程度上提高正极材料的电子电导率，同时大小分布不均匀的颗粒有利于提高材料的压实密度。

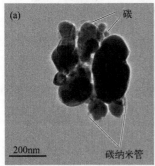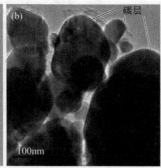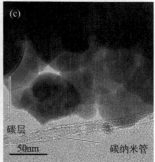

图 9.4　LMFP-CNT-P 样品的 TEM 图

9.6 样品物理性能分析

图 9.5(a) 为三组样品的 N_2 吸附-解吸等温曲线。由图可知，三组曲线均为典型的具有 H2 型迟滞环的 Ⅳ 型等温线，说明样品为典型的介孔结构[5]。孔径分布如图 9.5(b) 所示，进一步证实了介孔的存在。其中，LMFP-PCNT 样品具有最高的氮气吸附量，LMFP-CNT-P 次之，这与 SEM 观察结果一致。LMFP-CNT-P 样品的孔径主要分布在 1.8~25nm 范围内，以介孔为主，含有少量微孔。LMFP-PCNT 样品的孔径主要分布在 6.1~25nm 范围内，均为介孔，不存在微孔。LMFP-CNT-P 样品的孔径主要分布在 2~25nm 范围内，峰值出现在 2.5nm 处，且峰值较高，说明该样品以孔径较小的介孔为主，与其致密的结构相对应。三组样品的比表面积测试结果如表 9.1 所示，可见 LMFP-PCNT 样品具有最大的比表面积（13.461m^2/g），与其疏松的结构、碳纳米管的加入以及部分小颗粒有关。样品 LMFP-P 具有最小的比表面积（12.387m^2/g），与其致密的结构有关，这也是其电化学性能较差的原因之一。样品 LMFP-CNT-P 虽然表面壳结构比较致密，但由于碳纳米管的加入，其比表面积较为适中（12.975m^2/g）。

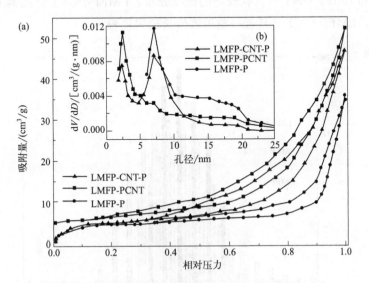

图 9.5 不同碳源制备的 $LiMn_{0.6}Fe_{0.4}PO_4/C$ 样品的 N_2
吸附-解吸等温线（a）；孔径分布曲线（b）

表 9.1　不同碳源制备的 $LiMn_{0.6}Fe_{0.4}PO_4/C$ 样品的电子电导率、
碳含量、比表面积和压实密度

样品	LMFP-P	LMFP-PCNT	LMFP-CNT-P
电子电导率/(S/cm)	8.6×10^{-4}	3.2×10^{-3}	3.7×10^{-3}
碳含量(质量分数)/%	1.858	1.911	1.915
比表面积/(m²/g)	12.387	13.461	12.975
压实密度/(g/cm³)	2.44	2.52	2.58

对三组样品进行碳含量测试，结果如表 9.1 所示。由于碳含量对材料的比表面积和压实密度有一定影响，所以在实验时对碳源总量加以控制，三组样品碳含量相差不大。

三组样品的电子电导率如表 9.1 所示，碳纳米管的加入在一定程度上提高了材料的电导率。样品 LMFP-CNT-P 具有最高的电子电导率（3.7×10^{-3} S/cm），这与材料均匀的二次包覆、碳纳米管的引入以及更高的石墨化程度有关。碳纳米管的引入虽然对 LMFP-PCNT 电导率的提升有积极作用，但出于对碳源总量的控制而导致的不均匀包覆以及较低的石墨化程度限制了 LMFP-PCNT 材料电导率的提高。

将样品粉碎后测试其粒度，结果如图 9.6、表 9.2 所示。样品 LMFP-P 的粒度分布较窄，这种分布均匀的颗粒不利于样品压实密度的提高。LMFP-PCNT 和 LMFP-CNT-P 具有较好的配级分布，LMFP-PCNT 样品具有更多的小颗粒，LMFP-CNT-P 具有一些过度生长的大颗粒。

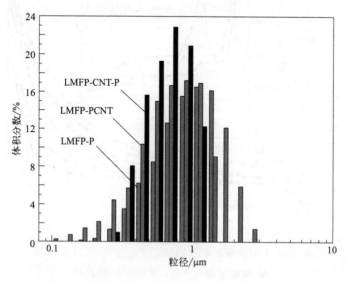

图 9.6　不同碳源制备的 $LiMn_{0.6}Fe_{0.4}PO_4/C$ 样品粉碎后的粒度分布曲线

表 9.2　不同碳源制备的 $LiMn_{0.6}Fe_{0.4}PO_4/C$ 样品粉碎后的粒度

样品	粒度/μm		
	D_{10}	D_{50}	D_{90}
LMFP-P	0.454	0.746	1.178
LMFP-PCNT	0.378	0.826	1.134
LMFP-CNT-P	0.446	0.954	1.873

将样品粉碎后测试其压实密度，如表 9.1 所示。样品 LMFP-CNT-P 因较大的一次颗粒粒径和良好的一次颗粒配级，具有最高的压实密度（2.58g/cm³）。而样品 LMFP-P 由于一次颗粒分布均匀，压实密度较低（2.44g/cm³）。LMFP-PCNT 虽然颗粒配级良好，但小颗粒较大的比表面积以及团聚的存在限制了其压实密度（2.52g/cm³）。

9.7　样品电化学性能分析

图 9.7(a) 为三组样品 0.2C 倍率下的首次充放电曲线。由图可知，所有曲线在 3.5V 和 4.0V 左右均存在两个特征平台，分别对应 Fe^{3+}/Fe^{2+} 和 Mn^{3+}/Mn^{2+} 的氧化还原反应[6,7]。而磷酸铁锂和磷酸锰锂材料的特征平台分别在 3.4V 和 4.1V 左右，这可能是 Fe-O-Mn 离子之间的超交换相互作用，使得磷酸锰铁锂材料中 Fe^{3+}/Fe^{2+} 的氧化还原电位高于磷酸铁锂，Mn^{3+}/Mn^{2+} 的氧化还原电位低于磷酸锰锂。LMFP-CNT-P(151.4mA·h/g，98.02%) 较 LMFP-PCNT（150.1mA·h/g，97.76%）和 LMFP-P（143.9mA·h/g，92.18%）表现出最高的放电比容量和库仑效率。此外，LMFP-CNT-P 样品具有最高的放电平台、更长的平台长度以及最短的恒压充电平台，说明该样品的极化最小。虽然 LMFP-CNT-P 具有内外颗粒粒径不同的核壳结构，但颗粒分布均匀，内核颗粒排列疏松，有利于电解液的充分渗透，且 3D 结构的复合碳包覆有利于电子的传导。而 LMFP-P 样品的排列过于紧密，比容量最低。LMFP-PCNT 样品虽然比表面积大，但不均匀的碳包覆造成材料利用率较低，因此比容量也不高。

图 9.7(b) ~图 9.7(d) 为三组样品在不同倍率下的放电曲线。随着电流密度的增加，正极材料的利用率降低，导致高倍率下比容量降低。LMFP-CNT-P 样品在 0.5C、1C、2C 倍率下的放电比容量分别为 146.8mA·h/g、139.3mA·h/g、131.6mA·h/g，较 LMFP-PCNT(145.7mA·h/g、137.5mA·h/g、127.9mA·h/g)和 LMFP-P(137.7mA·h/g、129.3mA·h/g、117.9mA·h/g) 表现出更好的倍率性能。由于 LMFP-P 结构致密，不能与电解液充分接触，高倍率下不能使

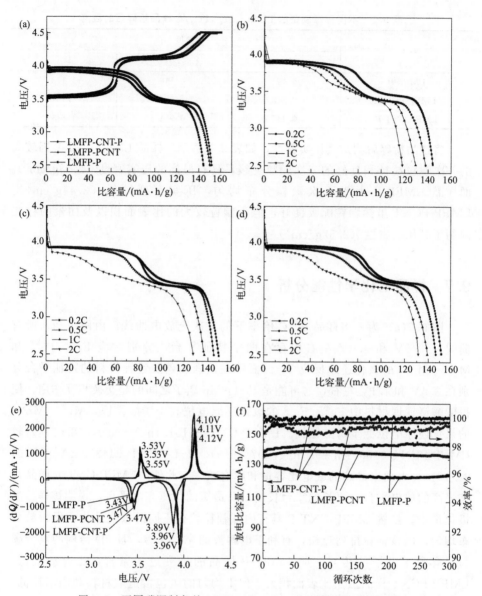

图 9.7 不同碳源制备的 $LiMn_{0.6}Fe_{0.4}PO_4/C$ 样品的电化学性能

(a) 0.2C 首次充放电曲线；(b) LMFP-P 样品不同倍率下的放电曲线；

(c) LMFP-PCNT 样品不同倍率下的放电曲线；(d) LMFP-CNT-P 样品

不同倍率下的放电曲线；(e) dQ/dV 曲线；(f) 1C 倍率下循环及库仑效率曲线

所有离子发生氧化还原反应，因此 LMFP-P 样品在 0.5C 时就出现放电平台缩短的现象。而 LMFP-CNT-P 样品的 3D 碳包覆网络可在一定程度上提高材料的电导率，降低活性颗粒间的内阻，内核的疏松结构有利于电解液与活性物质的充分接触，缩短锂离子的扩散距离，从而在一定程度上提高材料的倍率性能[8]。

图 9.7(e) 为三组样品的 dQ/dV 曲线。由图可见，曲线在 3.5V 和 4.0V 左右有两组对称峰，分别对应 Fe^{3+}/Fe^{2+} 和 Mn^{3+}/Mn^{2+} 氧化还原反应。LMFP-CNT-P 样品具有最高的峰值，说明发生氧化还原反应时嵌入和脱出的 Li^+ 最多。LMFP-CNT-P 样品对应 Fe^{3+}/Fe^{2+} 氧化还原电对的电位差为 0.06V，Mn^{3+}/Mn^{2+} 氧化还原电对的电位差为 0.14V，相较 LMFP-PCNT (0.06V、0.15V) 和 LMFP-P(0.11V、0.24V) 具有更小的电位差，说明极化最小。这是由于 LMFP-CNT-P 样品具有核壳结构，内部多孔疏松的结构有利于锂离子的扩散，在一定程度上减小了极化。LMFP-P 材料结构致密，造成了较大的极化；而 LMFP-PCNT 虽然具有疏松多孔的结构，但导电性较差，导致极化增加。

图 9.7(f) 为三组样品 1C 倍率下的循环及库仑效率曲线。由图可知，300 次循环后 LMFP-CNT-P 样品的比容量不减反增，这归因于随着充放电过程的进行，电解液得以充分浸润，样品的比容量逐渐升高。二次煅烧后样品较高的结晶度使得其在 Li^+ 反复嵌入/脱出过程中保持结构稳定，不发生坍塌。而且 LMFP-CNT-P 循环过程中稳定的库仑效率也证实了其良好的可逆性。LMFP-PCNT 的容量保持率为 99.1%，说明 LMFP-PCNT 样品的结构较稳定，可逆性较好，但样品的库仑效率不稳定，这可能与样品表面的团聚阻碍了锂离子扩散有关。LMFP-P 样品的容量保持率为 96.4%，与另外两组相比循环性能较差，且初始库仑效率较低，这可能与 LMFP-P 样品致密的结构有关，初始放电过程中由于样品致密的结构，电解液无法充分与活性物质接触，导致大量脱出的 Li^+ 无法参与反应，从而导致初始库仑效率较低；随着反应进行，电解液得到充分浸润，虽然每次充放电的库仑效率达到了较高的水平且保持稳定，但比容量由于 Li^+ 的损失以及 Li^+ 通道的坍塌等逐渐降低。

为了研究三组样品的 Li^+ 扩散动力学，对三组样品进行了电化学阻抗谱测试，图 9.8(a) 为三组样品的 Nyquist 曲线。由图可知，三组样品的 Nyquist 曲线均由中高频区半圆和低频区斜线组成，其中曲线在高频区与坐标轴 Z' 的截距代表电解液、电极材料和隔膜产生的欧姆电阻 (R_s)，中频区半圆对应的是电解质/电极界面处的电荷转移阻抗 (R_{ct})，低频区斜线对应的是 Li^+ 在电极材料中扩散引起的 Warburg 阻抗 (Z_w)[9,10]。使用 ZView 软件基于图 9.8 (c) 的等效电路进行拟合，得到 LMFP-CNT-P、LMFP-PCNT、LMFP-P 样品的 R_{ct} 分别为 47.08Ω、76.48Ω 和 125.02Ω，可见 LMFP-CNT-P 样品较其他样品具有较低的电荷转移阻抗，这归因于其 3D 网络碳结构、碳纳米管以及表面 PVA 二次包覆形成的薄膜状碳层。

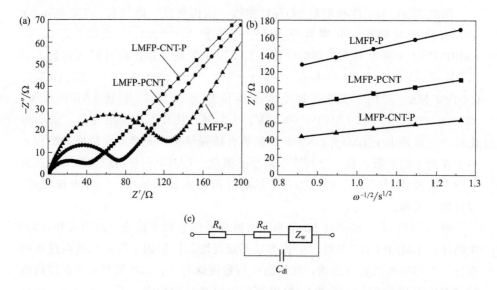

图 9.8　不同碳源制备的 $LiMn_{0.6}Fe_{0.4}PO_4/C$ 样品的 Nyquist 曲线（a）；
Z' 与 $\omega^{-1/2}$ 的关系曲线（b）；等效电路图（c）

图 9.8（b）为 Z' 和 $\omega^{-1/2}$ 的关系曲线，直线的斜率即为 Warburg 系数 σ，如表 9.3 所示。根据式（3.1）可以求出 LMFP-CNT-P、LMFP-PCNT、LMFP-P 样品的 Li^+ 扩散系数 D_{Li^+} 分别为 $2.6 \times 10^{-13}\,cm^2/s$、$1.1 \times 10^{-13}\,cm^2/s$、$5.9 \times 10^{-14}\,cm^2/s$，如表 9.3 所示。可以看出，具有 3D 网络碳结构以及经二次烧结具有更高结晶度的 LMFP-CNT-P 样品具有最高的 Li^+ 扩散系数。而 LMFP-PCNT 样品由于团聚，Li^+ 扩散系数比 LMFP-CNT-P 低。LMFP-P 样品具有最低的 Li^+ 扩散系数，与其致密的结构以及较小的比表面积有关。

表 9.3　不同碳源制备的 $LiMn_{0.6}Fe_{0.4}PO_4/C$ 样品的 R_{ct}、σ 和 D_{Li^+} 值

样品	R_{ct}/Ω	$\sigma/(\Omega/s^{1/2})$	$D_{Li^+}/(cm^2/s)$
LMFP-P	125.02	51.06	5.9×10^{-14}
LMFP-PCNT	76.48	37.18	1.1×10^{-13}
LMFP-CNT-P	40.83	24.42	2.6×10^{-13}

9.8　本章小结

本章通过改良碳源以及煅烧工艺，最终确定以葡萄糖、碳纳米管作为一次包覆碳源，聚乙烯醇（PVA）作为二次包覆碳源，通过二次煅烧的方法合成具有高压实密度的 $LiMn_{0.6}Fe_{0.4}PO_4/C$ 正极材料。主要结论如下。

① 聚乙烯醇高聚物碳源有利于形成薄膜状的碳包覆层，可降低材料的比表面积，提高材料的压实密度，但这种形貌的碳层对颗粒生长有较强的抑制作用，而不均匀碳包覆容易使粒径非常小的一次颗粒出现团聚。

② 在复合碳源中引入碳纳米管可有效提高材料的电导率，同时碳源中聚乙烯醇与葡萄糖比例的改变改善了材料的配级，有利于材料压实密度的提高，但会形成更多易于团聚的小颗粒。

③ 二次煅烧、二次包覆方法可有效控制一次颗粒粒径。二次煅烧初始阶段，低温煅烧使晶粒的部分缺陷得以修复，提高了材料的结晶度，有利于电化学性能的提高。二次煅烧后期，一次颗粒再次生长，内部接触二次包覆碳源较少的颗粒生长后形成了排列紧密的结构，同时还保留了部分空隙，保证了锂离子的充分扩散；而外部接触二次包覆碳源较多的颗粒除原有晶粒长大外，新的碳源成为新的结晶位点，生长出更多的晶粒，这些晶粒比原有晶粒尺寸小，改善了颗粒的配级，由此得到具有核壳结构的高压实密度 $LiMn_{0.6}Fe_{0.4}PO_4/C$ 正极材料。

参考文献

[1] Zhang H, Wei Z, Jiang J, et al. Three dimensional nano-$LiMn_{0.6}Fe_{0.4}PO_4$@C/CNT as cathode materials for high-rate lithium-ion batteries. Journal of Energy Chemistry, 2018, 27 (2): 544-551.

[2] Khan S, Raj R P, Mohan T V R, et al. Electrochemical performance of nano-sized $LiFePO_4$-embedded 3D-cubic ordered mesoporous carbon and nitrogenous carbon composites. RSC Advances, 2020, 10: 30406-30414.

[3] Song Z, Chen S, Du S, et al. Construction of high-performance $LiMn_{0.8}Fe_{0.2}PO_4/C$ cathode by using quinoline soluble substance from coal pitch as carbon source for lithium ion batteries. Journal of Alloys and Compounds, 2022, 927: 166921.

[4] Uchida S, Yamagata M, Ishikawa M. Improvement of synthesis method for $LiFePO_4/C$ cathode material by high-frequency induction heating. Electrochemistry, 2012, 80 (10): 825-828.

[5] Yang L, Wang Y, Wu J, et al. Facile synthesis of micro-spherical $LiMn_{0.7}Fe_{0.3}PO_4/C$ cathodes

with advanced cycle life and rate performance for lithium-ion battery. Ceramics International，2017，43（6）：4821-4830.

[6] Zhu C，Wu Z，Xie J，et al. Solvothermal-assisted morphology evolution of nanostructured $LiMnPO_4$ as high-performance lithium-ion batteries cathode. Journal of Materials Science & Technology，2018，34（9）：1544-1549.

[7] Huang Y H，Goodenough J B. High-rate $LiFePO_4$ lithium rechargeable battery promoted by electrochemically active polymers. Chemistry of Materials，2008，20（23）：7237-7241.

[8] Qiao Y Q，Feng W L，Li J，et al. Ultralong cycling stability of carbon-nanotube/$LiFePO_4$ nanocomposites as electrode materials for lithium-ion batteries. Electrochimica Acta，2017，232：323-331.

[9] Jegal J P，Kim K B. Carbon nanotube-embedding $LiFePO_4$ as a cathode material for high rate lithium ion batteries. Journal of Power Sources，2013，243：859-864.

[10] Lei X，Zhang H，Chen Y，et al. A three-dimensional $LiFePO_4$/carbon nanotubes/graphene composite as a cathode material for lithium-ion batteries with superior high-rate performance. Journal of Alloys and Compounds，2015，626：280-286.

第10章

钒离子掺杂量对磷酸锰铁锂材料性能的影响

10.1 引言

采用高价阳离子（Mg^{2+}、V^{3+}、Al^{3+}、Ti^{4+}、Ni^{2+}）掺杂来调节晶体结构（例如引起晶格畸变和细化粒径）可以改善材料内部的电子电导率和离子电导率[1-5]。掺杂阳离子可能会替代部分锂或铁，其中铁位掺杂对材料性能的提升更明显，因为锂位掺杂会阻碍 Li^+ 的扩散。研究表明，在掺杂元素中，钒掺杂可以提高 $LiFePO_4$ 的综合电化学性能[6,7]。Harrison[8] 报道了钒掺杂可在 $LiFePO_4$ 材料铁位上形成空位，为锂离子提供一条额外的传输通道，使锂离子可在沿 b 轴相邻的一维通道扩散，极大提高了迁移速率。Vásquez 等[9] 证明少量钒离子取代锰离子可以增加 $LiMnPO_4$ 结构中锂离子扩散通道和自由电荷的数量，从而改善材料的循环稳定性和倍率性能。同时，钒元素在地壳中分布广泛，有利于降低生产成本。本章采用 V^{3+} 替代部分 Fe^{2+} 制备 $LiMn_{0.6}Fe_{0.4-x}V_xPO_4/C$ 复合材料，研究 V^{3+} 掺杂量对磷酸锰铁锂结构、形貌和电化学性能的影响。

10.2 样品制备

采用偏钒酸铵（NH_4VO_3）为钒掺杂源、葡萄糖为碳源。首先将 $FePO_4$、MnO_2、LiH_2PO_4、Li_2CO_3 按照摩尔比 $2:3:3:1$ 称量，加入一定量的偏钒酸铵和质量为原料总质量 9% 的葡萄糖，装入行星式球磨机的研磨罐中；再加入一定质量的氧化锆球（直径 $0.6\sim0.8mm$），加入一定量去离子水使浆料固含量达到 50%。以 $500r/min$ 转速进行研磨，期间不断取样进行粒度测试，待粒度符合要求后停止研磨。将所得浆料进行喷雾干燥，最后在管式炉中氮气气氩下 720℃ 煅烧 6h，随炉冷却至室温后得到不同钒离子掺杂量的 $LiMn_{0.6}Fe_{0.4-x}V_xPO_4/C$ 样品。其中钒离子掺杂量 x 分别为 0、0.03、0.05、0.07 对应的磷酸锰铁锂样品分别命名为 LMFP-0、LMFP-3、LMFP-5、LMFP-7。具体合成过程如图 10.1 所示。

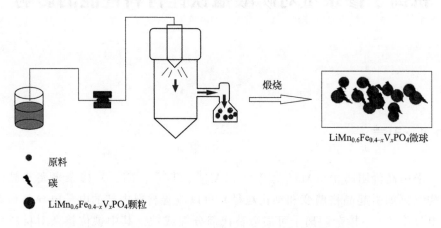

LiMn_{0.6}Fe_{0.4-x}V_xPO₄微球

● 原料

✦ 碳

● $LiMn_{0.6}Fe_{0.4-x}V_xPO_4$ 颗粒

图 10.1 $LiMn_{0.6}Fe_{0.4-x}V_xPO_4/C$ 样品合成过程示意图

10.3 样品 XRD 分析

图 10.2 是不同钒离子掺杂量 $LiMn_{0.6}Fe_{0.4-x}V_xPO_4/C$ 样品的 XRD 图。可以看出，四组样品的衍射峰均与 $LiMnPO_4$ 标准卡片（PDF♯33-0804）相匹配，说明均为正交晶系橄榄石晶体结构，属 Pnmb（62）空间群。在四组样品中并未观察到其他杂质峰，说明样品纯度较高。样品尖锐的衍射峰说明结晶度高。此外，随着 V^{3+} 掺杂量的增加，衍射峰向高角度方向偏移，峰的偏移表明 V^{3+} 成功掺杂进磷酸锰铁锂的晶格中。图中并未发现碳的衍射峰，说明碳以无定形形式存在。以上结果表明，V^{5+} 掺杂磷酸锰铁锂 $LiMn_{0.6}Fe_{0.4-x}V_xPO_4/C$ 材料被成功合成，且 V^{3+} 成功掺入磷酸锰铁锂晶格内，没有改变磷酸锰铁锂的橄榄石型晶体结构。

对 XRD 数据进行 Rietveld 拟合，计算出材料的晶胞参数，以进一步研究晶体结构的变化，如表 10.1 与表 10.2 所示。随着钒掺杂量的增加，$LiMn_{0.6}Fe_{0.4-x}V_xPO_4$ 的晶胞参数（a、b、c）和晶胞体积（V）逐渐减小，Li—O 键的键长不断增大，表明钒离子成功掺入磷酸锰铁锂晶格内。由于半径大的 Fe^{2+} 被半径小的 V^{3+} 部分取代，从而影响了 $LiMn_{0.6}Fe_{0.4}PO_4/C$ 的晶胞

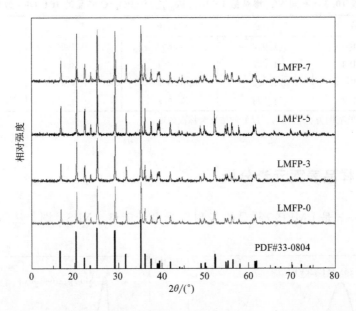

图 10.2　不同 V^{3+} 掺杂量 $LiMn_{0.6}Fe_{0.4-x}V_xPO_4/C$ 样品的 XRD 图

参数和晶胞体积，离子半径的较大差异也解释了钒取代铁而非锰[10,11]。较长的 Li—O 键使得锂离子的嵌入/脱出更容易，有利于加快电极材料的充放电反应。对四组样品进行了电感耦合等离子体发射光谱（ICP-OES）分析，结果如表 10.3 所示，可见材料中各元素所占比例与理论比例几乎一致。

表 10.1　不同 V^{3+} 掺杂量 $LiMn_{0.6}Fe_{0.4-x}V_xPO_4/C$ 样品的晶胞参数

样品	a/nm	b/nm	c/nm	V/nm^3
LMFP-0	1.0424	0.6058	0.4712	0.2976
LMFP-3	1.0422	0.6057	0.4712	0.2975
LMFP-5	1.0389	0.6051	0.4711	0.2961
LMFP-7	1.0354	0.6043	0.4711	0.2947

表 10.2　不同 V^{3+} 掺杂量 $LiMn_{0.6}Fe_{0.4-x}V_xPO_4/C$ 样品的原子间距离

样品	Li-O_1/nm	Li-O_2/nm	Li-O_3/nm	Li-$O_{平均}$/nm	R_{wp}/%
LMFP-0	0.2025	0.2166	0.2217	0.2136	4.7600
LMFP-3	0.2029	0.2172	0.2321	0.2174	4.6600
LMFP-5	0.2031	0.2175	0.2321	0.2175	4.8200
LMFP-7	0.2034	0.2177	0.2323	0.2178	4.8100

表 10.3　不同 V^{3+} 掺杂量 $LiMn_{0.6}Fe_{0.4-x}V_xPO_4/C$ 样品的 ICP-OES 数据

样品	Li/P	Mn/P	Fe/P	V/P
LMFP-0	1.012	0.599	0.399	0
LMFP-3	1.027	0.601	0.368	0.029
LMFP-5	1.022	0.599	0.349	0.052
LMFP-7	1.023	0.598	0.329	0.068

注：误差范围为 2%～3%；以 P 的浓度为标准浓度。

10.4　样品表面元素分析

图 10.3 是 LMFP-5 样品的 X 射线光电子能谱（XPS）图。从图 10.3（a）

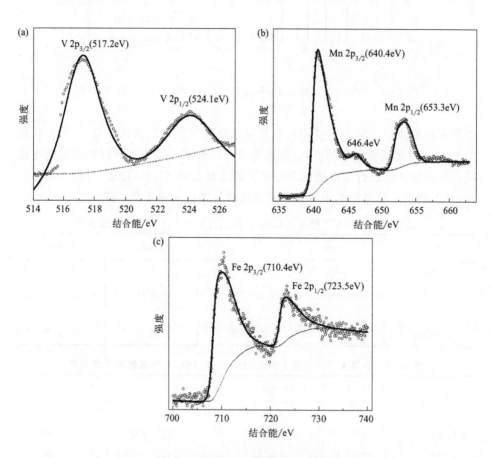

图 10.3　LMFP-5 样品的 XPS 图谱

(a) V 2p；(b) Mn 2p；(c) Fe 2p

中可以观察到，约 517.2eV 和 524.1eV 处的两个主峰分别对应 V $2p_{3/2}$ 和 V $2p_{1/2}$，与 $Li_3V_2(PO_4)_3$ 主峰非常匹配，可以推断钒以 +3 价形式存在[12,13]。为了检测钒掺杂对锰和铁化合价的影响，研究了样品的 Mn 2p 和 Fe 2p 的 XPS 光谱。如图 10.3(b) 所示，Mn 2p 谱图分为 Mn $2p_{1/2}$ 和 Mn $2p_{3/2}$ 两个主谱，前者在约 653.4eV 处有一个主峰，后者在约 640.4eV 处有一个主峰，在约 646.6cV 处有一个卫星峰，这些峰的位置与 Mn^{2+} 的特征峰位相匹配，说明锰以 +2 价形式存在[14-16]。如图 10.3(c) 所示，铁的 2p 轨道能级发生多重分裂，位于约 710.4eV 的 Fe $2p_{3/2}$ 和约 723.5eV 的 Fe $2p_{1/2}$ 表明铁的价态为 +2[17,18]。这些都表明 V^{3+} 的掺杂不会改变铁和锰的价态。由于钒的价态高于锰和铁的价态，因此会发生超价掺杂[19]。

10.5 样品形貌分析

图 10.4 显示了不同钒离子掺杂量 $LiMn_{0.6}Fe_{0.4-x}V_xPO_4/C$ 材料的 SEM 图。可以看出，所有样品均为二次球形颗粒，直径为 6～15μm。随着钒离子掺杂量的增加，一次颗粒尺寸减小，LMFP-0 样品的一次颗粒粒径在 80～300nm，而 LMFP-5 的一次颗粒粒径在 60～200nm。这主要是由于 V^{3+} 掺杂

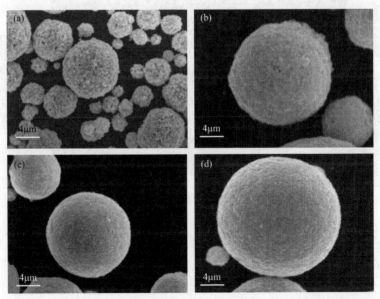

图 10.4 不同 V^{3+} 掺杂量 $LiMn_{0.6}Fe_{0.4-x}V_xPO_4/C$ 样品的 SEM 图

(a) LMFP-0；(b) LMFP-3；(c) LMFP-5；(d) LMFP-7

抑制了磷酸锰铁锂材料一次颗粒的生长和团聚，提高了颗粒的均匀性。较小的颗粒粒径有利于缩短锂离子的传输距离，从而提高充放电过程中 Li^+ 的脱嵌速率。另外，LMFP-5 一次颗粒之间的间隙比 LMFP-0 窄得多，有助于形成均匀性更好的微球。

通过电导率测试仪测量了样品粉末的电子电导率，结果如表 10.4 所示。发现随着钒离子掺杂量的增加，材料的电导率不断增大，表明钒离子掺杂提高了材料的本征电导率。钒离子掺杂对电导率的积极影响是因为铁位被更高价的钒取代后，为了保持电中性，会产生一定数量的锂空位，从而提高了材料的 P型电导率[20]。LMFP-5 样品的 EDS 能谱图如图 10.5 所示，可见图中亮点分布均匀，没有明显的团聚，表明 Fe、Mn、O、P、V 等元素在整个颗粒中均匀分布。

表 10.4　不同 V^{3+} 掺杂量 $LiMn_{0.6}Fe_{0.4-x}V_xPO_4/C$ 样品的电导率

样品	电导率/(S/cm)
LMFP-0	0.46×10^{-2}
LMFP-3	1.32×10^{-2}
LMFP-5	6.55×10^{-2}
LMFP-7	7.72×10^{-2}

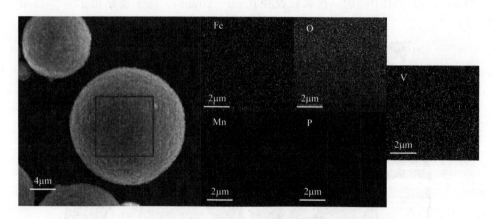

图 10.5　LMFP-5 样品的 EDS 能谱图

LMFP-5 样品的 TEM 高分辨率透射电镜（HRTEM）图像如图 10.6 所示。从图 10.6(a) 可以看出，$LiMn_{0.6}Fe_{0.35}V_{0.05}PO_4$ 的一次颗粒为类球形，粒径为 60~200nm，表面被无定形碳完整均匀包覆，厚度为 2~3nm。完整且均匀的碳包覆层有助于提高材料的电导率，同时降低电极极化。

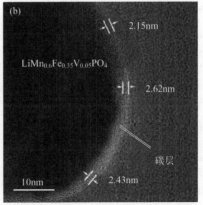

图 10.6　LMFP-5 样品 TEM 图（a）；HRTEM 图（b）

10.6　样品电化学性能分析

图 10.7（a）是 $LiMn_{0.6}Fe_{0.4-x}V_xPO_4/C$ 材料 0.2C 倍率下首次放电比容量与钒离子掺杂量的关系图。如图所示，随着钒离子掺杂量的增加，材料 0.2C 倍率下首次放电比容量先升后降，当掺杂量 $x=0.05$ 时，样品具有最大的放电比容量。

图 10.7（b）为 $LiMn_{0.6}Fe_{0.4-x}V_xPO_4/C$ 样品 0.2C 倍率下的首次充放电曲线。四个样品均在 3.5V 和 4.0V 附近出现两个电压平台，分别对应 Fe^{3+}/Fe^{2+} 和 Mn^{3+}/Mn^{2+} 的氧化还原反应过程。LMFP-0、LMFP-3、LMFP-5 和 LMFP-7 样品的放电比容量分别为 149.9mA·h/g、154.3mA·h/g、158.5mA·h/g 和 156.1mA·h/g。LMFP-5 样品的放电比容量最高，这是由其较小的一次颗粒引起的。此外，当掺杂量 $x\leqslant0.05$ 时，随着掺杂量的增加，样品在 Mn 和 Fe 放电段具有更长的放电平台，放电平台的电压也随之升高，恒压充电平台长度随之缩短，这些都说明材料的极化在不断减小。当掺杂量 $x\leqslant0.05$ 时，随着掺杂量的增加，样品的库仑效率也提高，证明 $LiMn_{0.6}Fe_{0.35}V_{0.05}PO_4/C$ 具有优异的电化学性能。

图 10.7（c）显示了 LMFP-0、LMFP-3、LMFP-5 和 LMFP-7 样品的 dQ/dV 曲线。在 3.5V 附近的对称峰对应 Fe^{3+}/Fe^{2+} 的氧化还原反应，在 4.0V 附近的对称峰对应 Mn^{3+}/Mn^{2+} 的氧化还原反应。由图可见，LMFP-5 的氧化还原对称峰最尖锐，说明材料中有更多的锂离子参与充放电反应，导致 LMFP-5 较高的放电比容量。此外，LMFP-5 的氧化还原峰更对称，说明样品

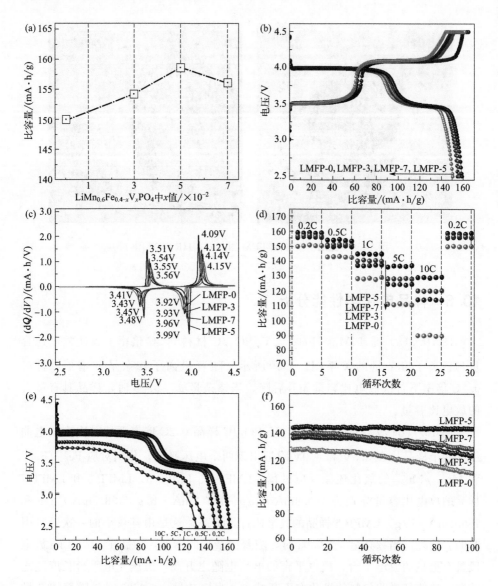

图 10.7　不同 V^{3+} 掺杂量 $LiMn_{0.6}Fe_{0.4-x}V_xPO_4$ 样品的电化学性能

（a）0.2C 倍率下首次放电比容量与掺杂量的变化关系图；（b）0.2C 倍率下首次充放电曲线；
（c）dQ/dV 曲线；（d）倍率性能曲线；（e）LMFP-5 样品不同倍率下的放电曲线；
（f）1C 倍率下的循环性能曲线

　　良好的充放电可逆性。而且，LMFP-5 具有最小的氧化还原电压差（锰和铁分别为 0.10V 和 0.03V），表明其极化最小。

　　图 10.7（d）比较了样品的倍率性能，在不同的充放电倍率下，LMFP-5

样品显示出比其他样品更高的放电比容量。即使在 10C 高倍率下，LMFP-5 材料仍具有 128.7mA·h/g 的放电比容量。当倍率从 0.2C 升至 10C，LMFP-0、LMFP-3、LMFP-5 和 LMFP-7 样品的放电比容量分别降低了 40.0%、26.8%、18.9% 和 23.4%。LMFP-5 表现出更好的倍率性能，这归因于电导率的提高和锂离子扩散距离的缩短。当电流回到 0.2C 时，LMFP-0、LMFP-3、LMFP-5 和 LMFP-7 样品的放电比容量分别为 149.2mA·h/g、154.9mA·h/g、158.2mA·h/g 和 155.8mA·h/g，说明样品在充放电中结构很稳定。综上所述，LMFP-5 样品表现出更优的倍率性能和结构稳定性。

为了进一步说明倍率性能，图 10.7(e) 给出了 LMFP-5 样品不同倍率下的放电曲线。随着倍率不断提高，在极化的作用下，锂离子的利用率不断下降，导致材料的放电比容量和电压平台不断下降。即使在 10C 高倍率下，仍可观察到 LMFP-5 电极较长的放电平台，表明材料有很高的电导率和 Li^+ 扩散效率。

图 10.7(f) 显示了样品 1C 倍率下的循环性能。由图可知，1C 倍率下 100 次循环后，LMFP-0 的放电比容量为 110.2mA·h/g，容量保持率为 86.3%；LMFP-3 的放电比容量为 123.5mA·h/g，容量保持率为 90.4%；LMFP-5 的放电比容量仍有 143.5mA·h/g，容量保持率高达 99.5%，几乎不衰减；LMFP-7 的放电比容量为 128.4mA·h/g，容量保持率为 92.1%。表明 LMFP-5 材料在循环过程中具有更好的结构稳定性。

为了研究 LMFP-0、LMFP-3、LMFP-5 和 LMFP-7 的电化学反应动力学，对四组电极进行了电化学阻抗谱（EIS）测试，所得 Nyquist 曲线如图 10.8(a) 所示。从图中可以看出，四组样品的 Nyquist 曲线均由中高频区半圆和低频区斜线组成。曲线在高频区与 Z' 轴的截距为电解液、电极材料和隔膜产生的欧姆电阻（R_s），中频区半圆代表电解质/电极界面处的电荷转移阻抗（R_{ct}），低频区斜线为 Warburg 阻抗（Z_w），与锂离子在电极材料内部的扩散有关。通过 ZView 软件基于图 10.8(c) 的等效电路进行拟合，可以得到 LMFP-0、LMFP-3、LMFP-5 和 LMFP-7 样品的 R_{ct} 值分别为 91.23Ω、64.55Ω、21.67Ω 和 42.42Ω（表 10.5）。很明显，LMFP-5 样品的电荷转移阻抗更低，表明适量钒离子掺杂可以提高材料的电子电导率。

另外，从图 10.8(b) 所示的 Z'-$\omega^{-1/2}$ 拟合直线的斜率获得 Warburg 系数 σ，再根据式(3.1)计算得出材料的锂离子扩散系数 D_{Li^+}，如表 10.5 所示。LMFP-0、LMFP-3、LMFP-5 和 LMFP-7 的 D_{Li^+} 分别为 $4.10\times10^{-14}\,cm^2/s$、$9.40\times10^{-14}\,cm^2/s$、$5.62\times10^{-13}\,cm^2/s$ 和 $2.11\times10^{-13}\,cm^2/s$。可见 LMFP-5

的 D_{Li^+} 更高，这归因于规则的小颗粒可缩短 Li^+ 扩散距离并提高材料的比表面积。但过量钒离子掺杂会造成晶格间距过窄，从而影响锂离子在 [010] 方向的扩散，这可能是 LMFP-7 锂离子扩散系数和电化学性能不及 LMFP-5 的原因。EIS 测试结果表明，$LiMn_{0.6}Fe_{0.35}V_{0.05}PO_4$ 具有最佳的电化学反应动力学，这也是其具有优异倍率性能和循环性能的原因。综上所述，LMFP-5 的本征电导率和锂离子扩散速率得到提升，因此最佳钒离子掺杂量确定为 $x=0.05$。

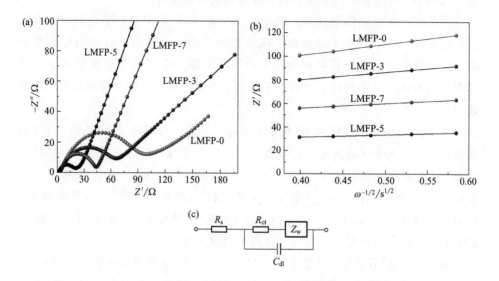

图 10.8　不同 V^{3+} 掺杂量 $LiMn_{0.6}Fe_{0.4-x}V_xPO_4/C$ 样品 Nyquist 图 （a）；
Z' 与 $\omega^{-1/2}$ 的关系曲线 （b）；等效电路图 （c）

表 10.5　不同 V^{3+} 掺杂量 $LiMn_{0.6}Fe_{0.4-x}V_xPO_4/C$ 样品的 R_{ct} 和 D_{Li^+} 值

样品	R_{ct}/Ω	$D_{Li^+}/(cm^2/s)$
LMFP-0	91.23	0.41×10^{-13}
LMFP-3	64.55	0.94×10^{-13}
LMFP-5	21.67	5.62×10^{-13}
LMFP-7	42.42	2.11×10^{-13}

10.7　本章小结

采用湿法球磨、喷雾干燥、高温煅烧相结合的方法成功合成了具有不同钒

离子掺杂量的 $LiMn_{0.6}Fe_{0.4-x}V_xPO_4/C$ 材料，系统研究了钒离子掺杂量对 $LiMn_{0.6}Fe_{0.4-x}V_xPO_4/C$ 材料结构、形貌和电化学性能的影响，进而确定最佳的钒离子掺杂量。主要结论如下：

① 钒离子掺杂并不改变 $LiMn_{0.6}Fe_{0.4}PO_4$ 的晶体结构。XRD 分析发现样品中并未出现杂质峰，说明钒离子掺杂材料具有很高的纯度。XPS 分析发现 V^{3+} 掺杂并不改变 Fe^{2+} 和 Mn^{2+} 的价态。

② 随着钒离子掺杂量的增加，$LiMn_{0.6}Fe_{0.4-x}V_xPO_4/C$ 材料的电导率不断提高，晶胞参数和晶体体积不断减小，从而缩短了锂离子的扩散路径，提升了锂离子的迁移效率，但是体积过小会影响 [010] 方向的锂离子扩散通道，不利于锂离子的迁移。

③ 钒离子掺杂改善了 $LiMn_{0.6}Fe_{0.4}PO_4$ 材料的电化学性能。确定了 $LiMn_{0.6}Fe_{0.4-x}V_xPO_4/C$ 材料的最佳 V^{3+} 掺杂量为 $x=0.05$。所得 $LiMn_{0.6}Fe_{0.35}V_{0.05}PO_4$ 样品表现出更优的倍率性能及循环性能，10C 放电比容量可达 128.7mA·h/g，1C 倍率下 100 次循环后的容量保持率为 99.5%。这得益于钒离子掺杂对材料锂离子扩散速率和电子电导率的提升。

参考文献

[1] Goonetilleke D, Faulkner T, Peterson V K, et al. Structural evidence for Mg-doped LiFePO₄ electrode polarisation in commercial Li-ion batteries. Journal of Power Sources, 2018, 394: 1-8.

[2] Li X, Yu L, Cui Y, et al. Enhanced properties of LiFePO₄/C cathode materials co-doped with V and F ions via high-temperature ball milling route. International Journal of Hydrogen Energy, 2019, 44 (50): 27204-27213.

[3] Kulka A, Braun A, Huang T W, et al. Evidence for Al doping in lithium sublattice of LiFePO₄. Solid State Ionics, 2015, 270: 33-38.

[4] Tu J, Wu K, Tang H, et al. Mg-Ti co-doping behavior of porous LiFePO₄ microspheres for high-rate lithium-ion batteries. Journal of Materials Chemistry A, 2017, 5 (32): 17021-17028.

[5] Patima N, Abliz Y, Kiminori I. Synthesis and optical-electrochemical gas sensing applications of Ni-doped LiFePO₄ nano-particles. New Journal of Chemistry, 2016, 40 (1): 295-301.

[6] Zhang L L, Liang G, Ignatov A, et al. Effect of vanadium incorporation on electrochemical performance of LiFePO₄ for lithium-ion batteries. The Journal of Physical Chemistry C, 2011, 115 (27): 13520-13527.

[7] Qin L, Xia Y, Cao H, et al. Synthesis and electrochemical performance of LiMnₓFe_y (V□)₁₋ₓ₋ᵧPO₄ cathode materials for lithium-ion batteries. Electrochimica Acta, 2016, 222: 1660-1667.

[8] Harrison K L, Bridges C A, Paranthaman M P, et al. Temperature dependence of aliovalent-vanadium doping in LiFePO₄ cathodes. Chemistry of Materials, 2013, 25 (5): 768-781.

［9］ Vásquez F A，Calderón J A. Vanadium doping of LiMnPO$_4$ cathode material: correlation between changes in the material lattice and the enhancement of the electrochemical performance. Electrochimica Acta，2019，325：134930.

［10］ Wu T，Liu J，Sun L，et al. V-insertion in Li（Fe，Mn）FePO$_4$. Journal of Power Sources，2018，383：133-143.

［11］ Ma J，Li B，Du H，et al. The effect of vanadium on physicochemical and electrochemical performances of LiFePO$_4$ cathode for lithium battery. Journal of the Electrochemical Society，2010，158（1）：A26-A32.

［12］ Cui K，Hu S C，Li Y，et al. Nitrogen-doped graphene nanosheets decorated Li$_3$V$_2$（PO$_4$）$_3$/C nanocrystals as high-rate and ultralong cycle-life cathode for lithium-ion batteries. Electrochimica Acta，2016，210：45-52.

［13］ Jiang S，Wang Y. Synthesis and characterization of vanadium-doped LiFePO$_4$@C electrode with excellent rate capability for lithium-ion batteries. Solid State Ionics，2019，335：97-102.

［14］ Zong J，Peng Q，Yu J，et al. Novel precursor of Mn［PO$_3$（OH）］·3H$_2$O for synthesizing LiMn$_{0.5}$Fe$_{0.5}$PO$_4$ cathode material. Journal of Power Sources，2013，228：214-219.

［15］ Lee J W，Park M S，Anass B，et al. Electrochemical lithiation and delithiation of LiMnPO$_4$：Effect of cation substitution. Electrochimica Acta，2010，55（13）：4162-4169.

［16］ Liu W，Zhang Y，Zhang L，et al. Effects of chelating agent and carbon source on the performances of LiMg$_{0.03}$Mn$_{0.97}$V$_{0.01}$P$_{0.99}$O$_4$/C composite cathode material. Materials Research Innovations，2014，18（5）：351-356.

［17］ Long Y F，Su J，Cui X R，et al. Enhanced rate performance of LiFePO$_4$/C by co-doping titanium and vanadium. Solid State Sciences，2015，48：104-111.

［18］ Chen M，Shao L L，Yang H B，et al. Vanadium-doping of LiFePO$_4$/carbon composite cathode materials synthesized with organophosphorus source. Electrochimica Acta，2015，167：278-286.

［19］ Gutierrez A，Qiao R，Wang L P，et al. High-capacity, aliovalently doped olivine LiMn$_{1-3x/2}$V$_x$□$_{x/2}$PO$_4$ cathodes without carbon coating. Chemistry of Materials，2014，26（9）：3018-3026.

［20］ Hong J，Wang X L，Wang Q，et al. Structure and electrochemistry of vanadium-modified LiFePO$_4$. The Journal of Physical Chemistry C，2012，116（39）：20787-20793.

第 11 章

镍离子掺杂量对磷酸锰铁锂材料性能的影响

11.1　引言

　　大量研究表明，阳离子掺杂可有效提高磷酸盐正极材料的本征电导率，其中镍离子掺杂被证实可提高磷酸盐材料的电化学性能。Liu 等人[1] 通过水热法合成了 $LiFe_{1-x}Ni_xPO_4/C$ 复合材料，5C 放电比容量可达 $122.9mA \cdot h/g$，10C 循环 200 次后的容量保持率为 93.9%。Wang 等人[2] 使用一种新型的非化学计量单锅逐级加料溶剂热法成功合成了镍掺杂 $LiMn_{0.8}Fe_{0.2}PO_4$ 纳米片，0.5C 下循环 200 次后的容量保持率为 94.1%。本章采用湿法球磨、喷雾干燥与碳热还原法相结合的方法来合成 $LiMn_{0.6}Fe_{0.4-x}Ni_xPO_4/C$ 材料，研究镍离子掺杂量对 $LiMn_{0.6}Fe_{0.4-x}Ni_xPO_4/C$ 材料结构、形貌和电化学性能的影响，进而确定最佳镍离子掺杂量。

11.2　样品制备

　　采用湿法球磨、喷雾干燥与碳热还原法相结合的方法来合成 $LiMn_{0.6}Fe_{0.4-x}Ni_xPO_4/C$ 材料。首先将铁源（$FePO_4$）、锰源（MnC_2O_4）、LiH_2PO_4、Li_2CO_3 以及 NiO 按照摩尔比 $4-x:6:0.6+x:2.2:x$（$x=0$、0.1、0.2、0.3）混合，以葡萄糖为碳源，添加量为原料总质量的 9%。将原料加入去离子水中达到 50% 的固含量。然后研磨浆料（0.6mm 锆球，球料比为 $5:1$），每 0.5h 取样一次，研磨 2.5h。使用去离子水将所得浆料固含量调节至 40%，以 $80mL/min$ 的速度导入喷雾干燥机中进行干燥。最后将干燥后的粉体转移到管式炉中，在氮气气氛下 700℃烧结 8h，自然冷却至室温，得到 $LiMn_{0.6}Fe_{0.4-x}Ni_xPO_4/C$ 正极材料。其中镍离子掺杂量 $x=0$、0.01、0.02、0.03 合成的样品为

$LiMn_{0.6}Fe_{0.4}PO_4/C$、 $LiMn_{0.6}Fe_{0.39}Ni_{0.01}PO_4/C$、 $LiMn_{0.6}Fe_{0.38}Ni_{0.02}PO_4/C$、
$LiMn_{0.6}Fe_{0.37}Ni_{0.03}PO_4/C$，分别命名为 N0、N1、N2、N3。

11.3 样品 XRD 分析

图 11.1 显示了 N0、N1、N2 和 N3 样品的 XRD 图谱。如图 11.1(a) 所示，
所有样品的衍射峰均与 Pnmb（62）空间群 $LiMnPO_4$（PDF♯77-0178）和 Pnma
（62）空间群 $LiFePO_4$（PDF♯81-1173）的标准衍射图谱相匹配。XRD 图中不存
在明显杂质峰，说明样品具有很高的纯度。其中 N2 样品的衍射峰最高最尖锐，
说明其结晶度最高。由于没有含镍杂相出现，说明镍离子成功掺入磷酸锰铁锂
晶格中。此外，所有样品的衍射峰相对于 $LiFePO_4$ 的标准衍射峰向低角度方向
偏移，相对于 $LiMnPO_4$ 的标准衍射峰向高角度方向偏移，这是由于 Fe^{2+} 的离子

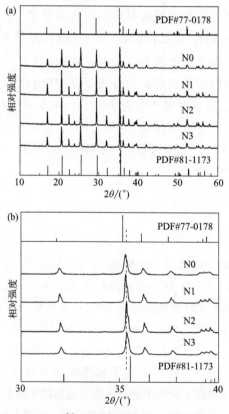

图 11.1 不同 Ni^{2+} 掺杂量 $LiMn_{0.6}Fe_{0.4-x}Ni_xPO_4/C$
样品的 XRD 图 （a）和局部放大图 （b）

半径小于 Mn^{2+} 的离子半径，表明所有样品都是 $LiMnPO_4$ 和 $LiFePO_4$ 的固溶体[3,4]。如图 11.1(b) 所示，样品的衍射峰随着 Ni^{2+} 掺杂量的增加逐渐向高角度方向偏移，这是 Ni^{2+} 半径较小导致晶格收缩。样品的晶胞参数列于表 11.1 中。可见，随着 Ni^{2+} 掺杂量的增加，晶胞参数逐渐减小。

表 11.1　不同 Ni^{2+} 掺杂量 $LiMn_{0.6}Fe_{0.4-x}Ni_xPO_4/C$ 样品的晶胞参数

样品	a/nm	b/nm	c/nm	V/nm^3
N0	0.6543	1.0335	0.4998	0.3384
N1	0.6098	1.0316	0.4789	0.3013
N2	0.6087	1.0298	0.4777	0.2994
N3	0.6078	1.0279	0.4769	0.2979

11.4　样品表面元素分析

为了进一步证明镍离子的掺杂量，对样品进行了 ICP-OES 分析，结果如表 11.2 所示。由表可知，不同 Ni^{2+} 掺杂量样品的元素比例与理论值很接近，表明 Ni^{2+} 以既定含量掺入 $LiMn_{0.6}Fe_{0.4}PO_4/C$ 材料中。

表 11.2　不同 Ni^{2+} 掺杂量 $LiMn_{0.6}Fe_{0.4-x}Ni_xPO_4/C$ 样品的元素组成

样品	Li	Mn	Fe	Ni	P
N0	1.019	0.594	0.401	—	1.017
N1	1.024	0.610	0.396	0.012	1.021
N2	1.010	0.606	0.387	0.022	1.026
N2	1.021	0.596	0.379	0.031	1.019

对 N2 样品进行了 XPS 分析，以确定其表面元素的价态，所得 Fe 2p、Mn 2p、Ni 2p XPS 谱图如图 11.2 所示。从图 11.2(b) 的 Mn 2p XPS 谱图可以观察到，约 653.98eV 处的峰值对应 Mn^{2+} 的 Mn $2p_{1/2}$ 状态，约 640.32eV 处的峰值对应 Mn^{2+} 的 Mn $2p_{3/2}$ 状态[5,6]。图 11.2(a) 的 Fe 2p XPS 谱图包括位于约 710.4eV 和约 723.5eV 的两个峰值，分别对应 Fe^{2+} $2p_{3/2}$ 和 Fe^{2+} $2p_{1/2}$[7]。在图 11.2(c) 的 Ni 2p XPS 谱图中，结合能约 854.7eV 的 Ni $2p_{3/2}$ 峰和约 871.2eV 的 Ni $2p_{1/2}$ 峰表明 Ni^{2+} 的存在，这与 NiO 的 XPS 峰值相一致[8]。在约 856.0eV 处的 Ni $2p_{3/2}$ 的窄峰可能代表 Ni^{2+} 和 Ni^{3+} 信号的叠加，因此材料中可能存在微量的 Ni^{3+}[9]。微量 Ni^{3+} 的存在可能是由合成过程中 Ni^{2+} 被氧化造成的。

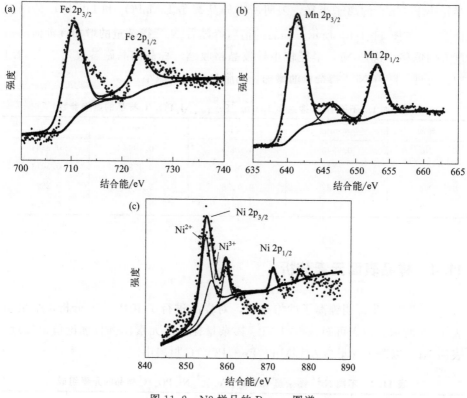

图 11.2　N2 样品的 Raman 图谱

11.5　样品形貌分析

样品的微观形貌通过扫描电子显微镜（SEM）进行观察。如图 11.3 所示，可以看出，样品为由细小一次颗粒组成的直径 $6\sim8\mu m$ 的球形二次颗粒。从图 11.3(a)、图 11.3(b) 可以看到，N0 样品一次颗粒直径为 $200\sim300nm$，二次颗粒表面粗糙，较大的一次颗粒使锂离子扩散路径变长，极化增大，不利于材料的电化学性能。从图 11.3(c)、图 11.3(d) 可以看到，N1 样品的一次颗粒大小不均匀，直径在 $60\sim300nm$ 之间，二次颗粒粗糙度下降，少量镍离子掺杂后部分颗粒粒径明显减小，但由于掺杂量不足，大小颗粒分布严重不匀，许多小颗粒团聚在一起，从而影响了材料的电化学性能。从图 11.3(e)、图 11.3(f) 可以看到，N2 样品具有最好的微观形貌，一次颗粒分布均匀，直径在 $60\sim200nm$ 之间，二次颗粒表面光滑，球形度好。N2 样品均匀细小的一次颗粒有利于缩短 Li^+ 的扩散距离，二次颗粒光滑的表面以及良好的球形度有利于提高材料的振实密度。如图 11.3(g)、图 11.3(h) 所示，N3 样品的一次颗粒直径在 60~150nm 之间。虽然与 N2 样品相比，颗粒大小有所减小，但小颗粒团聚严重，导致二次颗粒表面粗糙。

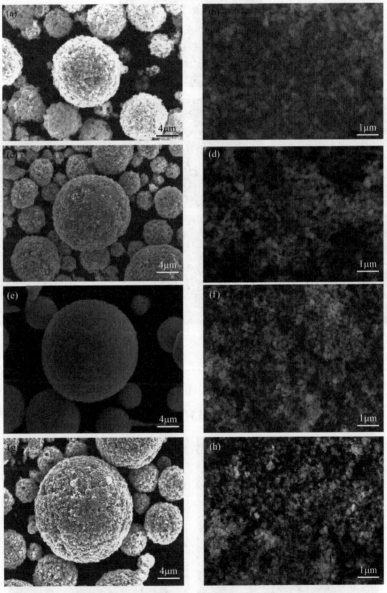

图 11.3　不同 Ni^{2+} 掺杂量 $LiMn_{0.6}Fe_{0.4-x}Ni_xPO_4/C$ 样品的 SEM 图

(a)、(b) N0；(c)、(d) N1；(e)、(f) N2；(g)、(h) N3

图 11.4 为 N2 样品的 EDS 能谱图。由图可见，C、Fe、Mn、Ni、P 和 O 等元素均匀分布在 N2 样品表面，说明 Ni^{2+} 成功掺杂到磷酸锰铁锂中。

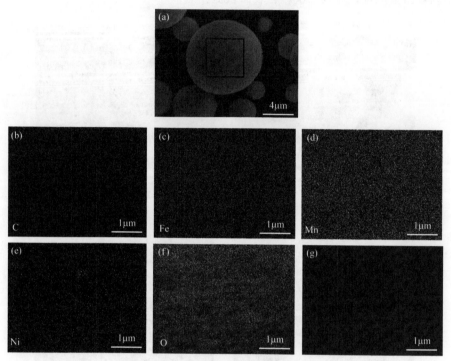

图 11.4　N2 样品的 EDS 能谱图

使用 HRTEM 进一步观察 N2 样品的颗粒形貌及碳包覆情况，如图 11.5 所示。从图 11.5(a) 中可以看到，类球形磷酸锰铁锂一次颗粒表

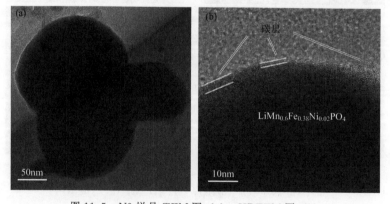

图 11.5　N2 样品 TEM 图（a）；HRTEM 图（b）

面包覆着碳层，一次颗粒之间还通过络合状的碳结构相连。碳层和络合状碳结构的存在能有效提高磷酸锰铁锂材料的电导率。从图 11.5（b）的 HRTEM 图像可以看到，磷酸锰铁锂颗粒表面的碳包覆层分布不均匀，部分碳层为延伸出的络合态，这种包覆碳结构具备很高的比表面积，会影响材料的压实密度。

11.6　样品物理性能分析

表 11.3 列出了四组样品的比表面积。由表可见，随着镍离子掺杂量的增加，样品的比表面积随着颗粒的减小而增大。随着镍离子掺杂量的增加，产生晶格畸变的晶粒增多，而晶格畸变的产生可有效抑制晶粒的生长，因此掺杂量最高的 N3 样品具有最多的小晶粒，使其具有最大的比表面积。但值得注意的是，虽然掺杂量的间隔是相同的，但 N3 与 N2 样品之间的比表面积差异明显小于 N1 与 N0 样品以及 N2 与 N1 样品之间的比表面积差异，这与 N3 样品颗粒间的团聚有关，团聚增加会减小材料的比表面积。

表 11.3　不同 Ni^{2+} 掺杂量 $LiMn_{0.6}Fe_{0.4-x}Ni_xPO_4/C$ 样品的电子电导率、比表面积和振实密度

样品	比表面积/(m^2/g)	电子电导率/(S/cm)	振实密度/(g/cm^3)
N0	14.156	2.2×10^{-3}	1.23
N1	17.387	8.6×10^{-3}	1.34
N2	18.464	4.5×10^{-2}	1.52
N3	18.568	5.9×10^{-3}	1.44

表 11.3 也列出了四组样品的电导率值。可以看出，随着镍离子掺杂量的增加，样品的电导率均有所提高，其中 N2 样品的电导率最高，为 4.5×10^{-2} S/cm。相比之下，N3 样品的电导率有所下降，这可能与材料的结晶度有关。适量镍离子掺杂可提高材料的结晶度，进而提高材料的电导率，而过量镍离子掺杂会导致结晶度变差，从而影响材料的电子传导性。

从表 11.3 中的振实密度数值可以看出，N2 样品的振实密度最高。虽然 N0 样品的一次颗粒较大，但一次颗粒排列疏松，二次颗粒表面粗糙，导致振实密度最低。N1 和 N3 样品由于二次颗粒表面粗糙，相对于 N2 样品压实密度有所降低。N2 样品一次颗粒排列紧密且有序，二次颗粒光滑的表面以及良好的球形度均有利于振实密度的提高[10]。

11.7 材料电化学性能分析

图 11.6(a) 显示了四个样品 0.2C 倍率下的首次充放电曲线。由图可见,所有样品在 3.5V 和 4.0V 左右均有两个典型的电压平台,分别对应 Fe^{3+}/Fe^{2+} 和 Mn^{3+}/Mn^{2+} 的氧化还原反应[11,12]。Fe^{3+}/Fe^{2+} 在 3.5V 左右的电压平台比 $LiFePO_4$ 高,Mn^{3+}/Mn^{2+} 在 4.0V 的电压平台比 $LiMnPO_4$ 低。N2 样品具有最高的放电比容量 159.3mA·h/g,N0、N1 和 N3 样品的放电比容量分别为 147.6mA·h/g、153.2mA·h/g 和 149.4mA·h/g,过量镍离子掺杂可能导致样品结构稳定性变差、活性材料利用率降低,从而造成 N3 样品放电比容量下降。

图 11.6(b) 显示了四个样品的 dQ/dV 曲线。3.5V 和 4.0V 的两个阳极峰

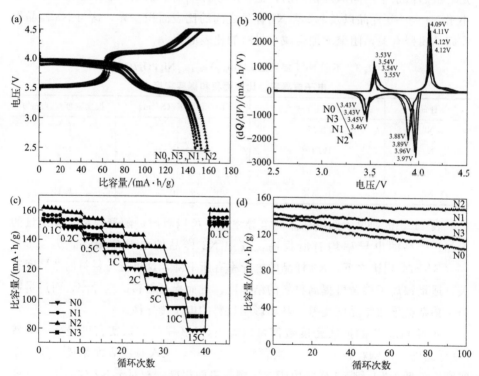

图 11.6 不同 Ni^{2+} 掺杂量 $LiMn_{0.6}Fe_{0.4-x}Ni_xPO_4/C$ 样品的电化学性能

(a) 0.2C 倍率下首次充放电曲线;(b) dQ/dV 曲线;

(c) 倍率性能曲线;(d) 1C 倍率下循环性能曲线

和两个阴极峰分别代表 Li^+ 的嵌入和脱出；3.5V 的峰代表 Fe^{3+}/Fe^{2+} 的氧化还原反应，4.0V 的峰代表 Mn^{3+}/Mn^{2+} 的氧化还原反应。N2 样品的峰最强，氧化还原电位差最小，Mn^{3+}/Mn^{2+} 和 Fe^{3+}/Fe^{2+} 的电压差分别为 0.12V 和 0.09V，表明适量镍离子掺杂可有效降低电极极化。相反，虽然 N3 样品的晶胞参数较小，但由此产生的过大的接触面积会引起更多的副反应，导致极化增大。

　　图 11.6(c) 显示了四组样品在 0.1C～15C 的倍率性能。在四个样品中，N2 在 2C、5C、10C 和 15C 下可提供 143.5mA·h/g、135.7mA·h/g、125.1mA·h/g 和 115.4mA·h/g 的放电比容量，较其他样品具有更高的放电比容量。从 0.1C～15C，N2 样品的放电比容量损失率为 28.68%，而 N0、N1、N3 的损失率分别为 48.04%、35.72% 和 42.33%，表明适量 Ni^{2+} 掺杂有利于形成锂离子快速扩散通道，从而保证高倍率下锂离子的快速扩散。而过量镍离子掺杂不利于锂离子扩散，倍率性能变差。

　　图 11.6(d) 显示了四个样品在 1C 倍率下的循环曲线。N2 样品在 1C 倍率下的初始比容量为 149.8mA·h/g，100 次循环后的比容量为 147.3mA·h/g，容量保持率为 98.3%。N0、N1 和 N3 样品在 100 次循环后的比容量分别为 131.4mA·h/g、142.3mA·h/g 和 136.4mA·h/g，容量保持率分别为 80.2%、92.8% 和 83.9%。

　　为了进一步研究适量镍离子掺杂对 $LiMn_{0.6}Fe_{0.4-x}Ni_xPO_4/C$ 材料电化学性能的影响，进行了 EIS 分析。图 11.7(a) 为四组样品的 Nyquist 曲线。四组曲线均包括中高频区半圆和低频区斜线，其中曲线在高频区与 Z' 轴的截距为

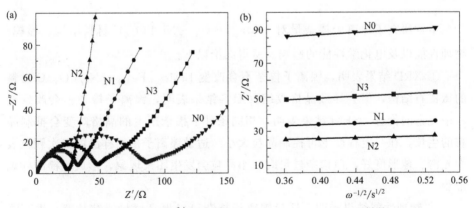

图 11.7　不同 Ni^{2+} 掺杂量 $LiMn_{0.6}Fe_{0.4-x}Ni_xPO_4/C$ 样品
Nyquist 曲线（a）；Z' 与 $\omega^{-1/2}$ 的关系曲线（b）

电解液、电极材料和隔膜产生的欧姆电阻（R_s），中频区半圆代表电解质/电极界面处的电荷转移阻抗（R_{ct}），低频区斜线为 Warburg 阻抗（Z_w），与锂离子在电极材料内部的扩散有关[13,14]。如表 11.4 所示，N2 在所有样品中具有最小的电荷转移阻抗（25.15Ω），表明其具有最好的电荷传输能力，与其最佳的倍率性能一致。

表 11.4　不同 Ni^{2+} 掺杂量 $LiMn_{0.6}Fe_{0.4-x}Ni_xPO_4/C$ 样品的 R_{ct}、σ 和 D_{Li^+} 值

样品	R_{ct}/Ω	$\sigma/(\Omega \cdot s^{1/2})$	$D_{Li^+}/(cm^2/s)$
N0	86.05	45.77	7.4×10^{-14}
N1	33.37	15.81	6.2×10^{-13}
N2	25.15	13.67	8.3×10^{-13}
N3	48.91	25.42	2.4×10^{-13}

根据图 11.7(b) 中 Z' 与 $\omega^{-1/2}$ 拟合直线的斜率求得 Warburg 系数 σ，进而通过式（3.1）计算出 N0、N1、N2 和 N3 样品的 Li^+ 扩散系数 D_{Li^+}，如表 11.4 所示。由表可知，N0、N1、N2、N3 样品的锂离子扩散系数分别为 7.4×10^{-14} cm²/s、6.2×10^{-13} cm²/s、8.3×10^{-13} cm²/s 和 2.4×10^{-13} cm²/s。可见 N2 样品的锂离子扩散系数最高，可能是由于镍在铁位掺杂引起的晶格畸变抑制了晶粒生长，将晶粒大小控制在最合适的尺寸。高的扩散系数代表锂离子更容易嵌入和脱出，从而使 N2 样品表现出最佳的倍率性能。

11.8　本章小结

本章研究了镍离子掺杂量对 $LiMn_{0.6}Fe_{0.4-x}Ni_xPO_4/C$ 材料结构、形貌、物理性能以及电化学性能的影响。所得结论以下：

① XRD 结果表明，镍离子掺杂不会改变 $LiMn_{0.6}Fe_{0.4-x}Ni_xPO_4/C$ 材料的橄榄石结构，但会导致晶格收缩。XPS 结果表明，镍离子掺杂不会改变材料中元素的价态。SEM 结果表明，相同条件下掺杂产生的晶格畸变会抑制晶粒的生长，在一定程度上可控制晶粒大小。适量镍离子掺杂样品的二次颗粒表面光滑、球形度好，但掺杂过量时，小晶粒会发生团聚现象，形成粗糙的外观形貌。

② 物理性能结果表明，适量镍离子掺杂可以提高材料的结晶度，进而提升材料的电导率。由于相同条件下掺杂产生的晶格畸变可以抑制晶粒的生长，因此随着掺杂量的增加，晶粒尺寸减小，比表面积增大，但过量掺杂所形成的

小颗粒团聚现象会抑制比表面积的增大。适量掺杂形成的表面光滑、球形度好的二次颗粒可有效提高材料的振实密度。

③ 适量镍离子掺杂对材料形貌及物理性能的改变可有效提高材料的电子电导率和锂离子扩散速率，使电池表现出更高的放电比容量和优异的倍率性能，适量掺杂样品较其他样品具有更好的循环性能。

④ $LiMn_{0.6}Fe_{0.4-x}Ni_xPO_4/C$ 样品的最佳镍离子掺杂量确定为 $x = 0.02$。不过该样品仍具有一定的缺点，较大的比表面积导致材料的加工性能较差，不利于材料的实际应用；掺杂所导致的晶格畸变使材料的稳定性变差，不利于长时间循环。

参考文献

[1]　Liu Y，Gu Y J，Luo G Y，et al. Ni-doped LiFePO$_4$/C as high-performance cathode composites for Li-ion batteries. Ceramics International，2020，46（10）：14857-14863.

[2]　Wang Y，Yang H，Wu C Y，et al. Facile and controllable one-pot synthesis of nickel-doped LiMn$_{0.8}$Fe$_{0.2}$PO$_4$ nanosheets as high performance cathode materials for lithium-ion batteries. Journal of Materials Chemistry A，2017，5（35）：18674-18683.

[3]　Zoller F，Böhm D，Luxa J，et al. Freestanding LiFe$_{0.2}$Mn$_{0.8}$PO$_4$/rGO nanocomposites as high energy density fast charging cathodes for lithium-ion batteries. Materials Today Energy，2020，16：100416.

[4]　Zhou X，Deng Y，Wan L，et al. A surfactant-assisted synthesis route for scalable preparation of high performance of LiFe$_{0.15}$Mn$_{0.85}$PO$_4$/C cathode using bimetallic precursor. Journal of Power Sources，2014，265：223-230.

[5]　Vásquez F A，Calderón J A. Vanadium doping of LiMnPO$_4$ cathode material：correlation between changes in the material lattice and the enhancement of the electrochemical performance. Electrochimica Acta，2019，325：134930.

[6]　Yang H，Fu C，Sun Y，et al. Fe-doped LiMnPO$_4$@C nanofibers with high Li-ion diffusion coefficient. Carbon，2020，158：102-109.

[7]　Li M，Wang J，Guo X，et al. Structural engineering of Fe-doped Ni$_2$P nanosheets arrays for enhancing bifunctional electrocatalysis towards overall water splitting. Applied Surface Science，2021，536：147909.

[8]　Zhang Z，Li Q，Li Z，et al. Partially reducing reaction tailored mesoporous 3D carbon coated NiCo-NiCoO$_2$/carbon xerogel hybrids as anode materials for lithium ion battery with enhanced electrochemical performance. Electrochimica Acta，2016，203：117-127.

[9]　Li J，Zhang M，Zhang D，et al. An effective doping strategy to improve the cyclic stability and rate capability of Ni-rich LiNi$_{0.8}$Co$_{0.1}$Mn$_{0.1}$O$_2$ cathode. Chemical Engineering Journal，2020，402：126195.

[10] Jin Y，Tang X，Wang Y，et al. High-tap density LiFePO$_4$ microsphere developed by combined computational and experimental approaches. Cryst Eng Comm，2018，20（42）：6695-6703.

[11] Zhu C，Wu Z，Xie J，et al. Solvothermal-assisted morphology evolution of nanostructured LiMnPO$_4$ as high-performance lithium-ion batteries cathode. Journal of Materials Science & Technology，2018，34（9）：1544-1549.

[12] Huang Y H，Goodenough J B. High-rate LiFePO$_4$ lithium rechargeable battery promoted by electrochemically active polymers. Chemistry of Materials，2008，20（23）：7237-7241.

[13] Jegal J P，Kim K B. Carbon nanotube-embedding LiFePO$_4$ as a cathode material for high rate lithium ion batteries. Journal of Power Sources，2013，243：859-864.

[14] Lei X，Zhang H，Chen Y，et al. A three-dimensional LiFePO$_4$/carbon nanotubes/graphene composite as a cathode material for lithium-ion batteries with superior high-rate performance. Journal of Alloys and Compounds，2015，626：280-286.

第12章

复合碳源包覆结合镍离子掺杂改性磷酸锰铁锂材料的研究

12.1 引言

第9章研究了通过复合碳源二次包覆、二次烧结的方法合成高压实密度磷酸锰铁锂正极材料，但是二次烧结会造成部分晶粒过度长大，从而影响粒度级配和锂离子扩散，进而限制了压实密度和电化学性能的提升。

第11章研究发现，适量镍掺杂可提高材料的电导率，且相同条件下掺杂所产生的晶格畸变可有效抑制晶粒生长，改善粒度级配，缩短锂离子扩散路径，因此，$LiMn_{0.6}Fe_{0.38}Ni_{0.02}PO_4/C$（N2）样品表现出优异的倍率性能。但是较小的晶粒和较大的比表面积会使材料的加工性能变差，掺杂导致的晶格畸变一定程度上也限制了材料的循环性能。

本章将第9章中的复合碳源包覆与第11章中的镍掺杂两种改性方法结合，以期同时提高磷酸锰铁锂材料的电子电导率和锂离子扩散速率，并与第9章中的 LMFP-CNT-P 样品和第11章中的 N2 样品在物相、形貌、物理性能、加工性能以及电化学性能等方面进行比较，并测试 14500 圆柱电池性能。

12.2 样品制备

将铁源（$FePO_4$）、锰源（MnC_2O_4）、LiH_2PO_4、Li_2CO_3 以及 NiO 按照摩尔比 3.8∶6∶0.8∶2.2∶0.2 比例（与 N2 组成相同）混合。与 LMFP-CNT-P 样品合成流程相同，将葡萄糖∶碳纳米管＝5∶1（质量比）作为一次包覆碳源，一次包覆碳源占原料总质量的 5.4%；将煅烧后的材料与作为二次碳源的 PVA（原料质量的 3.6%）溶于去离子水中，超声分散 1h 后抽滤，在烘箱中 120℃ 干燥 4h；将干燥好的混合物再次在氮气气氛下进行烧结，先以 5℃/min 的速率升至 350℃ 烧结 1h，再以 15℃/min 的速率升至 740℃ 烧结 4h，冷却至室温，所得产物命名为 C-L-N。

将 C-L-N 材料与第 9 章中的 LMFP-CNT-P 材料（复合碳源包覆材料）和第 11 章中的 N2 材料（镍掺杂 $LiMn_{0.6}Fe_{0.38}Ni_{0.02}PO_4/C$）进行性能对比分析。

12.3 样品 XRD 分析

对镍掺杂和复合碳源包覆的 C-L-N 样品进行 XRD 分析，并与镍掺杂 N2 样品和复合碳源包覆 LMFP-CNT-P 样品进行对比，如图 12.1 所示，三组样品均为有序橄榄石结构，为正交晶系 Pnma（62）空间群。样品的衍射峰较磷酸铁锂标准卡片（PDF♯81-1173）向低角度方向偏移，较磷酸锰锂标准卡片（PDF♯77-0178）向高角度方向偏移，说明 C-L-N 样品为磷酸铁锂与磷酸锰锂的固溶体[1,2]。同时 N2 与 C-L-N 样品由于镍掺杂的缘故，相比 LMFP-CNT-P 样品向高角度方向偏移，说明 Ni 成功掺入磷酸锰铁锂晶格中。此外，XRD 图谱中并未出现其他杂峰，说明样品具有很高的纯度且镍全部掺杂到晶格中，无其他含镍物质生成。C-L-N 样品与 LMFP-CNT-P 样品由于二次烧结具有比 N2 样品更高的结晶度。XRD 图中并未检测到碳的衍射峰，说明碳以无定形形式存在。

表 12.1 列出了三组样品的晶胞参数。由表可知，N2 样品和 C-L-N 样品

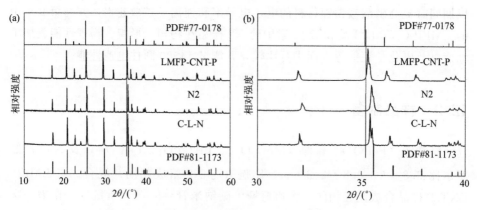

图 12.1　三组样品的 XRD 图（a）和局部放大图（b）

由于镍掺杂出现晶格收缩导致晶胞参数明显低于 LMFP-CNT-P 样品，较小的晶胞体积更有利于锂离子的扩散。

表 12.1　三组样品的晶胞参数

样品	a/nm	b/nm	c/nm	V/nm^3
LMFP-CNT-P	0.6538	1.0329	0.4987	0.3368
N2	0.6087	1.0298	0.4777	0.2994
C-L-N	0.6103	1.0303	0.4786	0.3009

12.4　样品 FT-IR 分析

图 12.2 为三组样品的 FT-IR 图谱。由图可见，三组样品在 $900\sim1200cm^{-1}$ 范围内有多处强吸收峰，分别对应 P—O 键的对称伸缩振动（v_2）和反对称伸缩振动（v_3）。由于 PO_4 四面体与 FeO_6 和 LiO_6 八面体共点或共边，P—O 键的振动与周围的锂离子和铁离子有一定关联，因此 $1000cm^{-1}$ 附近吸收带的振动可以用来表征橄榄石结构材料中的反位缺陷。由于 Fe^{2+} 半径与 Li^+ 半径相近，Fe_{Li} 反位缺陷浓度可以影响橄榄石结构中 P—O 键的振动。图 12.2（b）为 $900\sim1000cm^{-1}$ 范围的放大图，由图可以观察到，相对于 LMFP-CNT-P 样品（$959cm^{-1}$），N2 样品（$939cm^{-1}$）和 C-L-N 样品（$942cm^{-1}$）在 $1000cm^{-1}$ 附近发生了偏移，这主要是由反位缺陷浓度降低造成的。用离子半径较小的 Ni^{2+} 替代 Fe^{2+} 来增大离子半径差，从而增加形成缺陷所需要的应变能，使反位缺陷的形成能增加，从而达到降低反位缺陷浓度的目的，这也证明了 Ni^{2+} 成功掺杂到磷酸锰铁锂材料中。

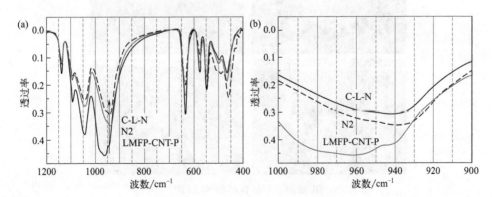

图 12.2　三组样品的 FT-IR 图谱

12.5 样品形貌分析

三组样品的微观形貌如图 12.3 所示。由图可见，C-L-N 样品具有与 LMFP-CNT-P 样品相似的二次球形结构，直径 6～10μm。此外，C-L-N 样品表面与 N2 样品表面同样均匀，且球形度好，表面没有像 LMFP-CNT-P 样品那种过度长大的颗粒，这归因于 Ni^{2+} 掺杂引起的晶格畸变抑制了二次烧结过程中部分晶粒的过度生长，进而形成了球形度好且表面均匀光滑的二次球形颗粒[3]。对二次颗粒表面进行观察可以发现，C-L-N 样品一次颗粒粒径为 60～200nm，与 LMFP-CNT-P 外层的壳状结构一样具有致密的结构，且磷酸锰铁锂颗粒间有网状碳结构相连〔见图 12.3(f) 放大图〕。

C-L-N 样品的 TEM 图像如图 12.4(c) 所示。由图可见，样品由不规则的片状颗粒和球形度极好的球形颗粒组成，片状颗粒大小为 60～80nm，表面有

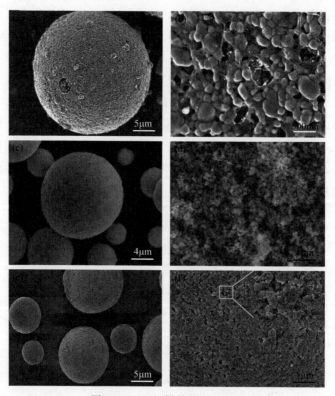

图 12.3　三组样品的 SEM 图

(a)、(b) LMFP-CNT-P；(c)、(d) N2；(e)、(f) C-L-N

均匀的碳包覆层；球形颗粒的粒径为 40～70nm，表面也有碳包覆层，且颗粒间有碳纳米管相连。通过与 C-L-N 样品的 SEM 图对比可以看出，二次颗粒表层为不规则的片状结构，因此可以推断出：C-L-N 样品与 LMFP-CNT-P 一样为核壳结构，C-L-N 内部为疏松多孔的核状结构，一次颗粒为规则的球形；表层为壳状结构，一次颗粒多为不规则的片状结构。造成这种形貌的主要原因是二次包覆过程中，二次包覆的碳源并未完全渗入二次球形颗粒中，当进行二次烧结时，表面二次包覆的碳源会成为新的晶体生长位点，使得晶粒二次生长，外层的碳包覆层也会抑制晶粒纵向生长，从而形成由不规则片状一次颗粒组成的致密壳状结构；而二次颗粒内部由于二次包覆碳源较少，当进行二次烧结时晶粒具有较少的新的晶体生长位点，故晶粒在原有晶粒基础上均匀生长，形成规则的球状结构。

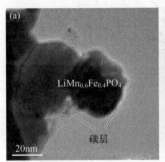 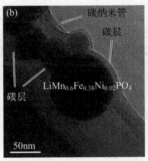 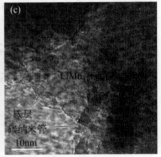

图 12.4　三组样品的 TEM 图

(a) LMFP-CNT-P；(b) N2；(c) C-L-N

12.6　样品物理性能分析

三组样品的 N_2 吸附-解吸等温线如图 12.5(a) 所示。由图可见，三组样品均为典型的具有 H2 型迟滞环的 IV 型等温线，表明 C-L-N 样品与 N2 和 LMFP-CNT-P 样品一样都是介孔结构，图 12.5(b) 的孔径分布同样可以证明这一点。N2 样品具有最高的氮气吸附量，而 LMFP-CNT P 样品由于二次烧结形成了致密的结构，因此氮气吸附量最低。C-L-N 样品虽然在二次包覆与二次烧结过程中形成了致密的表层壳状结构，但其较小的一次颗粒能形成更多的空隙，因此具有比 LMFP-CNT-P 样品更高的氮气吸附量。C-L-N 样品的孔径分布同样与 LMFP-CNT-P 样品相似，具有两个峰值，说明 C-L-N 样品二次颗粒表面与内部的孔径大小不一致，从侧面证明了其拥有与 LMFP-CNT-P 样品一样的核壳结构。根据 SEM（图 12.3）可以看出，C-L-N 样品表面比 LMFP-CNT-P 更加致密，说明其孔径更小，因此 C-L-N 样品的第一个峰值比 LMFP-CNT-P 样品高，而第二个峰值所对应的孔径更小。

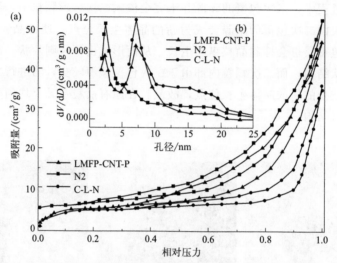

图 12.5　三组样品的 N_2 吸附-解吸等温线（a）；孔径分布曲线（b）

　　三组样品的比表面积如表 12.2 所示，N2 样品具有最大的比表面积（18.464 m^2/g），这种大比表面积材料通常具有较好的电化学性能，但在极片制作过程中，大比表面积会使颗粒发生团聚，不利于材料的加工。因此将 LMFP-CNT-P 样品（比表面积 12.975 m^2/g）的包覆方法运用到 N2 样品上以获得比表面积较小的 C-L-N 样品（比表面积 14.324 m^2/g），这样 C-L-N 样品在保证较好电化学性能的同时，改善了材料的加工性能。比表面积不仅与晶粒的大小有关，还与碳含量以及包覆碳的类型有关，较高的碳含量会增加材料的比表面积，因此在不影响电导率的前提下降低碳含量是一种行之有效的措施。表 12.2 列出了三组样品的碳含量，可以发现 C-L-N 和 LMFP-CNT-P 样品的碳含量明显低于 N2 样品，虽然 LMFP-CNT-P 样品的电导率（3.7×10^{-3} S/cm）较低，但 C-L-N 的电导率（4.3×10^{-2} S/cm）略低于 N2 样品（4.5×10^{-2} S/cm），说明 N2 样品电导率高于 LMFP-CNT-P 样品，这是由于镍掺杂提高了材料的本征电导率，两种方法结合后制备的样品仍保持较高的电子电导率。

表 12.2　三组样品的电子电导率、碳含量和比表面积

样品	电子电导率/(S/cm)	碳含量(质量分数)/%	比表面积/(m²/g)
LMFP-CNT-P	3.7×10^{-3}	1.915	12.975
N2	4.5×10^{-2}	2.137	18.464
C-L-N	4.3×10^{-2}	1.921	14.324

12.7　样品电化学性能分析

三组样品 0.2C 倍率下的首次充放电曲线如图 12.6(a) 所示。由图可知，C-L-N 样品和 N2、LMFP-CNT-P 样品一样具有代表 Fe^{3+}/Fe^{2+} 和 Mn^{3+}/Mn^{2+} 氧化还原反应的特征平台，分别位于 3.5V 和 4.0V 左右[4,5]。C-L-N 样品在 0.2C 倍率下的首次放电比容量为 157.6mA·h/g，首次库仑效率为 97.6%。C-L-N 样品相比 LMFP-CNT-P 样品在比容量与库仑效率方面均有明显提升，这归因于其较小的一次颗粒粒径产生了更多的空隙，有利于电解液的

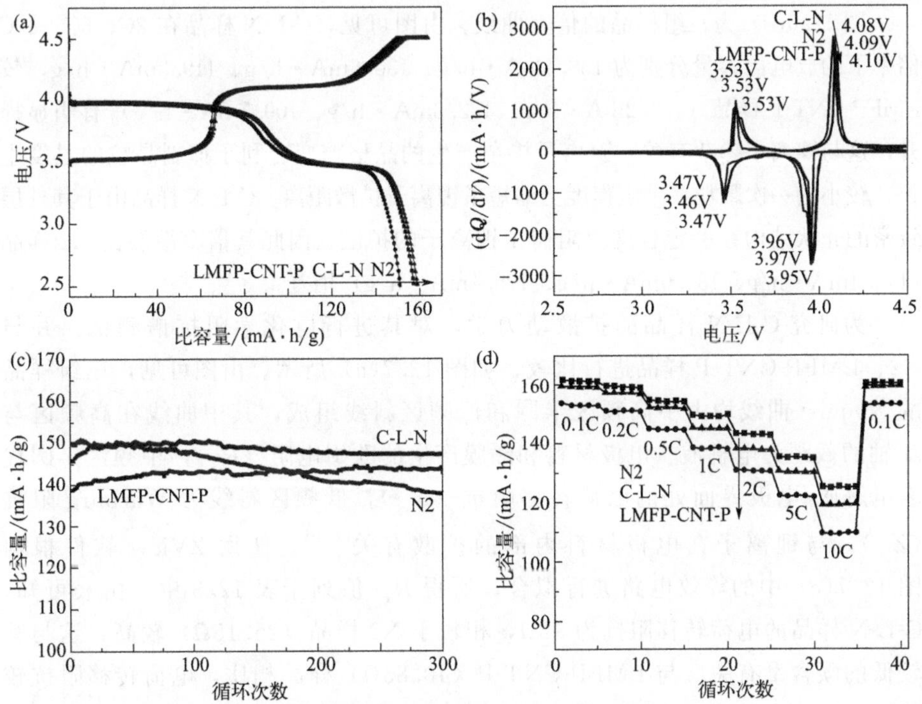

图 12.6　三组样品的电化学性能

(a) 0.2C 倍率下首次充放电曲线；(b) dQ/dV 曲线；(c) 1C 倍率下循环性能曲线；(d) 倍率曲线

充分渗透和锂离子的扩散。

图 12.6(b) 为三组样品的 dQ/dV 曲线。由图可知，N2 样品具有最高的峰值，说明该样品有最多的锂离子参与了氧化还原反应。通过对氧化还原电位差的比较可以判断样品的极化程度，其中 C-L-N 样品位于 Fe^{3+}/Fe^{2+} 氧化还原反应段的电位差为 0.06V，Mn^{3+}/Mn^{2+} 氧化还原反应段的电位差为 0.13V，略低于 LMFP-CNT-P 样品的电位差（0.06V，0.14V），与 N2 样品的电位差（0.07V，0.12V）相近，这归因于两种改性手段在一定程度上提高了 C-L-N 样品的电子电导率和锂离子扩散速率。

图 12.6(c) 为三组样品 1C 倍率下的循环性能曲线。由图可知，N2、C-L-N、LMFP-CNT-P 样品的容量保持率分别为 91.98%、100.94%、102.9%，C-L-N 样品与 LMFP-CNT-P 样品表现出优异的循环性能，经过 300 次循环后比容量不减反增，这与其核壳结构有关。循环开始时由于表层致密的壳状结构电解液未能充分浸润，因此初始放电比容量较低；二次烧结提高了材料的结晶度，使锂离子在反复嵌入脱出过程中保持稳定结构，随着循环的进行与电解液的充分浸润，比容量经过 300 次循环后反而有所增加。而 N2 样品由于掺杂引起的晶格畸变，样品结晶度较差，其循环可逆性较其他两组样品变差。

图 12.6(d) 为三组样品的倍率曲线。由图可见，C-L-N 样品在 2C、5C、10C 倍率下的放电比容量分别为 138.4mA·h/g、130.6mA·h/g、119.3mA·h/g，较 LMFP-CNT-P 样品（131.2mA·h/g、122.3mA·h/g、109.7mA·h/g）有明显提升，这与镍离子掺杂有关。镍离子掺杂产生的晶格畸变有利于抑制晶粒的过度生长，较小的一次颗粒在一定程度上缩短了锂离子扩散距离。C-L-N 样品由于其外层致密的壳状结构在一定程度上阻碍了锂离子的扩散，因此其倍率性能比 N2 样品（143.4mA·h/g、135.6mA·h/g、125.1mA·h/g）稍差。

为研究 C-L-N 样品的扩散动力学，对其进行电化学阻抗谱测试，并与 N2、LMFP-CNT-P 样品进行比较，如图 12.7(a) 所示。由图可见，三组样品的 Nyquist 曲线均由中高频区半圆和低频区斜线组成，其中曲线在高频区与 Z' 轴的截距为电解液、电极材料和隔膜产生的欧姆电阻（R_s），中频区半圆代表电解质/电极界面处的电荷转移阻抗（R_{ct}），低频区斜线为 Warburg 阻抗（Z_w），与锂离子在电极材料内部的扩散有关[6,7]。使用 ZView 软件根据图 12.7(c) 中的等效电路进行拟合，所得 R_{ct} 值列于表 12.3 中。由表可知，C-L-N 样品的电荷转移阻抗为 32Ω，相较于 N2 样品（25.15Ω）较高，这与其较低的碳含量有关。与 LMFP-CNT-P（40.83Ω）样品相比，电荷转移阻抗较低，这与镍离子掺杂有关，掺杂后 C-L-N 样品的本征电导率提高，故电荷转移阻抗降低。

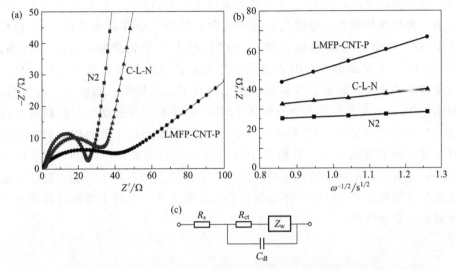

图 12.7　三组样品 Nyquist 曲线（a）；Z' 与 $\omega^{-1/2}$ 的关系曲线（b）；等效电路图（c）

表 12.3　三组样品的 R_{ct}、σ 和 D_{Li^+} 值

样品	R_{ct}/Ω	$\sigma/(\Omega/s^{1/2})$	$D_{Li^+}/(cm^2/s)$
C-L-N	32.00	15.94	6.1×10^{-13}
N2	25.15	13.67	8.3×10^{-13}
LMFP-CNT-P	40.83	24.42	2.6×10^{-13}

　　根据图 12.7（b）中 Z' 与 $\omega^{-1/2}$ 拟合直线的斜率求得 C-L-N、N2、LMFP-CNT-P 样品的 Warburg 系数 σ 分别为 $15.94\Omega/s^{1/2}$、$13.67\Omega/s^{1/2}$、$24.42\Omega/s^{1/2}$，由此计算出三组样品的锂离子扩散系数 D_{Li^+}，分别为 $6.1\times10^{-13}cm^2/s$、$8.3\times10^{-13}cm^2/s$、$2.6\times10^{-13}cm^2/s$。其中 N2 样品具有最高的锂离子扩散系数，与其最大的比表面积以及较小的一次颗粒有关；而 C-L-N 样品表层致密的壳结构以及二次烧结二次生长的颗粒使其锂离子扩散系数低于 N2 样品，但镍离子掺杂使其相比 LMFP-CNT-P 样品锂离子扩散系数明显提高。

12.8　样品制浆性能分析

　　材料的制浆性能与材料粉碎后的粒度有很大关系，对粉碎后的三组样品进行粒度测试，如图 12.8 所示。由图可见，三组样品的粒度均呈正态分布，

通过粒度分布图及 D_{50} 等参数（表 12.4）可以看出，N2 样品的粒度分布偏向于较小的粒径，LMFP-CNT-P 样品偏向于较大的粒径，C-L-N 样品的粒径适中。造成这种现象的原因与样品一次颗粒粒径大小有很大关系，N2 样品由于 Ni^{2+} 掺杂产生晶格畸变使得一次颗粒生长受到抑制，故尺寸较小；LMFP-CNT-P 样品由于二次烧结晶粒二次生长且部分晶粒过度生长，故一次颗粒粒径较大；而 C-L-N 样品虽然也进行了二次烧结，晶粒会二次生长，但由于 Ni^{2+} 掺杂晶粒并不会发生像 LMFP-CNT-P 那样过度生长的情况，因此 C-L-N 的粒径适中。N2 样品较小的粒径以及较大的比表面积不利于其浆料分散，加工性能较差，且极片上会出现较多的团聚；LMFP-CNT-P 样品较小的比表面积不利于锂离子的扩散，二者的缺点均不利于 14500 圆柱电池电化学性能的提升。C-L-N 样品综合了二者的优点，有利于提高样品的加工性能和电化学性能。

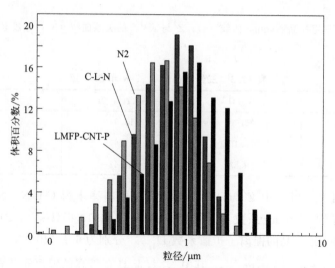

图 12.8　三组样品粉碎后的粒度分布曲线

表 12.4　三组样品粉碎后的粒度分布

样品	粒度/μm		
	D_{10}	D_{50}	D_{90}
C-L-N	0.375	0.708	1.296
N2	0.268	0.572	1.129
LMFP-CNT-P	0.446	0.954	1.873

将粉碎后的正极材料与黏结剂、导电剂（碳纳米管与 Super-P 复合导电

剂）按照 94：3：3 的比例干混，对材料进行打浆处理。电极材料在后续的加工过程中对浆料的黏度有很高的要求，一般磷酸锰铁锂浆料的黏度要求达到 8000～10000mPa·s，通过混合过程中逐步加入溶剂调节浆料黏度，当浆料达到指定黏度范围时计算固含量。

　　三组样品浆料最终黏度以及对应的固含量如表 12.5 所示。当三组样品的黏度相近时，C-L-N、N2、LMFP-CNT-P 样品对应的固含量分别为 52.9%、50.3%、52.4%，N2 样品的固含量低于其他两组样品，这是由于 N2 样品比表面积较大，需要更多的溶剂降低黏度，因而固含量较低。在进行涂布工艺时，为达到相同的面密度，会增加固含量较低样品的涂覆厚度，当涂覆厚度增加时，对极片的压实密度、电极的黏结性以及电池的电化学性能均有不利影响。而且 N-甲基吡咯烷酮（NMP）价格昂贵、对环境不友好，使得在保证黏度的前提下提高固含量显得尤为重要。因此，加入碳含量较低、粒径较大且比表面积较小的两组样品 C-L-N 和 LMFP-CNT-P 具有更优的制浆性能。

表 12.5　三组样品制备浆料的固含量和黏度

样品	固含量（质量分数）/%	黏度/mPa·s
C-L-N	52.9	9784
N2	50.3	9853
LMFP-CNT-P	52.4	9743

12.9　高压实密度极片的制备及形貌分析

　　所制备正极极片的部分参数如表 12.6 所示。由于三组样品的固含量不同，为便于比较，在进行涂布时修改各组样品的刮刀高度，使得各组极片具有相同的面密度（306g/m²），因此三组样品的初始厚度并不同。将涂布并干燥后的极片进行过辊处理，之后进行对折，取折断前最小的厚度作为电极厚度来测试压实密度。三组样品的压实密度如表 12.6 所示。可见 C-L-N 样品具有最高的压实密度，这与其良好的粒度级配、较低的碳含量和比表面积有关。C-L-N 样品具有最高的固含量以及最薄的涂覆厚度，过辊后的极片厚度最薄，较薄的厚度有利于电解液充分浸润，而且较薄的极片可以增加卷绕圈数，使更多的活性物质组装到电池里面。可以说明在保证合适孔隙率的情况下，极片的压实密度越高代表着电池中具有越多的活性物质，在一定程度上提高了电池的容量。

表 12.6　正极极片部分参数

样品	面密度 /(g/m²)	原始厚度 /μm	压实密度 /(g/cm³)	压实厚度 /μm
C-L-N	306.00	209.0	2.65	130.5
N2	306.00	213.0	2.46	139.4
LMFP-CNT-P	306.00	210.0	2.58	133.6

为进一步观察极片的表面形貌，三组样品过辊后极片的 SEM 图像如图 12.9 所示。图 12.9(a)、图 12.9(b) 是 C-L-N 样品制成的极片，可以看到极片表面平整，颗粒间连接紧密，这与样品良好的粒度分布有关，部分颗粒间还留有部分空隙，确保电解液充分浸润。图 12.9(c)、图 12.9(d) 是 N2 样品制成的极片，可以看到活性物质粒径均匀，导致极片压实密度较低，颗粒间空隙较多，与压实密度结果一致。图 12.9(e)、图 12.9(f) 是 LMFP-CNT-P 样

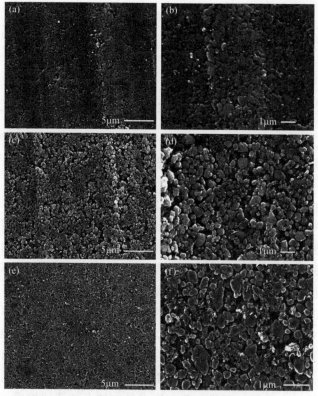

图 12.9　三组样品极片压实后的 SEM 图
(a)、(b) C-L-N；(c)、(d) N2；(e)、(f) LMFP-CNT-P

品制成的极片，可以看到极片表面孔隙较 N2 样品少，但活性物质的排布明显不如 C-L-N 样品紧密，且存在过度生长的大粒径一次颗粒，这也是 LMFP-CNT-P 样品压实密度相对较低的原因。三组样品极片表面活性物质无明显的团聚现象，但是可以看到球状导电剂（Super-P）的团聚，此现象不利于降低材料的内阻，但合成过程中以及作为导电剂时碳纳米管的加入在一定程度上改善了这一缺点。

12.10　圆柱钢壳电池电化学性能分析

将三组样品组装成 14500 圆柱电池，由于三组样品的压实密度不同，压实密度较高的极片在卷绕时可以适当增加极片长度，使得电池中装入更多的活性物质。图 12.10(a) 为三组样品 14500 圆柱电池在 0.2C 倍率下首次放电曲线。由图可见，C-L-N 样品具有最高的放电容量，这与其较高的压实密度有关。由于压实密度较高，增加了极片的长度，更多的活性物质参与了反应；同时由于 C-L-N 样品一次颗粒粒径较小，极片较薄，因此高压实密度导致极片表面排列紧密的现象对电解液浸润的不利影响较小。而 LMFP-CNT-P 样品压实密度虽然比 N2 样品高，但适当增加极片长度后并没有使 LMFP-CNT-P 样品的容量增高，这归因于 LMFP-CNT-P 样品中的较大颗粒不利于锂离子的扩散，导致很多活性物质不能参与反应。N2 样品虽然极片长度较短，但较小的一次颗粒粒径与较高的孔隙率使活性物质充分参与反应，因此拥有比 LMFP-CNT-P 高的放电容量。

图 12.10(b)、图 12.10(c)、图 12.10(d) 为三组圆柱电池在不同倍率下的放电曲线。由图可知，C-L-N 样品在 0.2C、0.5C、1C、2C、5C 下均具有最高的放电容量，分别为 568.3mA·h、559.1mA·h、547.6mA·h、519.8mA·h、480.5mA·h。各倍率下较高的容量除了与电池中更多的活性物质有关，也与 C-L-N 样品极片较薄、一次颗粒较小，有利于电解液的充分浸润和锂离子扩散有关。但是较高的压实密度使颗粒间孔隙率降低，在一定程度上也会影响锂离子扩散，C-L-N 样品较 N2 样品具有较高的极化，因此虽然与 N2 样品相比具有较高的容量，但 C-L-N 样品在高倍率下的放电平台较低。观察 N2 样品的放电曲线，当倍率升高时，容量和放电平台的下降幅度并不像其他样品那样明显，因此虽然 N2 样品的容量没有 C-L-N 样品高，但却具有最佳的倍率性能，这与其均匀的一次颗粒粒径和较高的孔隙率有关。LMFP-CNT-P 样品各倍率下的容量最低，同时倍率性能也是最差的，5C 放电时放电平台下降至 3.4V 左右，平台长度明显缩短，与其较高的压实密度、较厚的极

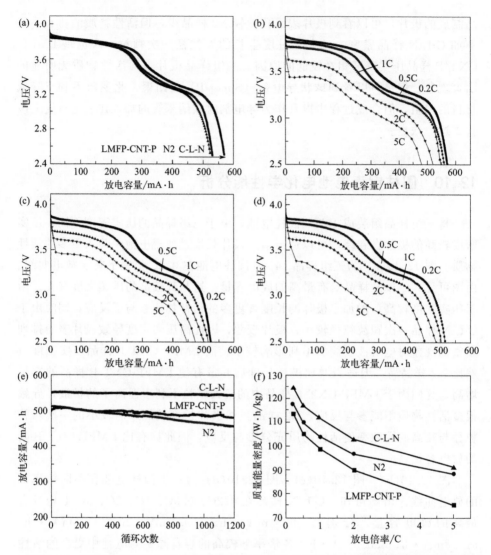

图 12.10　三组圆柱电池 0.2C 倍率下首次放电曲线（a）；C-L-N 样品圆柱电池倍率放电曲线（b）；N2 样品圆柱电池倍率放电曲线（c）；LMFP-CNT-P 样品圆柱电池倍率放电曲线（d）；三组圆柱电池 1C 倍率下的循环曲线（e）；三组圆柱电池不同倍率下的质量能量密度变化曲线（f）

片厚度以及较大的一次颗粒粒径有关，这些因素都不利于电池在高倍率下的放电。

图 12.10(e) 为三组 14500 圆柱电池在 1C 倍率下的循环曲线。由图可见，C-L-N 样品的容量保持率为 98.85%，说明二次烧结形成了更稳定的晶体结构，

有利于材料在长期循环过程中保持稳定的锂离子扩散通道。LMFP-CNT-P 样品的容量保持率为 97.03%，在循环开始时随着电解液的逐渐渗透出现了容量上升的现象，LMFP-CNT-P 样品中含有较多粒径较大的一次颗粒，在过辊过程中破坏比较严重，因此循环性能较 C-L-N 样品差。而 N2 样品由于 Ni^{2+} 掺杂，且只进行了一次烧结，材料的结构稳定性较差，容量保持率只有 89.50%，循环性能较差。

图 12.10(f) 为三组样品 14500 圆柱电池不同倍率下的质量能量密度变化曲线。可见 C-L-N 样品在 0.2C、0.5C、1C、2C、5C 倍率下具有最高的质量能量密度，分别为 124.3W·h/kg、117.2W·h/kg、111.7W·h/kg、102.7W·h/kg、91.1W·h/kg，与其较高的电池容量和中值电压有关。这也达到了通过两种改性方法制备具有优异电化学性能和高压实密度磷酸锰铁锂正极材料的目的。

12.11　本章小结

通过复合碳源包覆和镍掺杂两种改性方法相结合的方式制备具有优异电化学性能和高压实密度的磷酸锰铁锂正极材料，并与单独使用复合碳源包覆和镍掺杂改性方法制备的样品进行性能比较。所得结论如下：

① XRD 结果表明，通过二次包覆、二次烧结工艺所制备的材料相较于掺杂改性的材料具有更高的结晶度，两种改性方法结合后材料仍具有很高的结晶度。FT-IR 结果表明，镍掺杂可有效减少 Fe_{Li} 反位缺陷浓度。

② 形貌观察和氮吸附孔径分布结果表明，C-L-N 样品具有与 LMFP-CNT-P 相似的核壳结构，由于镍掺杂抑制了二次烧结过程中一次颗粒的过度生长。

③ 物理性能测试与电化学性能测试结果表明，镍掺杂很大程度上提高了 C-L-N 样品的本征电导率，且镍掺杂对于晶粒生长的抑制作用也有利于锂离子的扩散。但高压实密度材料的结构相较于 N2 样品的结构比表面积较小，因此 C-L-N 样品虽优于 LMFP-CNT-P 样品的倍率性能，但较 N2 样品仍有一定差距。不过二次烧结样品较高的结晶度使得材料的结构更稳定，有利于循环性能，C-L-N 样品具有较好的倍率性能和优异的循环性能。

④ 样品粉碎后的粒度分布及制浆过程中黏度调控的结果表明，比表面积较大的 N2 样品粒径分布偏低，导致制浆过程中较高黏度和团聚现象的出现。二次烧结合成的样品颗粒粒径较大，比表面积小，制浆过程中黏度较低，易于调控，团聚现象较少。

⑤ 通过对比三组样品压实后的极片可以更直观地观察到，C-L-N 样品具有最高的压实密度，高压实密度极片在制作圆柱电池时会有更多活性物质加入其中。电化学性能测试发现，C-L-N 样品制备的 14500 圆柱电池在各倍率下均表现出最高的放电容量和质量能量密度，且循环性能优异。

参考文献

[1] Zoller F, Böhm D, Luxa J, et al. Freestanding LiFe$_{0.2}$Mn$_{0.8}$PO$_4$/rGO nanocomposites as high energy density fast charging cathodes for lithium-ion batteries. Materials Today Energy，2020，16：100416.

[2] Zhou X, Deng Y, Wan L, et al. A surfactant-assisted synthesis route for scalable preparation of high performance of LiFe$_{0.15}$Mn$_{0.85}$PO$_4$/C cathode using bimetallic precursor. Journal of Power Sources，2014，265：223-230.

[3] Yuan H, Wang X, Wu Q, et al. Effects of Ni and Mn doping on physicochemical and electrochemical performances of LiFePO$_4$/C. Journal of Alloys and Compounds，2016，675：187-194.

[4] Zhu C, Wu Z, Xie J, et al. Solvothermal-assisted morphology evolution of nanostructured LiMnPO$_4$ as high-performance lithium-ion batteries cathode. Journal of Materials Science & Technology，2018，34 (9)：1544-1549.

[5] Huang Y H, Goodenough J B. High-rate LiFePO$_4$ lithium rechargeable battery promoted by electrochemically active polymers. Chemistry of Materials，2008，20 (23)：7237-7241.

[6] Jegal J P, Kim K B. Carbon nanotube-embedding LiFePO$_4$ as a cathode material for high rate lithium ion batteries. Journal of Power Sources，2013，243：859-864.

[7] Lei X, Zhang H, Chen Y, et al. A three-dimensional LiFePO$_4$/carbon nanotubes/graphene composite as a cathode material for lithium-ion batteries with superior high-rate performance. Journal of Alloys and Compounds，2015，626：280-286.

第13章

不同磷源与锂源对磷酸锰铁锂材料性能的影响

13.1 引言

当今锂离子电池市场发展迅猛,其中正极材料是锂离子电池中最重要的组成部分,因此大批量、高效地合成高品质的正极材料成为人们关注的焦点。磷酸铁锂工业化合成方法中使用最广泛的是固相法。在工业生产中,整条磷酸铁锂固相法生产线包括投料称重系统、预混搅拌系统、粗磨系统、细磨系统、过滤系统、除铁系统、干燥系统、煅烧系统、包装系统等多道工序。磷酸锰铁锂作为磷酸铁锂的升级产品,也将采用相同的生产工艺,通过实验不断优化合成工艺是未来发展的一个重要方向。包括原料选择、原料配比、合成过程参数设定等。

研究者尝试了使用不同原料成功合成了磷酸锰铁锂材料。Chi 等[1] 采用乙酸锂、磷酸二氢铵、乙酸锰和草酸亚铁为主要原料,通过固相法成功制备磷酸锰铁锂材料,其在 0.2C 倍率时的初始比容量为 125.1mA·h/g,5C 倍率时为 95mA·h/g,30 次循环后容量保持率为 98.0%。Luo 等[2] 将碳酸锂、乙酸锰、草酸亚铁和磷酸二氢铵混合,通过固相法得到 $LiMn_{0.7}Fe_{0.3}PO_4/C$ 正极材料,其 0.05C 倍率时最高比容量为 146.8mA·h/g。

本章以不同的磷源和锂源为变量,通过固相法合成磷酸锰铁锂正极材料,并对合成的材料进行 XRD、SEM 及物理性能和电化学性能的测试。

13.2 样品制备

采用湿法球磨、喷雾干燥、高温煅烧相结合的方法合成磷酸锰铁锂材料,具体为:①湿法球磨。将化学计量比的锂源、磷源、草酸锰和磷酸铁放入球磨罐中。其中磷源与锂源的使用如表 13.1 所示，因两者会发生中和反应，因此先将它们放入球磨罐中用玻璃棒搅拌，使其充分反应。再加入葡萄糖作为碳源，加入适量水作为分散剂，球磨 1h 使各原料充分混合。②喷雾干燥。将球磨好的浆料制成固含量为 20％的悬浊液进行喷雾干燥。③高温煅烧。使用管式炉在氮气保护下 750℃烧结 6h，冷却至室温，得到磷酸锰铁锂正极材料。各样品命名如表 13.1 所示。

表 13.1　磷源与锂源的使用及样品命名

原料（磷源＋锂源）	样品命名
磷酸二氢锂（LiH$_2$PO$_4$）＋氢氧化锂（LiOH）	LMFP-α
磷酸（H$_3$PO$_4$）＋氢氧化锂（LiOH）	LMFP-β
磷酸（H$_3$PO$_4$）＋磷酸锂（Li$_3$PO$_4$）	LMFP-γ
磷酸二氢锂（LiH$_2$PO$_4$）＋碳酸锂（Li$_2$CO$_3$）	LMFP-δ

13.3　样品结构与形貌分析

图 13.1 展示了 LMFP-x（x＝α，β，γ，δ）四个样品的 XRD 图谱。经过比对，所有样品的衍射峰都与 LiMnPO$_4$ 的标准衍射峰（PDF♯77-0178）相匹配，峰形尖锐，说明四个样品均为橄榄石结构，且具有很高的结晶度，磷酸锰铁锂材料被成功合成。没有发现明显的杂峰，说明样品纯度较高。仔细观察可以发

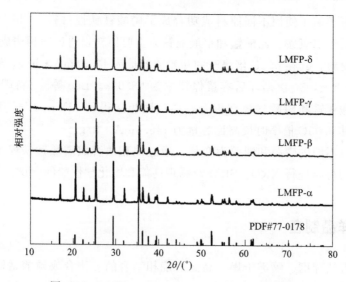

图 13.1　LMFP-x（x＝α，β，γ，δ）材料的 XRD 图谱

现，四个样品的衍射峰相对于标准衍射峰向大角度方向偏移，这是因为 Fe^{2+} 离子半径相较于 Mn^{2+} 离子半径要小[3,4]，当部分 Fe^{2+} 把 Mn^{2+} 取代后，材料的晶格间距减小，根据布拉格方程，衍射峰向高角度方向偏移。此外，图中并没有发现碳的衍射峰，说明碳以无定形形式存在。

图 13.2 展示了四种不同原料配方通过湿法球磨、喷雾干燥和高温煅烧后得到的碳包覆磷酸锰铁锂正极材料的 SEM 图。由于采用喷雾干燥工艺，四组样品均为由一次颗粒聚集而成的类球形二次颗粒，二次颗粒粒径均在 $3\sim 8\mu m$ 之间。由图 13.2(a) 可以看到，采用 LiH_2PO_4（弱酸）和 LiOH（强碱）为磷源与锂源制得的磷酸锰铁锂的一次颗粒大小不均一，形状不规则，二次颗粒破碎，可能是由原料混合不均匀或固态 LiH_2PO_4 与强碱作用反应不均匀造成的。由图 13.2(b) 可以看到，LMFP-β 样品的二次颗粒球形度较好，一次颗粒小且均匀，但存在团聚现象，颗粒之间缝隙较小，这是由液态的强酸强碱直接接触反应迅速造成的。图 13.2(c) 的 LMFP-γ 样品二次颗粒球形度较好，但一次颗粒大小不均匀，这可能是由微溶于水的 Li_3PO_4 固体颗粒原料自身粒径不均一造成的。图 13.2(d) 展示的是使用 LiH_2PO_4（弱酸）与 Li_2CO_3（弱碱）为磷源和锂源所合成的正极材料，可以看到二次颗粒球形度高，一次颗粒

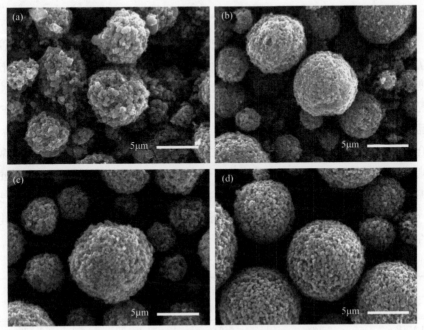

图 13.2　LMFP-x($x=\alpha,\beta,\gamma,\delta$)材料的 SEM 图

(a) LMFP-α；(b) LMFP-β；(c) LMFP-γ；(d) LMFP-δ

无团聚，且大小均匀、形状规则，增大了与电解液的接触面积。造成这种现象的原因是 LiH_2PO_4 可溶于水并形成酸性溶液，与弱碱碳酸锂反应后可形成粒度较小且均匀的颗粒，对形成磷酸锰铁锂小颗粒产生有利的影响。

图 13.3 为 LMFP-δ 样品的 TEM 图像。图 13.3(a) 中显示 LMFP-δ 样品的一次颗粒呈类球形，直径为 15nm 左右。图 13.3(b) 为放大图，可以看到颗粒表面被碳层均匀包裹，有利于提高材料的电子电导率。

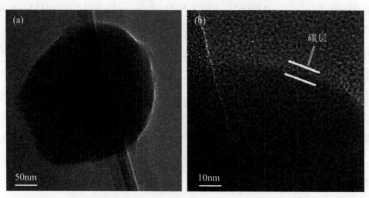

图 13.3　LMFP-δ 样品的 TEM 图

表 13.2 是 LMFP-x($x=\alpha,\beta,\gamma,\delta$)四个样品的物理性能测试结果。更高的压实密度和振实密度可以提高正极材料做成电池后的体积比能量；更高的松装密度可以节省成品装袋出售和运输的成本；比表面积越大表明在电解液润湿的情况下，正极材料与电解液接触的面积越大。从表 13.2 可以看到，LMFP-α 样品在压实密度、振实密度、松装密度和比表面积方面都比其他三个样品小，结合 SEM 图，推测是由 LMFP-α 样品二次颗粒球形度不好，一次颗粒形貌不规则造成的。相比之下，LMFP-δ 具有更高的压实密度（2.236g/cm³）、更高的振实密度（1.060g/cm³）、更高的松装密度（0.836g/cm³）和更大的比表面积（20.3363m²/g）。良好的物理性能有助于提升材料的加工性能，得到电化学性能更好的锂离子电池。

表 13.2　LMFP-x（$x=\alpha,\beta,\gamma,\delta$）样品的物理性能测试结果

样品	压实密度 /(g/cm³)	振实密度 /(g/cm³)	松装密度 /(g/cm³)	比表面积 /(m²/g)
LMFP-α	2.138	0.944	0.628	13.4792
LMFP-β	2.244	1.057	0.768	17.9706

续表

样品	压实密度 /(g/cm³)	振实密度 /(g/cm³)	松装密度 /(g/cm³)	比表面积 /(m²/g)
LMFP-γ	2.189	1.047	0.815	19.3539
LMFP-δ	2.236	1.060	0.836	20.3363

13.4　样品电化学性能分析

图 13.4（a）展示了四个样品在 $25\pm2℃$ 环境下 0.2C 倍率下（1C＝ 171mA·h/g）首次充放电曲线，电压窗口为 2.5～4.5V。从图中明显看到 各样品均有两个放电平台，分别对应 Fe^{3+}/Fe^{2+}（3.5V $vs.$ Li/Li⁺）和 Mn^{3+}/Mn^{2+}（4.0V $vs.$ Li/Li⁺）的氧化还原电对[5,6]。仔细观察发现， LMFP-δ 的放电电压平台比其他三个样品要高，该材料中值电压较高，有利 于提高材料的能量密度。高电压平台可能是由于使用该磷源和锂源配比合成 的磷酸锰铁锂结晶度更好，两个氧化还原电对反应充分。此外，该样品具有 最高的放电比容量，为 146.7mA·h/g。相较于其他原料，采用磷酸二氢锂 和碳酸锂得到的磷酸锰铁锂材料与电解液接触更充分，有更多的 Li⁺ 可以转 移扩散，这与 SEM 观察到的形貌相呼应。此外，LMFP-γ 的充放电平台电 压差更小，说明材料的极化更小。LMFP-δ 的首次库仑效率[η＝（放电比容 量/充电比容量）×100%]更高，为 92.6%。LMFP-α 的首次库仑效率仅为 83.2%，说明该正极材料在充放电过程中结构发生的不可逆变化造成一些锂 位的缺失，或者在形成固体电解质界面（SEI）膜过程中消耗了更多的锂

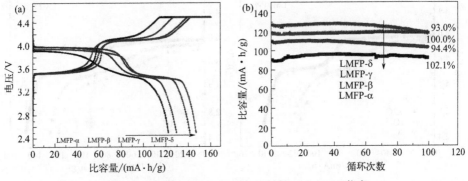

图 13.4　LMFP-x(x＝α,β,γ,δ)材料　(a) 0.2C 倍率
下首次充放电曲线；(b) 1C 倍率下循环曲线

离子。

图 13.4(b) 展示了四个样品在 1C 倍率下的循环曲线。四个样品展现了不同的循环稳定性，LMFP-α 样品在前 10 次循环中放电比容量稍有提升，可能是由于材料不均匀或团聚较严重引起的电解液无法充分渗透，使锂离子不能完全转移，经过 10 次以上的循环才稳定。LMFP-β 和 LMFP-δ 样品在经过 100 次循环后放电比容量均有一定程度的衰减，可能是因为材料结构不稳定造成 Mn 溶解或原子重排使锂位置被占据。相比之下，LMFP-γ 样品的稳定性最好，100 次循环后，放电比容量几乎没有下降，容量保持率为 100.0%。

图 13.5 展示了所有样品在不同倍率下的放电曲线。当放电倍率增大时，电压平台和放电比容量都有一定程度的下降，这是由电池极化造成的。从图 13.5(a) 可以看出，LMFP-α 材料 0.2C、1C、2C 时的放电比容量分别为 122.1mA·h/g、83.2mA·h/g、74.6mA·h/g，极化明显。LMFP-α 的放电平台变短或消失，这是因为放电倍率的提高要求 Li$^+$ 转移和扩散的速率要快，

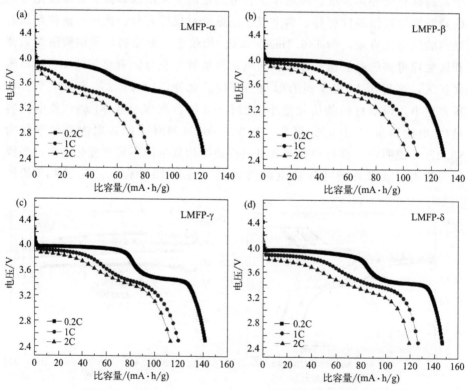

图 13.5　LMFP-x(x＝α,β,γ,δ)材料不同倍率下的放电曲线

(a) LMFP-α；(b) LMFP-β；(c) LMFP-γ；(d) LMFP-δ

但实际上由于材料本身或材料与电解液之间界面的影响，可转移的 Li⁺ 变少或 Li⁺ 来不及转移，再根据相的转变规律，最终造成放电平台变短或消失。反观图 13.5(b) 的 LMFP-β、图 13.5(c) 的 LMFP-γ 和图 13.5(d) 的 LMFP-δ 样品，极化较小，当放电倍率增大时，仍可看到 Mn 和 Fe 的放电平台，中值电压较高。因此，LMFP-β、LMFP-γ 和 LMFP-δ 具有较好的倍率性能。

　　图 13.6(a) 展示了四种样品的 Nyquist 图。图中数据点为实际测试数据，实线为拟合曲线。所有曲线均由两部分组成：中高频区域的半圆和低频区域的斜线。其曲线在高频区与 Z' 轴的截距为电解液、电极材料和隔膜产生的欧姆电阻（R_s），中频区半圆代表电解质/电极界面处的电荷转移阻抗（R_{ct}），低频区斜线为 Warburg 阻抗（Z_w），与锂离子在电极材料内部的扩散有关[7,8]。根据图 13.6(c) 的等效电路通过 ZView 软件拟合得到 LMFP-x($x=$ α,β,γ,δ) 四个样品的电荷转移阻抗分别为 227.20Ω、188.72Ω、166.25Ω 和 94.80Ω（表 13.3）。

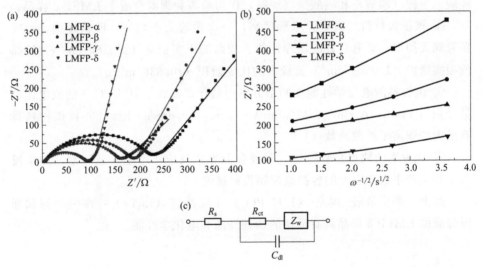

图 13.6　LMFP-x($x=$α,β,γ,δ) 材料 Nyquist 曲线（a）；
Z'-$\omega^{-1/2}$ 关系曲线（b）；等效电路图（c）

　　通过图 13.6(b) 中 Z' 和 $\omega^{-1/2}$ 之间拟合直线的斜率得到 Warburg 系数 σ 的值，再根据式(3.1) 计算得到 LMFP-x($x=$α,β,γ,δ) 四个样品的锂离子扩散系数 D_{Li^+} 分别为 $0.139\times10^{-14}\,\mathrm{cm^2/s}$、$0.476\times10^{-14}\,\mathrm{cm^2/s}$、$1.240\times$

$10^{-14}\,\mathrm{cm^2/s}$、$1.930\times10^{-14}\,\mathrm{cm^2/s}$，如表 13.3 所示。可以看出 LMFP-$\delta$ 的锂离子扩散系数最高，主要是由于选用的磷源和锂源合成的磷酸锰铁锂材料中 $\mathrm{Li^+}$ 传输距离更短。

表 13.3　LMFP-x($x=\alpha,\beta,\gamma,\delta$)材料的 R_{ct}、σ 和 $D_{\mathrm{Li^+}}$ 值

参数	LMFP-α	LMFP-β	LMFP-γ	LMFP-δ
R_{ct}/Ω	227.20	188.72	166.25	94.80
$\sigma/(\Omega/\mathrm{s}^{1/2})$	76.84	41.36	25.67	20.63
$D_{\mathrm{Li^+}}/(\mathrm{cm^2/s})$	0.139×10^{-14}	0.476×10^{-14}	1.240×10^{-14}	1.930×10^{-14}

13.5　本章小结

选取四种不同磷源与锂源的搭配，采用固相法合成磷酸锰铁锂材料。虽然四种样品均成功合成，但其在物理性能和电化学性能上的差异十分明显。采用磷酸二氢锂（弱酸）和碳酸锂（弱碱）作为磷源和锂源合成了 LMFP-δ 样品。

① 该正极材料二次颗粒球形度高，一次颗粒大小均匀、形状规则，一次颗粒间无团聚；具有良好的物理性能、较高的压实密度（2.236g/$\mathrm{cm^3}$）、较高的振实密度（1.060g/$\mathrm{cm^3}$）及较大的比表面积（20.3363$\mathrm{m^2}$/g）。

② 该材料的电化学性能在四个方案中最佳，0.2C、1C、2C 下的放电比容量分别为 146.7mA・h/g、126.8mA・h/g、119.6mA・h/g。并且该材料具有最大的锂离子扩散系数（1.93$\times10^{-14}\,\mathrm{cm^2/s}$）。

③ 此方案的缺点是磷源与锂源混合会发生反应，产生大量气泡，如果投入工业生产中需要更大的容器或控制投料速度。

综上，采用磷酸二氢锂（$\mathrm{LiH_2PO_4}$）＋碳酸锂（$\mathrm{Li_2CO_3}$）作为磷源和锂源合成的 LMFP-δ 样品具有最优的物理性能和电化学性能。

参考文献

[1] Chi N, Li J G, Wang L, et al. Synthesis of $\mathrm{LiMn_{0.7}Fe_{0.3}PO_4}$/C composite cathode materials for lithium-ion batteries. Advanced Materials Research, 2013, 634: 2617-2620.

[2] Luo B, Xiao S, Li Y, et al. The improved electrochemical performances of $\mathrm{LiMn_{1-x}Fe_xPO_4}$ solid solutions as cathodes for lithium-ion batteries. Materials Technology, 2017, 32 (4): 272-278.

[3] Zoller F, Böhm D, Luxa J, et al. Freestanding $\mathrm{LiFe_{0.2}Mn_{0.8}PO_4}$/rGO nanocomposites as high energy density fast charging cathodes for lithium-ion batteries. Materials Today Energy, 2020, 16: 100416.

[4]　Zhou X，Deng Y，Wan L，et al. A surfactant-assisted synthesis route for scalable preparation of high performance of $LiFe_{0.15}Mn_{0.85}PO_4/C$ cathode using bimetallic precursor. Journal of Power Sources，2014，265：223-230.

[5]　Zhu C，Wu Z，Xie J，et al. Solvothermal-assisted morphology evolution of nanostructured $LiMnPO_4$ as high-performance lithium-ion batteries cathode. Journal of Materials Science & Technology，2018，34 (9)：1544-1549.

[6]　Huang Y H，Goodenough J B. High-rate $LiFePO_4$ lithium rechargeable battery promoted by electrochemically active polymers. Chemistry of Materials，2008，20 (23)：7237-7241.

[7]　Jegal J P，Kim K B. Carbon nanotube-embedding $LiFePO_4$ as a cathode material for high rate lithium ion batteries. Journal of Power Sources，2013，243：859-864.

[8]　Lei X，Zhang H，Chen Y，et al. A three-dimensional $LiFePO_4$/carbon nanotubes/graphene composite as a cathode material for lithium-ion batteries with superior high-rate performance. Journal of Alloys and Compounds，2015，626：280-286.

第14章

镁离子掺杂对磷酸锰铁锂材料性能的影响

14.1 引言

目前关于 Mg^{2+} 掺杂 $LiFePO_4$[1]、$LiMnPO_4$[2]、$LiMn_{1-x}Fe_xPO_4$ 和 $NaMnPO_4/C$[3] 的报道很多。例如，Barker 等[4] 采用 Mg 掺杂替代 Fe 位合成 $LiFe_{0.9}Mg_{0.1}PO_4$ 材料，该材料具有优异的离子导电性。掺杂的 Mg^{2+} 会优先占据 Fe 位而非 Li 位，以形成 $LiFe_{1-y}Mg_yPO_4$ 固溶体，导致离子电导率提高[5]。Chu 等[6] 通过水热法合成了 $LiMn_{0.8}Fe_{0.19}Mg_{0.01}PO_4/C$ 复合材料，大大提高了材料的倍率放电性能。然而，关于掺杂离子对材料结构和充放电性能的影响报道很少。$LiMn_xFe_{1-x}PO_4$ 材料体系中，随着锰铁比的增加，材料的能量密度增大，但是锰过多会引发扬-特勒（Jahn-Teller）畸变，影响材料的循环稳定性[7]。基于此，本章以 $LiMn_{0.6}Fe_{0.4}PO_4$ 材料为研究对象，采用固相法制备 Mg^{2+} 掺杂 $LiMn_{0.6}Fe_{0.4-y}Mg_yPO_4/C$（$y = 0$、0.005、0.01、0.015）复合材料。系统研究 Mg^{2+} 掺杂量对 $LiMn_{0.6}Fe_{0.4}PO_4/C$ 复合材料结构和电化学性能的影响。

另外，在正极材料工业化生产中，固相方法具有效率高、材料批次稳定性高等优点，因此应用广泛。工艺步骤一般为：先将原料按一定比例进行混料，再通过干燥设备在 200～300℃下干燥，最后在管式炉中惰性气氛保护下 600～800℃高温烧结，随炉冷却后得到成品。其中，原料混合作为正极材料合成的第一步，会影响材料的粒径和微观形貌，因此，该环节对材料性能的影响至关重要[8]。本章采用实验室纳米研磨机取代行星式球磨机进行原料混合，以获得更小的粒径分布。

14.2　样品制备

采用湿法球磨、喷雾干燥、高温烧结制备 $LiMn_{0.6}Fe_{0.4-y}Mg_yPO_4/C$ 正极材料。首先，将磷酸铁（$FePO_4$）、草酸锰（MnC_2O_4）、磷酸二氢锂（LiH_2PO_4）、碳酸锂（Li_2CO_3）、葡萄糖（$C_6H_{12}O_6 \cdot H_2O$）与去离子水混合，再在混合物中加入氧化镁。根据 $LiMn_{0.6}Fe_{0.4-y}Mg_yPO_4/C$（$y=0$、0.005、0.01、0.015）中 Mg^{2+} 掺杂量的不同，所得样品分别命名为 LMFP-x（$x=$A、B、C、D）。将固含量为 40% 的前驱体浆料经纳米研磨机研磨 4h 后，在流速为 45mL/min 的压力喷雾干燥机中进行喷雾干燥。最后在管式炉中氮气气氛下 750℃ 煅烧 8h，随炉冷却至室温，得到具有不同 Mg^{2+} 掺杂量的 LMFP-A、LMFP-B、LMFP-C 和 LMFP-D 复合材料。

14.3　样品结构与形貌分析

图 14.1 为不同 Mg^{2+} 掺杂量的 $LiMn_{0.6}Fe_{0.4-y}Mg_yPO_4/C$ 复合材料的 XRD 图谱。由图 14.1（a）可以看出，所有衍射峰均与正交晶 Pnmb（62）（PDF#77-0178）的标准衍射峰相对应，说明 Mg^{2+} 掺杂并不影响 $LiMn_{0.6}Fe_{0.4}PO_4/C$ 的晶体结构。衍射峰尖锐，说明样品结晶度好。从

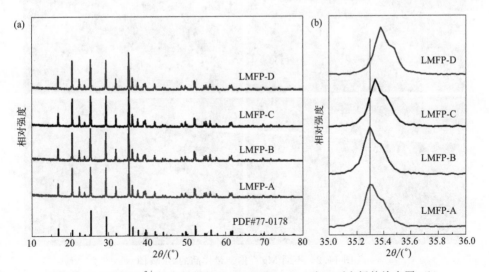

图 14.1　不同 Mg^{2+} 掺杂量样品的 XRD 图（a）；35°~36°之间的放大图（b）

图 14.1(b) 的 $35°\sim36°$ 放大图可以看到，随着 Mg^{2+} 掺杂量的增加，衍射峰向高角度方向偏移，说明 Mg^{2+} 成功掺杂进 $LiMn_{0.6}Fe_{0.4}PO_4/C$ 晶格中。根据布拉格方程，衍射角变大，晶面间距变小。通过 XRD 计算晶胞参数，结果如表 14.1 所示。随着 Mg^{2+} 掺杂量的增加，晶胞参数逐渐降低。LMFP-x ($x=$ B、C、D)样品的晶胞参数均小于 LMFP-A 样品，可能是由于 Mg^{2+} 的离子半径 (0.066nm) 远小于 Fe^{2+} 的离子半径 (0.076nm)[5]。晶胞参数的变化表明，Mg^{2+} 成功掺杂到 $LiMn_{0.6}Fe_{0.4}PO_4/C$ 晶格中。晶胞参数的变化规律与 Jang 等人[7] 报道的结果一致。

表 14.1　不同 Mg^{2+} 掺杂量样品的晶胞参数

样品	a/nm	b/nm	c/nm	V/nm^3
LMFP-A	0.60685	1.04066	0.47324	0.29886
LMFP-B	0.60681	1.04054	0.47291	0.29860
LMFP-C	0.60669	1.0398	0.47261	0.29814
LMFP-D	0.60642	1.03974	0.47242	0.29787

图 14.2 为不同 Mg^{2+} 掺杂量的 $LiMn_{0.6}Fe_{0.4-y}Mg_yPO_4/C$ 复合材料的 SEM 图。从图中可以看出，所有样品均为 $50\sim150nm$ 的类球形亚微米一次颗

图 14.2　不同 Mg^{2+} 掺杂量样品的 SEM 图
(a) LMFP-A；(b) LMFP-B；(c) LMFP-C；(d) LMFP-D

粒，葡萄糖热解生成的碳丝在纳米粒子周围形成三维导电网络。与未掺杂
Mg^{2+} 的 $LiMn_{0.6}Fe_{0.4}PO_4/C$ 样品相比[图 14.2(a)]，掺镁样品颗粒更分散、
粒径分布更均匀。样品 LMFP-B[图 14.2(b)]和 LMFP-C[图 14.2(c)]颗粒尺
寸均匀，颗粒之间存在大量空隙，有利于电解液渗透，锂离子嵌入/脱出更容
易，从而降低电化学极化，提高电化学性能。样品 LMFP-D[图 14.2(d)]的颗
粒形状不规则，粒径分布不集中，且存在轻微团聚，导致放电性能下降。

　　图 14.3(a)～图 14.3(e) 为 LMFP-C 样品的 EDS 元素映射图，图 14.3
(f) 为 SEM 图。从图 14.3(a)～图 14.3(e) 中可以看出，Fe、Mn、Mg、P、
O 元素分布均匀。

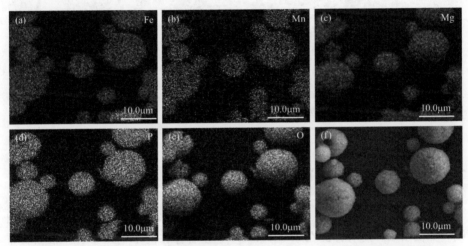

图 14.3　LMFP-C 的 EDS 元素映射图 (a) ～ (e)；(f) LMFP-C 的 SEM 图

　　图 14.4 是使用 Vesta 和 3D-Max 软件绘制的掺杂 Mg^{2+} 前后橄榄石结构
LMP(M＝Mn、Fe、Mg)的晶体结构变化示意图。图的左上角是正交晶系（Pn-
ma）的晶胞图，一个晶胞中包含四个单位的 LMP。氧离子紧密排列成六边形
结构，锂离子和过渡金属离子占据八面体的 $4a$ 和 $4c$ 位置。占据八面体 $4a$ 位
置的锂离子沿 b 轴形成一维扩散通道。该示意图表明，锂离子最有可能沿着
[010] 方向扩散。详细的结构分析表明，离子迁移在相邻的 LiO_6 八面体之
间，遵循弯曲的轨道路径。由于 Mg^{2+} 和 Fe^{2+} 离子半径小于 Mn^{2+}，掺杂后橄
榄石结构 MO_6(M＝Mn、Fe、Mg)八面体中的键长变短，LiO_6 八面体中的 Li—
O 键键长变长。LiO_6 八面体中 Li—O 键的伸长使得锂离子扩散通道变宽，锂
离子更容易迁移，使多组分橄榄石结构材料具有更好的电化学性能，尤其是倍

率性能。

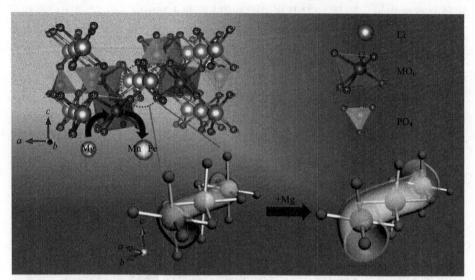

图 14.4　Mg^{2+} 掺杂改性 LMP （M＝Mn、Fe、Mg）晶体结构变化示意图

14.4　样品电化学性能分析

图 14.5(a) 为 LMFP-x(x＝A、B、C、D)材料 0.2C 倍率下的首次充放电曲线。如图所示，所有样品在 4.0V 和 3.5V 左右存在两个电压平台。根据吉布斯相律，存在 $LiMPO_4$ 和 $Li_{1-x}MPO_4$ （M＝Mn、Fe）两相共存区，从而形成一个恒压平台。此外，4.0V 平台与 Mn^{3+}/Mn^{2+} 氧化还原电对有关，3.5V 平台与 Fe^{3+}/Fe^{2+} 氧化还原电对有关，因此出现两个电压平台[9,10]。0.2C 倍率下，LMFP-x(x＝A、B、C、D)材料的首次放电比容量分别为 142.6mA·h/g、149.5mA·h/g、159.6mA·h/g 和 153.7mA·h/g。LMFP-C 的首次库仑效率为 93.9%，是四个样品中最高的，说明适量 Mg^{2+} 掺杂可有效改善 $LiMn_{0.6}Fe_{0.4}PO_4$/C 的放电性能。但随着掺杂量的增加，放电比容量先增大后减小，当掺杂量为 0.01 时开始减小。造成这一现象的原因可能是 Mg^{2+} 不具有电化学活性，少量 Mg^{2+} 掺杂可稳定晶格框架；但当掺杂量过大时，会产生较多的晶格缺陷，对材料的电化学性能不利。

图 14.5(b) 为四组样品在 0.2C 倍率下 2.5~4.5V 范围内的 dQ/dV 曲线。在 3.5V 和 4.0V 附近的两组峰分别对应 Fe^{3+}/Fe^{2+} 和 Mn^{3+}/Mn^{2+} 的氧

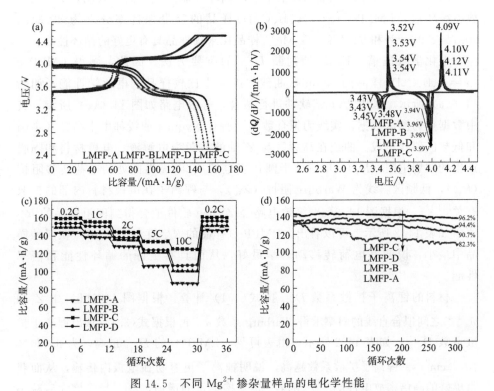

图 14.5　不同 Mg^{2+} 掺杂量样品的电化学性能

(a) 0.2C 倍率下首次充放电曲线；(b) dQ/dV 曲线；(c) 倍率性能曲线；(d) 1C 倍率下循环性能曲线

化还原反应。与未掺杂 Mg^{2+} 的 $LiMn_{0.6}Fe_{0.4}PO_4/C$ 相比，所有掺杂样品都表现出更高的离子转移速率和更低的极化。同时，LMFP-C 的充放电电位差（Mn^{3+}/Mn^{2+} 和 Fe^{3+}/Fe^{2+} 分别为 100mV 和 40mV）明显小于其他样品。这主要是由于 Mg^{2+} 在晶格中的成功掺杂扩大了锂离子的扩散通道，加快了电化学反应动力学。

图 14.5(c) 显示了 LMFP-x（$x=$ A、B、C、D）样品在 0.2～10C 倍率下的倍率性能曲线。结果表明，Mg^{2+} 掺杂提高了 $LiMn_{0.6}Fe_{0.4}PO_4/C$ 的放电比容量，尤其是高倍率下。LMFP C 在 0.2C、0.5C、1C、5C、10C 倍率下的放电比容量分别为 159.6mA·h/g、155.6mA·h/g、143.8mA·h/g、133.0mA·h/g 和 124.5mA·h/g。而 LMFP-x（$x=$ A、B、D）样品在 10C 倍率下的放电比容量分别为 85.8mA·h/g、99.9mA·h/g 和 106.0mA·h/g。说明 LMFP-C 的倍率性能最好，且当电流密度恢复到 0.2C 时，样品的放电比容量恢复，说明 $LiMn_{0.6}Fe_{0.39}Mg_{0.01}PO_4/C$ 样品具有良好的稳定性。

图 14.5(d) 为四组样品 1C 倍率下的循环性能曲线。结果表明，300 次充放电循环后，LMFP-x（x＝A、B、C、D）样品的容量保持率分别为 82.3％、90.7％、96.2％和 94.4％。掺 Mg^{2+} 样品比未掺样品具有更好的循环性能。

电化学阻抗谱（EIS）是判断 D_{Li^+} 的重要方法。因此，测得 LMFP-x（x＝A、B、C、D）样品的 Nyquist 曲线，进一步比较样品的电化学性能，如图 14.6(a) 所示。采用 ZView 软件进行拟合，等效电路如图 14.6(c) 所示，其中数据点为测试数据，实线为拟合数据。所有 Nyquist 曲线都由中高频区半圆和低频区斜线组成。曲线在高频区与 Z' 轴的截距为电解液、电极材料和隔膜产生的欧姆电阻（R_s），中频区半圆代表电解质/电极界面处的电荷转移阻抗（R_{ct}），低频区斜线为 Warburg 阻抗（Z_w），与锂离子在电极材料内部的扩散有关[11-13]。根据图 14.6(c) 等效电路经 ZView 软件拟合得到四组样品的 R_{ct} 值，如表 14.2 所示。可以看出，LMFP-C 样品的 R_{ct} 值为 48.59Ω，在四种样品中最小，说明其电荷转移动力学最好，从而具有更好的循环性能和倍率性能。

材料的锂离子扩散系数 D_{Li^+} 按式(3.1) 计算。根据图 14.6(b) 中 Z' 和 $\omega^{-1/2}$ 之间拟合直线的斜率求得 Warburg 系数 σ，再根据式(3.1) 求出锂离子扩散系数 D_{Li^+}，如表 14.2 所示。由表可见，LMFP-C 的 D_{Li^+} 最高，为 $6.530\times10^{-13} cm^2/s$。锂离子扩散系数越高，说明锂离子更容易在电极内传输，从而获得更好的高倍率放电性能[14]。随着 Mg^{2+} 掺杂量的增加，D_{Li^+} 呈先增大后减小

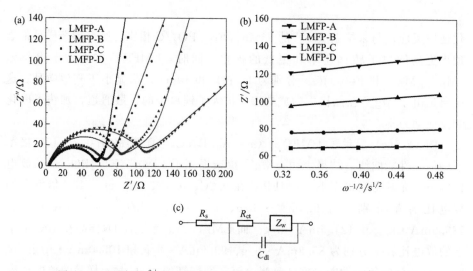

图 14.6 不同 Mg^{2+} 掺杂量样品 Nyquist 曲线 (a)；Z' 和 $\omega^{-1/2}$ 的关系曲线 (b)；等效电路图 (c)

的趋势。这是因为 Mg^{2+} 的掺杂降低了 M—O(M=Mn、Fe、Mg)键的长度,增加了 Li—O 键的长度,增大了锂离子扩散通道。此外,Mg^{2+} 不具有电化学活性,可以稳定晶格。然而,Mg^{2+} 的过量掺杂会导致 $LiMn_{0.6}Fe_{0.4}PO_4/C$ 晶格畸变严重,进而导致锂离子扩散通道堵塞。

表 14.2　原始样品和不同 Mg 掺杂量样品的 R_{ct} 和 D_{Li^+} 值

参数	LMFP-A	LMFP-B	LMFP-C	LMFP-D
R_{ct}/Ω	99.54	75.95	48.59	58.83
$D_{Li^+}/(cm^2/s)$	0.158×10^{-13}	0.303×10^{-13}	6.530×10^{-13}	2.380×10^{-13}

14.5　本章小结

本章以 MgO 为镁源,通过湿法球磨、喷雾干燥、高温烧结等步骤合成了掺镁 $LiMn_{0.6}Fe_{0.4-y}Mg_yPO_4/C$ 正极材料。结果表明,Mg^{2+} 可以成功取代材料中的 Fe^{2+} 形成固溶体。由于 Mg^{2+} 的离子半径小于 Mn^{2+} 和 Fe^{2+},Mg^{2+} 掺杂改变了材料的晶胞参数,扩大了锂离子的扩散通道,提高了锂离子的传输效率。随着 Mg^{2+} 掺杂量的增加,电荷转移阻抗降低,电化学性能特别是倍率性能提高。$LiMn_{0.6}Fe_{0.39}Mg_{0.01}PO_4/C$ 材料 0.2C 倍率下的放电比容量为 $159.6mA \cdot h/g$,10C 倍率下也能达到 $124.5mA \cdot h/g$。然而,由于 Mg^{2+} 不具有电化学活性,掺杂量过多时会导致电化学性能下降。因此,当 $LiMn_{0.6}Fe_{0.4}PO_4/C$ 中 Mn 与 Fe 的比值为 6:4 时,掺杂 1% Mg^{2+} 取代 Fe^{2+} 制得的 $LiMn_{0.6}Fe_{0.39}Mg_{0.01}PO_4/C$ 材料具有最好的高倍率放电性能。

参考文献

[1]　Örnek A,Efe O. Doping qualifications of $LiFe_{1-x}Mg_xPO_4$-C nano-scale composite cathode materials. Electrochimica Acta,2015,166:338-349.

[2]　Dong Y,Xie H,Song J,et al. The prepared and electrochemical property of Mg doped $LiMnPO_4$ nanoplates as cathode materials for lithium-ion batteries. Journal of the Electrochemical Society,2012,159(7):A995-A998.

[3]　Boyadzhieva T,Koleva V,Kukeva R,et al. Storage performance of Mg^{2+} substituted $NaMnPO_4$ with an olivine structure. RSC Advances,2020,10(49):29051-29060.

[4]　Barker J,Saidi M Y,Swoyer J L. Lithium iron(Ⅱ) phospho-olivines prepared by a novel carbothermal reduction method. Electrochemical and Solid-State Letters,2003,6(3):A53-A55.

[5]　Yan C,Wu K,Jing P,et al. Mg-doped porous spherical $LiFePO_4$/C with high tap-density and enhanced

electrochemical performance. Materials Chemistry and Physics, 2022, 280: 125711.

[6] Chu X, Chen W, Fang H. Hydrothermal synthesis of olivine phosphates in the presence of excess phosphorus: a case study of $LiMn_{0.8}Fe_{0.19}Mg_{0.01}PO_4$. Ionics, 2021, 27 (8): 3259-3269.

[7] Jang D, Palanisamy K, Kim Y, et al. Structural and electrochemical properties of doped $LiFe_{0.48}Mn_{0.48}Mg_{0.04}PO_4$ as cathode material for lithium ion batteries. Journal of Electrochemical Science and Technology, 2013, 4 (3): 102-107.

[8] Yu H, Han J S, Hwang G C, et al. Optimization of high potential cathode materials and lithium conducting hybrid solid electrolyte for high-voltage all-solid-state batteries. Electrochimica Acta, 2021, 365: 137349.

[9] Zhu C, Wu Z, Xie J, et al. Solvothermal-assisted morphology evolution of nanostructured $LiMnPO_4$ as high-performance lithium-ion batteries cathode. Journal of Materials Science & Technology, 2018, 34 (9): 1544-1549.

[10] Huang Y H, Goodenough J B. High-rate $LiFePO_4$ lithium rechargeable battery promoted by electrochemically active polymers. Chemistry of Materials, 2008, 20 (23): 7237-7241.

[11] Duan J, Hu G, Cao Y, et al. Synthesis of high-performance Fe-Mg-co-doped $LiMnPO_4$/C via a mechano-chemical liquid-phase activation technique. Ionics, 2016, 22 (5): 609-619.

[12] Ramar V, Balaya P. Enhancing the electrochemical kinetics of high voltage olivine $LiMnPO_4$ by isovalent co-doping. Physical Chemistry Chemical Physics, 2013, 15 (40): 17240-17249.

[13] Zhuang Y, Zhang W, Bao Y, et al. Influence of the $LiFePO_4$/C coating on the electrochemical performance of Nickel-rich cathode for lithium-ion batteries. Journal of Alloys and Compounds, 2022, 898: 162848.

[14] Li Z, Ren X, Zheng Y, et al. Effect of Ti doping on $LiFePO_4$/C cathode material with enhanced low-temperature electrochemical performance. Ionics, 2020, 26 (4): 1599-1609.

第15章

钛离子掺杂对磷酸锰铁锂材料性能的影响

15.1 引言

磷酸锰铁锂正极材料的本征电导率和离子电导率低是阻碍该材料应用发展的一大障碍，而离子掺杂可有效改善此问题。相较于锂位掺杂，对铁位掺杂的研究更为广泛。研究表明，钛掺杂可有效提高正极材料的电化学性能。Huang 等[1] 将 Fe^{2+}、Ti^{4+} 共掺在 $LiMnPO_4$ 中合成了 $Li(Mn_{0.85}Fe_{0.15})_{0.92}Ti_{0.08}PO_4/C$ 复合材料。Fe^{2+} 和 Ti^{4+} 的协同作用提升了 $LiMnPO_4$ 材料的电化学动力学性能。并且，钛掺杂磷酸锰铁锂材料电化学性能得到大幅提升，放电比容量为 $144.4mA \cdot h/g$，循环 50 次后容量保持率为 99.9%。Wu 等[2] 报道了钛掺杂 $LiFePO_4$ 材料，发现 Ti^{4+} 掺杂能有效抑制 $LiFePO_4$ 颗粒的聚集，提高 Li^+ 通过 $LiFePO_4/FePO_4$ 界面的扩散速率。且 Ti^{4+} 掺杂可降低电荷转移阻抗和 Warburg 阻抗。高平等[3] 采用固相法合成了 Ti^{4+} 掺杂磷酸锰铁锂材料。Ti^{4+} 占据铁位后，造成铁位部分空缺，从而形成阳离子空位，形成 p 型半导体。由于电荷的重新分配阳离子空位使附近的 Fe—O 和 Mn—O 形成导电簇，缩短了材料的能带间隙，有效提高了材料的导电性能。本章在前人的基础上，采用 TiO_2 为钛源，通过固相法合成 $LiMn_{0.6}Fe_{0.4-x}Ti_xPO_4/C$ 正极材料，探究 Ti^{4+} 不同掺杂量对其电化学性能的影响。

15.2 样品制备

首先，将去离子水放入纳米研磨机中，再将磷酸铁（$FePO_4$）、草酸锰（MnC_2O_4）、磷酸二氢锂（LiH_2PO_4）、碳酸锂（Li_2CO_3）、葡萄糖（$C_6H_{12}O_6 \cdot H_2O$）和掺杂剂二氧化钛（TiO_2）按照一定顺序加入纳米研磨机中。其中，

Mn：Fe：Ti＝60：40－x：x（x＝0、1、2、3），根据 Ti^{4+} 掺杂量的不同分别命名为 LMFP－x（x＝0、1、2、3）。然后，将研磨好的浆料通过喷雾干燥塔，得到 Ti^{4+} 掺杂的磷酸锰铁锂前驱体。最后，将前驱体放入氮气保护的管式炉中，730℃烧结 6h，冷却至室温后得到 Ti^{4+} 掺杂的磷酸锰铁锂正极材料。

15.3　样品 XRD 分析

图 15.1(a) 为不同 Ti^{4+} 掺杂量磷酸锰铁锂材料的 XRD 图谱。与 LiMnPO$_4$

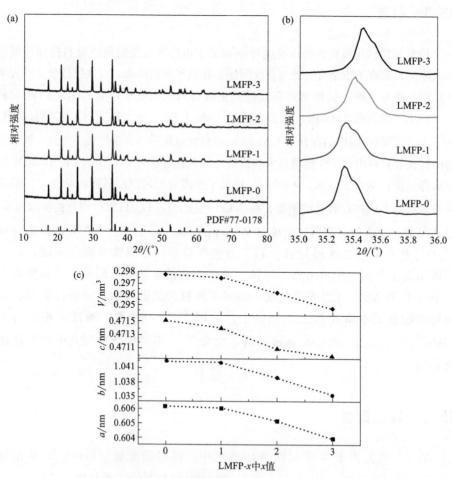

图 15.1　不同 Ti^{4+} 掺杂量样品的 XRD 图 （a）；35°～36°之间的放大图 （b）；晶胞参数与晶胞体积变化图 （c）

标准图谱（PDF♯77-0178）对比可知，四个样品的衍射峰均与标准衍射峰相对应，表明所有样品都具有橄榄石型结构。衍射峰强，峰形尖锐，表明材料结晶度好。四组样品的衍射峰相对于标准衍射峰向高角度方向偏移，这是因为 Fe^{2+} 比 Mn^{2+} 离子半径更小[4,5]。谱图中没有发现碳衍射峰和其他杂峰，表明碳以无定形形式存在，并且主相纯度较高。图 15.1（b）是 $35°\sim36°$ 的局部放大图。可以看到，随着 Ti^{4+} 掺杂量的增加，衍射峰向高角度方向偏移，这是由于 Ti^{4+} 半径（0.0605nm）比 Fe^{2+} 还要小。图 15.1（c）为样品晶胞参数与晶胞体积随 Ti^{4+} 掺杂量的变化图。随着 Ti^{4+} 掺杂量的增加，样品的晶胞体积逐渐减小。这些数据进一步表明，Ti^{4+} 被成功掺杂到磷酸锰铁锂的晶格中，形成了固溶体。

15.4　样品形貌分析

图 15.2 为 $LiMn_{0.6}Fe_{0.4-x}Ti_xPO_4/C$ 材料的扫描电子显微镜图。从图中可以看到，采用湿法球磨、喷雾干燥和高温烧结法制备的正极材料均为球形或类球形颗粒。仔细观察发现，这些球形颗粒是由许多一次颗粒聚集而成的二次

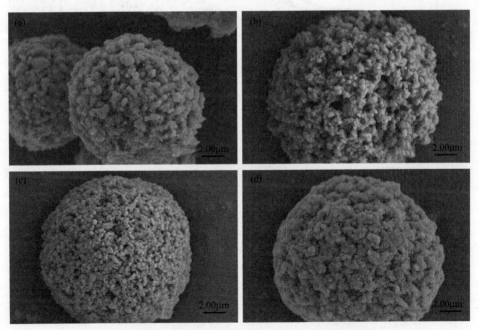

图 15.2　不同 Ti^{4+} 掺杂量样品的 SEM 图

(a) LMFP-0；(b) LMFP-1；(c) LMFP-2；(d) LMFP-3

颗粒，二次颗粒的直径为 $4\sim7\,\mu m$。随着 Ti^{4+} 掺杂量的增加，一次颗粒变得细小，形状规则，电子和离子在材料内的迁移路径变短，使得锂离子的脱出与嵌入更顺畅，有利于提高材料的电化学性能。从图 15.2(a)、图 15.2(b) 可以看到一次颗粒有团聚现象，随着 Ti^{4+} 掺杂量的增加［图 15.2(c) 和图 15.2(d)］，团聚现象大大减弱。颗粒分散性的提高使得电解液与正极材料更加充分地接触，从而大大降低正极材料与电解液界面的电荷转移阻抗，从而使材料表现出更好的电化学性能。

15.5 样品电化学性能分析

图 15.3(a) 为 LMFP-$x(x=0、1、2、3)$ 四组样品 0.2C 倍率下的首次充放电曲线。可以看出，所有样品在充放电过程中均产生两个电压平台，分别对应 Fe^{3+}/Fe^{2+}（3.5V vs. Li/Li^+）和 Mn^{3+}/Mn^{2+}（4.0V vs. Li/Li^+）氧化还原电对[6,7]。四组样品的电压平台随着 Ti^{4+} 掺杂量的增加而升高，中值电压的

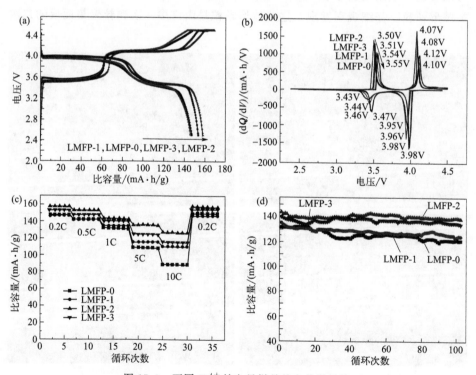

图 15.3 不同 Ti^{4+} 掺杂量样品的电化学性能

(a) 0.2C 倍率下首次充放电曲线；(b) dQ/dV 曲线；(c) 倍率性能曲线；(d) 1C 倍率下循环性能曲线

提升可提高材料的能量密度。LMFP-x($x=0$、1、2、3)材料 0.2C 倍率下的放电比容量分别为 147.1mA·h/g、145.9mA·h/g、157.8mA·h/g、153.4mA·h/g。可以看出，当 Ti^{4+} 掺杂量为 2% 时材料的放电比容量达到最大，说明掺杂量对 $LiMn_{0.6}Fe_{0.4}PO_4$/C 材料的放电性能有很大影响。将充放电曲线结合来看，LMFP-x($x=0$、1、2、3)四组样品的首次库仑效率分别为 88.2%、89.1%、93.6% 和 92.5%，可能是充放电过程中结构发生了不可逆变化，造成锂位的缺失数量不同，说明 Ti^{4+} 掺杂能有效改善 $LiMn_{0.6}Fe_{0.4}PO_4$/C 的放电性能。

图 15.3(b) 为四组样品在 0.2C 倍率下的 dQ/dV 曲线。与材料的首次充放电曲线一样，图中 3.5V 和 4.0V 附近也有两对明显的峰，分别对应 Fe^{3+}/Fe^{2+} 和 Mn^{3+}/Mn^{2+} 氧化还原电对。LMFP-2 样品具有更加对称的氧化还原峰，表明其具有更好的可逆性。两对峰各自的氧化还原峰之间的电压差反映了材料的极化，LMFP-2 样品的电压差最小（Fe^{2+}/Fe^{3+} 为 0.03V，Mn^{2+}/Mn^{3+} 为 0.09V），极化最小。另外，LMFP-2 样品的峰值最高，说明其具有更好的电极动力学，Li^+ 转移速率更快。这主要是由于 Ti^{4+} 在晶格中的成功掺杂扩大了锂离子的扩散通道，促进了电化学反应的动力学过程。

图 15.3(c) 为四组样品在 0.2C、0.5C、1C、5C、10C 下的倍率性能曲线。结果表明，LMFP-2 即 $LiMn_{0.6}Fe_{0.38}Ti_{0.02}PO_4$/C 样品具有最佳的倍率性能。1C 下放电比容量为 143.5mA·h/g，为理论比容量的 84.4%，特别是在 10C 下放电比容量为 126.8mA·h/g，为理论比容量的 74.6%。未掺杂 Ti^{4+} 的 LMFP-0 样品在 1C 和 10C 下的放电比容量分别为 131.9mA·h/g 和 88.4mA·h/g。LMFP-1 和 LMFP-3 样品在 10C 下的放电比容量分别为 110.2mA·h/g 和 115.9mA·h/g。经过大电流密度放电后重新回到 0.2C，所有样品的放电比容量均比初始 0.2C 放电比容量高，说明材料结构稳定。综上，Ti^{4+} 掺杂可有效提高材料的倍率性能。

图 15.3(d) 为四组样品在 1C 倍率下的循环性能曲线。从图中可以看到，LMFP-2 样品一直保持着较高的放电比容量，100 次循环后的容量保持率为 96.4%。其余三个样品的容量保持率有不同程度的下降，LMFP-0、LMFP-1、LMFP-3 分别为 91.8%、92.1%、95.8%。可见 Ti^{4+} 掺杂提高了材料的循环稳定性，当 Ti^{4+} 掺杂量为 2% 时循环性能最佳。

为了进一步表征材料的动力学性能，对四组样品进行了交流阻抗图谱（EIS）测试。图 15.4(a) 为不同 Ti^{4+} 掺杂量 LMFP-x($x=0$、1、2、3)材料的 Nyquist 曲线。采用 ZView 软件进行拟合，等效电路如图 15.4(c) 所示，其中数据点为测试数据，实线为拟合数据。从图中可以看到，所有曲线均由中高频区一个半圆和低频区一条斜线组成。曲线在高频区与 Z' 轴的截距为电解液、电极材料和隔膜产生的欧姆电阻（R_s），中频区半圆代表电解质/电极界面处的电荷转移阻抗（R_{ct}），低频区斜线为 Warburg 阻抗（Z_w），与锂离子在电极材料内部的扩散有关[8,9]。根据图 15.4(c) 的等效电路，经 ZView 拟合得到 R_{ct}，如表 15.1 所示。根据图 15.4(b) 中 Z' 和 $\omega^{-1/2}$ 拟合直线的斜率求得 Warburg 系数 σ，进而计算锂离子扩散系数 D_{Li^+}，结果见表 15.1。可以看到，随着 Ti^{4+} 掺杂量的增加，样品的电荷转移阻抗先减小后增大，当 Ti^{4+} 掺杂量为 2% 时，LMFP-2 材料的电荷转移阻抗最低（36.14Ω），锂离子扩散系数最大（$6.680 \times 10^{-13} cm^2/s$），这归因于较小的晶粒尺寸和颗粒的分散性。当掺杂量为 3% 时，LMFP-3 样品的 R_{ct} 值升至 52.10Ω，锂离子扩散系数为 $2.050 \times 10^{-13} cm^2/s$，这可能是因为晶粒变小后团聚现象加剧，阻碍了电解液的接触，增大了锂离子扩散距离和电荷转移阻抗。

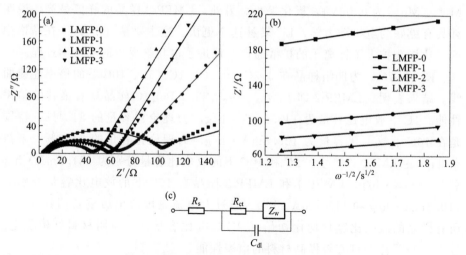

图 15.4　不同 Ti^{4+} 掺杂量样品 Nyquist 曲线（a）；
Z' 和 $\omega^{-1/2}$ 关系曲线（b）；等效电路图（c）

表 15.1　不同 Ti^{4+} 掺杂量样品 R_{ct}、σ 和 D_{Li^+} 值

参数	LMFP-0	LMFP-1	LMFP-2	LMFP-3
R_{ct}/Ω	96.94	55.35	36.14	52.10
$\sigma/(\Omega/s^{1/2})$	45.46	31.14	20.37	26.50
$D_{Li^+}/(cm^2/s)$	0.460×10^{-13}	3.210×10^{-13}	6.680×10^{-13}	2.050×10^{-13}

图 15.5(a) 为四组样品制成全电池后，室温 0.5C 下的首次放电曲线，电

压范围为 $2.0 \sim 4.3V$。从图中可以看到，Mn^{3+}/Mn^{2+} 的放电电压平台为 $3.9V$ 左右，Fe^{3+}/Fe^{2+} 的放电电压平台为 $3.4V$ 左右，这是由于全电池使用碳作负极，碳电极的标准电势比锂高出 $0.1V$。放电比容量方面，LMFP-2 的放电比容量最大，为 141.8mA·h/g，而 LMFP-0、LMFP-1、LMFP-3 的放电比容量分别为 127.7mA·h/g、129.8mA·h/g、137.0mA·h/g。这是因为 Ti^{4+} 掺杂降低了一次颗粒粒径，形状更规则，使得极片具有更高的压实密度，从而提升了电池的体积能量密度。

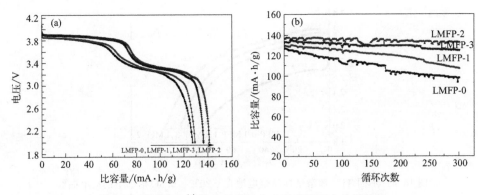

图 15.5　不同 Ti^{4+} 掺杂量样品全电池室温下电化学性能
(a) 0.5C 倍率下首次放电曲线；(b) 1C 倍率下循环曲线

图 15.5(b) 为四组样品制成全电池后，室温 1C 倍率下的循环性能曲线。从图中可以看到，前几次循环四个样品的放电比容量都较低，这是因为活性物质在电解液中需要活化。LMFP-0 电池的初始放电比容量为 126.1mA·h/g，300 次循环后下降至 97.4mA·h/g，容量保持率为 77.2%。与 LMFP-0 相比，LMFP-1、LMFP-2、LMFP-3 具有更高的容量保持率。其中，LMFP-2 电池的初始放电比容量为 135.6mA·h/g，300 次循环后下降到 131.8mA·h/g，容量保持率为 97.2%，是掺 Ti^{4+} 样品中循环性能最好的。因此，掺入 2% Ti^{4+} 可大大改善磷酸锰铁锂材料的循环性能。

低温性能是限制锂离子电池材料实际应用的一个关键因素，其取决于电解液在低温下的离子电导率、电荷转移阻抗和锂离子在正极材料中的扩散速率[10]。图 15.6 为四组样品制成全电池后在 $-20℃$、0.5C 倍率下的放电曲线。相较于常温放电曲线中存在两个放电平台，低温放电曲线中没有出现。这是因为低温对材料本身或材料与电解液之间的界面造成影响，可转移的锂离子变少或锂离子来不及转移，两相共存状态时间变短，造成放电平台变短或消失。从图中可以看到，LMFP-2 的低温放电性能最好，放电比容量为 99.9mA·h/g，为常温放电比容量的 70.4%。而 LMFP-0、LMFP-1、LMFP-3 的低温放电比容量分别为 76.8mA·h/g、86.0mA·h/g、90.3mA·h/g，分别为常温放电比容量的 60.1%、66.2%、65.9%。LMFP-2 样品良好的低温放电性能是由于 Ti^{4+} 的金属键能比 Fe^{2+} 强，晶格之间的作用力变强，晶格也更紧密地结合在一起，晶粒尺寸变小，锂离子扩散路径变短。

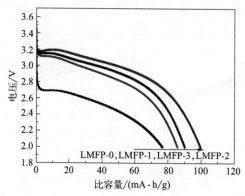

图 15.6 不同 Ti^{4+} 掺杂量样品全电池在 $-20℃$、0.5C 倍率下的放电曲线

15.6 本章小结

本章成功合成了不同 Ti^{4+} 掺杂量的磷酸锰铁锂正极材料，对比讨论了 Ti^{4+} 掺杂量对磷酸锰铁锂材料电化学性能的影响。通过 XRD、SEM 和电化学性能测试及动力学参数的测试对四个样品进行了分析，所得结论如下：

① XRD 结果表明，Ti^{4+} 掺杂没有改变 $LiMn_{0.6}Fe_{0.4}PO_4$ 的橄榄石结构。通过观察衍射峰对应衍射角的变化和晶胞参数的变化可以确定 Ti^{4+} 被成功掺入 $LiMn_{0.6}Fe_{0.4}PO_4/C$ 晶格中。

② 随着 Ti^{4+} 掺杂量的增加，$LiMn_{0.6}Fe_{0.4}PO_4$ 一次颗粒不断减小，形状更规则，分散性更好，有利于材料与电解液的接触，缩短锂离子扩散路径，提高锂离子迁移效率。但掺杂过多会使一次颗粒变得更小，出现团聚现象，不利于材料在电解液中浸润。

③ Ti^{4+} 掺杂量为 2% 时制得的 $LiMn_{0.6}Fe_{0.38}Ti_{0.02}PO_4/C$ 具有最优的电化学性能。室温 0.2C 放电比容量为 157.8mA·h/g，而 10C 下放电比容量仍高达 126.8mA·h/g，为理论容比量的 74.6%。且该材料具有良好的电化学

动力学，使其在低温下也表现出较高的放电比容量。将 LMFP-2 制成 14500 圆柱形全电池，$-20℃$ 下 0.5C 放电比容量为 99.9mA·h/g，为常温放电比容量的 70.4%。

参考文献

[1] Huang Q Y, Wu Z, Su J, et al. Synthesis and electrochemical performance of Ti-Fe co-doped LiMnPO$_4$/C as cathode material for lithium-ion batteries. Ceramics International, 2016, 42 (9): 11348-11354.

[2] Wu L, Wang Z X, Li X H, et al. Electrochemical performance of Ti^{4+}-doped LiFePO$_4$ synthesized by co-precipitation and post-sintering method. Transactions of Nonferrous Metals Society of China, 2010, 20 (5): 814-818.

[3] Gao P, Tan Z, Cheng F Q, et al. Effect of doping with Ti^{4+} ion on the electrochemical performance of LiFe$_{0.6}$Mn$_{0.4}$PO$_4$/C. Acta Physico-Chimica Sinica, 2012, 28 (02): 338-342.

[4] Zoller F, Böhm D, Luxa J, et al. Freestanding LiFe$_{0.2}$Mn$_{0.8}$PO$_4$/rGO nanocomposites as high energy density fast charging cathodes for lithium-ion batteries. Materials Today Energy, 2020, 16: 100416.

[5] Zhou X, Deng Y, Wan L, et al. A surfactant-assisted synthesis route for scalable preparation of high performance of LiFe$_{0.15}$Mn$_{0.85}$PO$_4$/C cathode using bimetallic precursor. Journal of Power Sources, 2014, 265: 223-230.

[6] Zhu C, Wu Z, Xie J, et al. Solvothermal-assisted morphology evolution of nanostructured LiMnPO$_4$ as high-performance lithium-ion batteries cathode. Journal of Materials Science & Technology, 2018, 34: 1544-1549.

[7] Huang Y H, Goodenough J B. High-rate LiFePO$_4$ lithium rechargeable battery promoted by electrochemically active polymers. Chemistry of Materials, 2008, 20 (23): 7237-7241.

[8] Jegal J P, Kim K B. Carbon nanotube-embedding LiFePO$_4$ as a cathode material for high rate lithium ion batteries. Journal of Power Sources, 2013, 243: 859-864.

[9] Lei X, Zhang H, Chen Y, et al. A three-dimensional LiFePO$_4$/carbon nanotubes/graphene composite as a cathode material for lithium-ion batteries with superior high-rate performance. Journal of Alloys and Compounds, 2015, 626: 280-286.

[10] 骆艳华，裴晓东，何楠. 温和条件下制备掺 Ti^{4+} 磷酸铁的研究. 金属矿山，2018，10：115-120.

第16章

磷酸锰铁锂材料的表征技术

磷酸锰铁锂材料需要进行相关的测量和表征。没有精密准确的检验数据作支持，无法判断材料是否合格，也无法通过研发得到稳定的制备工艺，也就无法得到合格、满足使用要求的磷酸锰铁锂产品。对材料的严格检验，贯穿原料采购、合成制造和成品判定等整个生产过程。

一般对锂离子电池材料的分析表征，都包括材料的物理性能、化学性能和电化学性能的检测。其中，物理性能检测主要是对材料的粒度、振实密度、压实密度、比表面积、电导率等性能进行检测[1]；化学性能检测主要是对材料的主元素（磷、铁、锰、锂、碳）、杂质元素、水分含量、pH 值进行检测；而电化学性能检测分为半电池检测和全电池检测，分别测试磷酸锰铁锂材料对金属锂和碳的容量发挥。以下对上述的各项内容进行说明。相关的检验检测方法可以参照相关国际执行[2,3]。已经有一些单位制定了相关的团体标准[4]。

16.1 磷酸锰铁锂材料物理性能测试方法

磷酸锰铁锂材料的物理性能，主要是指材料的外观、振实密度、压实密度、粒度、比表面积、粉体电导率等物理指标。以下详细说明。

16.1.1 磷酸锰铁锂材料外观检验方法

磷酸锰铁锂材料的外观检验是材料性能检测的重要一环。通过外观检验，比较容易看出材料是否有团聚、流动性是否良好、颜色是否稳定、成分是否均匀，从而判断出材料的化学成分、包覆碳裂解程度、是不是被污染、烧结温度是否足够、破碎是否达标等。

外观检验一般是在光照充足的自然光（或者白光）条件下观察。在视野中，材料应为黑灰色粉末，颜色均一，无结块。

16.1.2 磷酸锰铁锂材料粒径分布与检测方法

磷酸锰铁锂材料的粒径分布是影响电池性能的一个重要的指标。磷酸锰铁锂材料的粒度一般使用激光粒度仪测量。一般，用 D 代表粉体颗粒的直径，D_{10} 表示磷酸锰铁锂正极材料中累计粒度分布体积百分数达到 10％ 时所对应的粒径；D_{50} 表示磷酸锰铁锂正极材料中累计粒度分布体积百分数达到 50％ 时所对应的中位粒径；D_{90} 表示磷酸锰铁锂正极材料中累计粒度分布体积百分数达到 90％ 时所对应的粒径，单位为 μm。D_{10} 越小，表明粉体材料中细粉越多；D_{90} 越大，表明粉体材料中大颗粒越多。一般磷酸锰铁锂材料的粒径范围 D_{10}：$\geqslant 0.1 \mu m$，D_{50}：$0.5 \sim 5 \mu m$，D_{90}：$\leqslant 30 \mu m$。

磷酸锰铁锂材料粒径分布的测定通常可参照《粒度分布 激光衍射法》（GB/T 19077—2016）的规定进行测定。

① 该测定方法的原理 颗粒样品以合适的浓度分散于适宜的液体或气体中，使其通过单色光束（通常是激光），当光遇到颗粒后以不同角度散射，由多元探测器测量散射光，存储这些与散射图样有关的数值并用于随后的分析。通过适当的光学模型和数学过程，转换这些量化的散射数据，得到一系列离散的粒径段上的颗粒体积相对于颗粒总体积的百分比，从而得出颗粒粒度体积分布。

② 试样的制备 在烧杯中放入分散剂和被测试样，再加入一定量的纯水，用玻璃棒充分搅拌，使样品分散均匀。

③ 测定过程 开启激光衍射粒度分析仪，预热 30min，选择合适的粒径范围，在光学部件正确对焦后，测量无颗粒的分散介质作为背景，背景测量应与样品测量采用相同的仪器条件，背景测量完成后应马上测量样品。确保有足够的测量时间采集足够的信号，得到的测量结果在统计学上要有代表性，并检查测量时间长短对粒度分布结果的影响。最后读取 D_{10}、D_{50}、D_{90} 的值，并保存报告。

16.1.3 磷酸锰铁锂材料比表面积检测方法

比表面积是单位质量或体积的表面积，是磷酸锰铁锂材料的一个非常重要的参数。一般认为，比表面积决定了磷酸锰铁锂材料的加工性能。一般来说，比表面积小时，浆料黏度低，易于流动，涂布质量容易控制；比表面积大时，浆料黏度大，耗费的 NMP 多，且吸附的水分不易被烘干，同时需要的胶量也比较大。比表面积与合成磷酸锰铁锂时的工艺、碳源、烧结温度、冷却方式都有关系，需要综合掌握控制。磷酸锰铁锂材料比表面积最好不大于 $30m^2/g$。

磷酸锰铁锂材料比表面积的检测通常可参照《金属粉末比表面积的测定 氮吸附法》（GB/T 13390—2008）的规定进行测定。

比表面积的测量方法分为动态法和静态法。两种方法都是通过确定吸附质气体的吸附量来计算待测粉体的比表面积。这种通过 BET❶ 理论计算得到的比表面称为 BET 比表面积。目前，被比较广泛地应用于比表面积测试的方法是 BET 法。

使用比表面积测试仪进行测量时，严格按厂家规定的产品操作规程进行即可。测试过程如下。

① 样品称量 取一洁净无破损的样品管，称其质量 m_1。然后向样品管中装入适量样品，称量样品与样品管的总质量 m_2，一般小比表面积样品多装，大比表面积样品少装。根据经验，如果知道样品比表面积范围，可以通过经验公式：样品质量（mg）＝20000÷样品比表面积（m^2/g）估算，从而减少测试误差，而且节省时间。但是最少称 50mg 以减少称量误差，最多不能超过样品管粗管体积的 3/4，以免气体流动不畅。

② 样品处理 在 120℃烘箱中干燥 2～3h。

③ 样品测试 将处理好的样品安装在测试主机上，打开主机电源，打开测试软件，进行系统预热，预热结束后设置参数，将样品名称、质量填写在对应的栏目中；准备液氮，液氮液面距杯口大约 2cm，将液氮杯置于升降系统托盘上；检查分压表是否正常，确认无误后开始吸附测试。

④ 数据分析 通过 3～5 个点拟合成直线计算得出结果。

16.1.4 磷酸锰铁锂材料振实密度检测方法

磷酸锰铁锂材料振实密度测定一般按照《金属粉末 振实密度的测定》（GB/T 5162—2021）的规定进行测定。

该测定方法一般采用 25mL 或者 100mL 的量筒，内部按材料的松装密度

---

❶ BET 是三位科学家（Brunauer、Emmett 和 Teller）的首字母缩写，三位科学家于 1938 年提出的多分子层吸附理论（简称 BET 理论），被广泛应用于颗粒表面吸附性能研究及相关检测仪器的数据处理中。

值装入不同质量的粉体，在振实密度测试仪上进行测量。振实装置依靠凸轮的转动，带动导杆上下滑动并冲击底座，使量筒内的粉末逐渐被振实。一般振幅为 3mm，振动频率为每分钟 100～300 次。振动直到粉末体积不再减少，一般振动 20～30min 即可达到要求。按照振实后的材料体积和质量，即可计算出材料的振实密度。

$$\rho = \frac{m_1 - m_0}{V_1} \tag{16.1}$$

式中　ρ——材料的振实密度，g/cm^3；

m_0——量筒的质量，g；

m_1——量筒和样品的总质量，g；

V_1——样品振完之后的体积，mL。

所得结果精确至小数点后两位小数，3 次平行测定结果之差不大于 $0.1g/cm^3$，取其算术平均值为测定结果。图 16.1 为振实密度测试仪外观。

图 16.1　振实密度测试仪外观

16.1.5　磷酸锰铁锂材料压实密度检测方法

磷酸锰铁锂材料压实密度一般指材料的粉末压实密度，材料的真密度、形貌、粒径均会影响其压实密度，它在一定程度上可反映极片的压实密度。

磷酸锰铁锂材料的压实密度可通过自动粉末电阻率及压实密度仪进行测定，其电导率可一并测出。

该设备的测试原理是：在垂直的内绝缘空心柱体上下两端配置两个平面测试电极，粉末样品装填于上下两个测试电极之间，通过给样品施压而改变粉末的状态，实时监控粉末样品受压后的厚度及电阻变化，并实现不同量化压力条件下的压实密度及电导率的计算。

图 16.2 是元能科技（厦门）有限公司自动粉末电阻率及压实密度仪对磷酸锰铁锂材料压实密度和电导率进行测试，得到的电导率和压实密度随压力变化的曲线图。从图中可看出压力达到 200MPa 时，材料的电导率和压实密度不再有明显的变化，因此测量磷酸锰铁锂材料的电导率及压实密度的压力大小应选择 200MPa 为最佳。

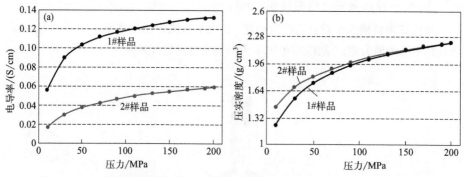

图 16.2　两种磷酸锰铁锂材料电导率（a）及压实密度（b）随压力的变化图

具体测试方法如下。

测试参数压力范围 10～200MPa，测试模具直径可选 13mm 或 16mm 中一种，设备重复性和再现性＜10％，取样量需结合模具直径进行适当调整。样品根据需求及样品情况进行合理的样品预处理，如样品测试前的烘干处理，若无特殊需求则无需预处理操作。

（25±2）℃条件下，将已完成清洁的空模具（含上下测试电极/垫片）装入测试设备，配套测试软件端进行厚度复位；完成复位后称取适量待测样品装入模具中，适当振平样品，安装上测试电极/垫片，将模具装入测试设备，启动测试软件，开始测试。

样品测试完成后，读取测试电脑端已存储的数据：压力、压强、电阻、厚度、电阻率、压实密度、电导率。压实密度和粉体电导率取 200MPa 测试压力下的数值，分别结合公式(16.2) 和公式(16.3) 进行计算：

$$D = \frac{m}{SL} \tag{16.2}$$

式中　D——压实密度，g/cm^3；

　　　m——取样质量，g；

　　　S——测试电极面积，cm^2；

　　　L——受压后测试样品厚度，cm。

$$\sigma_e = \frac{1}{\rho} = \frac{L}{RS} \tag{16.3}$$

式中　σ_e——电导率，S/cm；

　　　ρ——测试电阻率，$\Omega \cdot cm$；

　　　S——测试电极面积，cm^2；

　　　L——受压后测试样品厚度，cm；

　　　R——测试电阻，Ω。

16.1.6　磷酸锰铁锂材料粉体电导率检测方法

纯净的磷酸锰铁锂材料接近绝缘体，电导率在 $10^{-14}\,S/cm$ 量级。为了改善材料的离子和电导传导性能，需要在磷酸锰铁锂表面进行碳包覆，碳包覆后性能直观的改变就是电导率得到巨大的提升，电导率可达到 $10^{-3}\,S/cm$。磷酸锰铁锂材料电导率增加后，可以减少电池内阻，提高电池的放电平台和放电倍率。因此，磷酸锰铁锂材料的电导率对电池设计具有重要意义。磷酸锰铁锂材料粉体电导率在测试材料压实密度时可一并测出，具体可参照 16.1.5。

16.2　磷酸锰铁锂材料化学性能测试方法

化学成分分析，主要是分析磷酸锰铁锂材料的化学成分、化学元素以及因为化学成分变化导致的性能（如 pH 值等）的改变。具体的检测方法详细说明如下。

16.2.1　磷酸锰铁锂材料 Mn/Fe 原子比检测方法

磷酸锰铁锂材料的 Mn/Fe 原子比可在其锰和铁的元素含量测出后进行计算。计算公式如下：

Mn/Fe 原子比＝（Mn 的含量/Mn 的原子量）/（Fe 的含量/Fe 的原子量）

16.2.2 磷酸锰铁锂材料水分含量（H_2O）检测方法

磷酸锰铁锂材料的比表面积较大，特别是其中包覆的碳材料，具有丰富的孔隙结构，一般都有少量的吸附水存在。磷酸锰铁锂材料中如果存在大量吸附水，会在后续的制浆过程中导致聚偏二氟乙烯（PVDF）成为凝胶，严重影响涂布效果。一般来说，磷酸锰铁锂材料的水分含量≤0.1%最好。

磷酸锰铁锂材料水分含量（H_2O）可以用卡尔费修微量水分测试仪进行检测。测试原理是：存在于试样中的任何水分（游离水和结晶水）与已知滴定度的卡尔费休试剂（碘、二氧化硫、吡啶和甲醇组成的溶液）进行定量反应。参照《化工产品中水分含量的测定　卡尔·费休法（通用方法）》（GB/T 6283—2008）的规定进行测定。也可以直接用烘干的方法测定，下面以该方法进行描述：

取三个平底蒸发皿，用蒸馏水洗净后放烘箱中110℃下干燥0.5h，趁热取出后称重，记录蒸发皿的质量 m_0。取少量磷酸锰铁锂正极材料样品于平底蒸发皿中，称重 m_1；于110℃烘箱中干燥2h，然后趁热取出，称重 m_2。

以质量百分数表示水（H_2O）含量 X_0，按式(16.4)计算：

$$X_0 = \left(\frac{m_2 - m_0}{m_1 - m_0}\right) \times 100\%$$ (16.4)

式中　m_0——平底蒸发皿的质量，g；

　　　m_1——干燥前正极材料和平底蒸发皿的总质量，g；

　　　m_2——干燥后正极材料和平底蒸发皿的总质量，g。

所得结果精确到0.001%，两次平行测定结果之差不大于0.03%，取其算术平均值为测定结果。

16.2.3 磷酸锰铁锂材料碳含量检测方法

磷酸锰铁锂材料的碳含量检测可参照《钢铁　总碳硫含量的测定　高频感应炉燃烧后红外吸收法（常规方法）》（GB/T 20123—2006）的规定进行测定。此方法原理是：在氧气流中燃烧将碳转化成一氧化碳和/或二氧化碳，利用氧气流中二氧化碳和一氧化碳的红外吸收光谱进行测量。具体操作方法如下：

① 调试仪器。按照说明书组装仪器，并准备操作，检查燃烧单元和测量单元的气密性。按照操作说明书对设备进行校准，称取选定质量的参考物质，

添加选定质量的助熔剂，放置于坩埚内，用坩埚钳将预烧过的坩埚放置在炉子上的坩埚托上，将托升起。参照厂家说明书推荐方法，重复分析参考物质直至显示值稳定。调节信号至碳含量显示读数为参考物质碳含量的质量分数 0.003% 之内。

② 称取相应质量的试样，放置于坩埚内，添加相应的助熔剂，用坩埚钳将预烧过的坩埚放置在炉子上的坩埚托上，将托升起，参照说明书，进行测试。

③ 测试结束后记录数据，卸下坩埚，并清理坩埚内的残留物。

16.2.4　磷酸锰铁锂材料铁含量检测方法

磷酸锰铁锂材料铁含量的检测可参照《纳米磷酸铁锂》（GB/T 33822—2017）中附录 A 的规定进行测定。此方法是电位滴定法，原理是用氯化亚锡将三价铁还原成二价铁，再加硫酸/磷酸混酸，以重铬酸钾标准溶液为滴定剂，采用电位滴定仪进行滴定测试。具体操作方法如下。

① 试剂配制。硫酸/磷酸混酸：将 150mL 硫酸慢慢加入 500mL 去离子水中，冷却后加入 150mL 磷酸，用去离子水稀释至 1L，混匀。氯化亚锡溶液（100g/L）：称取 10g 氯化亚锡溶于 10mL 盐酸（1+1）中，用去离子水稀释至 100mL，若溶液浑浊则需过滤。重铬酸钾标准溶液 $[c(1/6K_2Cr_2O_7)=0.05mol/L]$：称取 2.4518g 预先干燥的重铬酸钾于 250mL 烧杯中，以少量去离子水溶解后移入 1L 容量瓶中定容。

② 仪器。一体式电位滴定仪、铂金电池，参数见表 16.1。

表 16.1　铂金电池参数

滴定剂	测量密度	停止等当点个数	加液速度	最小增量 /μL	信号漂 /(mV/min)
重铬酸钾标准溶液	9	2	最快	10	26

③ 试样处理。称取 1.2500g 干燥好的试样于 250mL 玻璃烧杯中，加少量去离子水浸润试样后，加入浓盐酸 30mL，盖上保鲜膜放置 30min 左右，将试样置于加热电炉中加热微沸 30min。冷却后使用抽滤器抽滤，充分洗涤后，将滤瓶中滤液转移至 250mL 容量瓶中，稀释至刻度，摇匀后得到试样储液。

④ 分析步骤。移取 10mL 试样储液于 100mL 烧杯中，加 20mL 盐酸，逐滴加入氯化亚锡溶液至溶液黄色消失后再过量 1~2 滴。冷却至室温，加入 6mL 硫酸/磷酸混酸溶液，然后用电位滴定仪进行滴定测试。

⑤ 结果分析。由测试仪器自动给出测试结果。

16.2.5 磷酸锰铁锂材料锰含量检测方法

磷酸锰铁锂材料锰含量的检测可参照常规化学方法进行测定。方法原理是用高氯酸将二价锰氧化为三价锰，用硫酸亚铁铵滴定，以二苯胺磺酸钠为指示剂，滴定至紫色消失。具体操作方法如下。

① 配制重铬酸钾标准溶液[$c(1/6K_2Cr_2O_7) = 0.02mol/L$]。准确称取干燥的重铬酸钾（$K_2Cr_2O_7$）0.4903g，加水溶解后，移入500mL容量瓶中，用水稀释至刻度，摇匀。

② 配制硫酸亚铁铵标准溶液[$c(Fe^{2+}) = 0.02mol/L$]。称取12g硫酸亚铁铵[$Fe(NH_4)_2(SO_4)_2 \cdot 6H_2O$]溶于1000mL硫酸溶液（5+95）中，置于棕色瓶中备用。然后进行标定。吸取3份25.00mL硫酸亚铁铵标准溶液于250mL三角瓶中，加水稀释至80mL，加入硫磷混合酸（15%的硫酸与15%的磷酸等体积混合）15mL及二苯胺磺酸钠指示剂2滴，用0.02mol/L的重铬酸钾标准溶液滴定至溶液呈蓝紫色。

计算硫酸亚铁铵标准溶液的浓度：

$$c = \frac{0.02V_1}{V} \tag{16.5}$$

式中 c——硫酸亚铁铵标准溶液的浓度，mol/L；

V——移取硫酸亚铁铵标准溶液的体积，mL；

V_1——消耗重铬酸钾标准溶液的体积，mL。

③ 试样处理。将磷酸锰铁锂试样在120℃±5℃烘干2h，并置于干燥器中冷却至室温。

④ 分析步骤。称取0.1000g试样，精确至0.0001g。将试样置于250mL锥形瓶中，加入15mL磷酸（$\rho = 1.69g/L$）、5mL硝酸（$\rho = 1.42g/L$）置于高温电炉上加热溶解。在溶解过程中不断摇动，使试样分解，一直加热至瓶内液面平静无气泡。滴加高氯酸（$\rho = 1.68g/L$）1mL，并加热至冒浓白烟后取下，冷却至70℃左右，加入50mL硫酸（5+95），摇动使稠状物质溶解，流水冷却至室温。用硫酸亚铁铵标准溶液滴至浅红色，滴加2滴二苯胺磺酸钠指示剂溶液，继续滴定至紫色消失，即为终点。锰的质量分数w，数值以%表示，计算公式：

$$w = \frac{cV \times 0.054938}{m} \times 100\% \tag{16.6}$$

式中　　c——硫酸亚铁铵标准溶液的实际浓度，mol/L；

　　　　V——滴定试液消耗硫酸亚铁铵标准溶液的体积，mL；

　　　　m——试样的质量，g；

　0.054938——锰的摩尔质量，g/mol。

16.2.6　磷酸锰铁锂材料磷含量检测方法

磷酸锰铁锂材料磷含量的检测可参照《纳米磷酸铁锂》（GB/T 33822—2017）中附录 B 的规定进行测定。此方法原理是磷酸根离子和喹钼柠酮试剂反应生成黄色的磷钼酸喹啉沉淀，具体操作方法如下。

① 试样处理。试样应事先在（110±5）℃温度下干燥 3h，并置于干燥器中冷却至室温。称取 1.2500g 试样于 250mL 玻璃烧杯中，加少量去离子水浸润试样后，加入浓盐酸 30mL，盖上保鲜膜放置 30min 左右，将试样置于加热电炉中加热微沸 30min。冷却后使用抽滤器抽滤，充分洗涤后，将滤瓶中滤液转移至 250mL 容量瓶中，稀释至刻度。摇匀后得到样品储液。

② 喹钼柠酮试剂。

溶液 A：70g 钼酸钠溶解在加有 100mL 去离子水的 400mL 烧杯中；

溶液 B：60g 柠檬酸溶解在加有 100mL 去离子水的 1000mL 烧杯中，再加浓硝酸 85mL；

溶液 C：将溶液 A 加到溶液 B 中，混匀；

溶液 D：将 35mL 浓硝酸和 100mL 去离子水在 400mL 烧杯中混合，加入 5mL 喹啉；

溶液 E：将溶液 D 加到溶液 C 中，混匀，避光静置 24h 后，用滤纸过滤，滤液中加入 280mL 丙酮，用去离子水稀释至 1000mL，溶液贮存在聚乙烯瓶中，置于暗处，避光避热。

③ 分析步骤。移取 50mL 样品储液于 500mL 烧杯中，加 10mL 硝酸（1+1）溶液，用去离子水稀释至 100mL，加热微沸，加入 50mL 喹钼柠酮试剂（溶液 E），盖上表面皿，在电热板上微沸 1min 或在近沸水浴中保温至沉淀分层，取出冷却至室温，冷却过程中转动烧杯 3～4 次。

用预先洗涤过且在（180±2）℃下干燥至恒重的玻璃砂芯漏斗抽滤，将上层滤液滤掉，然后以倾泻法洗涤 1～2 次，每次用去离子水 25mL，将沉淀转移到滤器中，再用水继续洗涤，所用去离子水共 125～150mL。将滤器与沉淀置于（180±2）℃的干燥箱内，待温度达到 180℃后干燥 45min，转入干燥器中冷却至室温，称量沉淀的重量为 m_1。

④ 空白试验。在测定的同时，按同样的操作步骤，同样的试剂、用量，但不含试样进行空白试验。取平行测定结果的算术平均值为空白试验值，空白试验测得磷钼酸喹啉沉淀的质量为 m_2。

⑤ 结果分析。磷的质量分数 w（%）按式(16.7)计算：

$$w = \frac{(m_1 - m_2) \times 0.013998}{m(V/V_0)} \times 100\%$$ (16.7)

式中 m_1——磷钼酸喹啉沉淀的质量，精确至 0.1，mg；

       m_2——空白试验测得磷钼酸喹啉沉淀的质量，精确至 0.1，mg；

       m——制备储液称取的试样的质量，精确至 0.1，mg；

       V——从试样储液中移取溶液的体积，mL；

       V_0——试样储液的总体积，mL；

0.013998——磷钼酸喹啉质量换算为磷的质量的系数。

16.2.7　磷酸锰铁锂材料锂、钠、镍、铬、锌、铜含量检测方法

磷酸锰铁锂材料中的锂含量难以通过通常的化学沉淀、显色等手段测量，钠、镍、铬、锌、铜等杂质元素含量较低，锂、钠、镍、铬、锌、铜含量可参照《纳米磷酸铁锂》（GB/T 33822—2017）中附录 C 的规定进行测定。该方法用电感耦合等离子体发射光谱法测定其中锂（Li）、钠（Na）、镍（Ni）、铬（Cr）、锌（Zn）铜（Cu）含量。具体操作方法如下：

① 试剂配制。盐酸（1+1）。标准溶液：Ni、Cu、Zn、Cr、Na 标准溶液浓度为 0μg/mL、0.5μg/mL、1.0μg/mL、2.0μg/mL，由标准贮存溶液（国家标准溶液，浓度为 1000μg/mL）逐级稀释而得到。

Li 标准溶液浓度为 0μg/mL、25μg/mL、50μg/mL、75μg/mL，采用基体匹配法进行制备。分别称取 4 份 0.3736g 的 $FePO_4 \cdot 2H_2O$（优级纯）于 100mL 烧杯中，加入 20mL 盐酸（1+1），低温加热溶解，分别移入 200mL 容量瓶中，移取 0mL、5mL、10mL、15mL 锂标准贮存溶液于容量瓶中，用蒸馏水稀释至刻度，摇匀。

② 试样处理。称取 3～5g 试样，将试样先在 （110±5）℃温度下干燥 3h，并置于干燥器中冷却至室温。再称取 1.2500g 试样于 250mL 玻璃烧杯中，加少量去离子水浸润试样后，加入浓盐酸 30mL，盖上保鲜膜放置 30min 左右，将试样置于加热电炉中加热沸腾 30min。冷却后使用抽滤器抽滤，充分洗涤后，将滤瓶中滤液转移至 250mL 容量瓶中，稀释至刻度，摇匀后得到磷酸锰铁锂储液。

③ 分析步骤。调整好等离子体发射光谱仪及其附件的各种测量条件，将试液与标准溶液同时进行等离子体光谱测定。

④ 结果分析。根据标准溶液的强度值，由计算机绘制工作曲线并计算出所测元素的质量分数。

16.2.8　磷酸锰铁锂材料磁性物质含量检测方法

磷酸锰铁锂材料中磁性物质会影响电池的自放电，是另一重要的指标。一般来说磷酸锰铁锂材料的磁性物质含量≤0.0002为好。

磷酸锰铁锂材料磁性物质的检测可参照《锂离子电池石墨类负极材料》（GB/T 24533—2019）中附录 K 的规定进行测定。具体操作方法如下：

① 试剂配制。准备铁、钴、铬、镍、锌标准溶液，浓度均为 1000μg/mL。同时贮备混合标准溶液（50mg/L）：分别移取 5mL 铁、钴、铬、镍、锌标准溶液于 100mL 容量瓶中，加入 5mL 硝酸，定容至刻度线，摇匀，备用。

② 试样处理

a. 清洁磁棒。将磁棒放入清洗干净的锥形瓶中，加入 2.00mL 硝酸，6.00mL 盐酸。加水至浸没磁棒，置于加热装置上加热，将溶液加热到微沸，并保持 30min，加热过程中需摇晃至少 3 次。加热完毕后，取下锥形瓶，自然冷却至室温，然后用水将磁棒清洗 3 次，备用（注：清洗时需要用另一磁棒在锥形瓶外底部吸住瓶内磁棒，以防溶液倒出时磁棒掉出）。

b. 称量样品。称取（200±10)g（精确到 0.01g）样品于清洗干净的样品罐中。

c. 吸附磁性物质。向装有样品的样品罐加入 300mL 无水乙醇，加入清洗干净的磁棒，盖紧罐盖。充分摇匀后，将样品罐置于滚动装置上，将滚动速度设置在 60～80r/min，滚动 30min，使磁棒充分吸附样品中含铁、钴、铬、镍、锌金属元素的物质滚动过程中摇晃数次（至少 3 次）。

d. 清洗。滚动完毕后，取出磁棒装入锥形瓶中（取出过程：可用另一磁棒在样品罐外壁吸住罐内磁棒，缓慢将罐内磁棒拉入锥形瓶中），用水清洗后，加入 50mL 无水乙醇，在超声波清洗仪上超声 20s，重复三次，然后再用水清洗磁棒及锥形瓶三次。清洗完成时需要用另一磁棒在锥形瓶外底部吸住瓶内磁棒，以防溶液倒出时磁棒掉出。

e. 消解磁性物质。清洗完毕后，向装有磁棒的锥形瓶中加入 1.5mL 硝酸，4.5mL 盐酸，加水约 50mL，置于电热板上加热，加热并保证微沸 30min，且溶液不干涸。加热过程中需摇晃至少 3 次，摇晃过程中，尽量使酸溶液覆盖磁棒的表面。加热完毕后,取下,自然冷却至室温,将冷却后的溶液移至 50mL 容量瓶中,用少量水洗涤锥形瓶和磁棒 3~4 次,并加入容量瓶,然后定容。

f. 空白样品制备。随同样品进行的空白试验。

③ 系列混合标准溶液配制。分别准确吸取贮备混合标准溶液 0.00mL、0.2mL、0.50mL、1.00mL、2.00mL、2.50mL 置于 6 个 100mL 容量瓶中,各加入 5mL 硝酸,定容至刻度线,摇匀,配制成铁、钴、铬、镍、锌元素浓度为 0.00mg/L、0.10mg/L、0.25mg/L、0.50mg/L、1.00mg/L、2.50mg/L 的校准空白及系列混合标准溶液。

④ 分析步骤。在选定的最佳工作条件下,待仪器稳定后,设置测定波长(可参考表 16.2),输入样品信息,将校准空白、系列标准溶液一次吸入,绘制标准曲线,然后再将试样空白及样品溶液以同样的方法直接测定。

表 16.2　元素波长选择

元素	波长/nm
铁	238.204
钴	228.616
镍	231.604
铬	267.716
锌	213.857

⑤ 结果分析。根据仪器自动显示数据读取结果,其最终结果是铁、钴、镍、铬、锌五者之和。

16.2.9　磷酸锰铁锂材料 pH 值检测方法

磷酸锰铁锂材料 pH 值的检测可参照《化学试剂 pH 值测定通则》(GB/T 9724—2007)进行测定。具体操作方法可参照《纳米磷酸铁锂》(GB/T 33822—2017)中附录 E,分析步骤如下。

① 称量 10.00g 试样于锥形瓶中,放入 90mL 的无二氧化碳蒸馏水,放入搅拌子,将锥形瓶封口,在磁力搅拌器上搅拌 0.5h。

② 搅拌完成后静置 0.5h,取上清液。

③ 期间按操作说明对 pH 计进行校准,搅拌完后立即测试试样浆液 pH 值。

④ 读取测试值,精确到 0.1,平行测定两次。

16.3 磷酸锰铁锂材料电化学指标测试方法

磷酸锰铁锂材料的主要电化学指标有 0.2C 首次充放电效率、1C 放电比容量、0.2C 中值电压。将磷酸锰铁锂材料制造成扣式电池，在充放电测试仪上进行相关参数的测量。参考方法如下。

将试样和导电剂放入烘箱中干燥，烘干后转到干燥器皿内冷却。然后，按试样、黏结剂 [5%聚偏二氟乙烯（PVDF）]、导电剂质量比为 90 : 5 : 5 的比例混合，用搅拌器搅拌成膏状。用小型涂布机或涂布器将膏状物均匀地涂在铝箔上，然后放入烘箱干燥，100～120℃干燥 1h，将干燥后极片进行压片，裁成圆形的电极片，用电子天平进行称量，并计算好极片中活性物质的质量。在氩气气氛手套箱中，干燥 3h，组装成扣式电池。

正极片中活性物质质量 m 按式（16.8）计算：

$$m = (m_1 - m_0) \times 0.9 \tag{16.8}$$

式中 m_1——极片的总质量，g；

m_2——裁好的空白铝箔的质量，g。

将做好的模拟电池放在电池测试系统上测试电化学性能（0.2C、1C 的充放电倍率）。设置好各倍率充放电电流和循环次数（充电截止电压为 4.5V，放电截止电压为 2.5V），启动电池测试系统，输入活性物质的质量。测试完成后，读取电脑软件自动给出的数据。

平行测定三次，两次测定结果不大于 3mA·h/g，最终取其算术平均值为最终测定结果。

各倍率的充放电电流 I 按式（16.9）计算：

$$I = \frac{C_0 m c}{t} \tag{16.9}$$

式中 I——各倍率的充放电电流，mA；

C_0——理论比容量，150mA·h/g；

c——充放电倍数；

m——活性物质的质量，g；

t——充放电时间，1h。

16.4 本章小结

本章系统地描述了磷酸锰铁锂材料的主要检测方法。其作为一种电池正极材料，一般遵从电池材料的检验体系，即从物理性能、化学性能和电化学性能等方面进行评测。实际上材料的检验内容还有很多，范围也很广。例如材料的表面能特征[5]、光谱学特征、介电和磁学性能、全电池制浆涂布的加工性能、全电池的电化学性能等[6]，都没有在本书中列入。实际厂家可以根据自身的需要，以及行业内客户的特殊要求，进行特定性能的测试。通过制定自己的企业标准或规格书的形式进行检测内容的扩展。

参考文献

[1] 梁广川. 锂离子电池用磷酸铁锂正极材料. 北京：科学出版社，2013.

[2] GB/T 30835-2014 锂离子电池用炭复合磷酸铁锂正极材料 [S].

[3] GB/T 33822-2017 纳米磷酸铁锂 [S].

[4] 分析测试百科网. T/CSP 9-2022 颗粒技术 锂离子电池用磷酸锰铁锂. https://www.antpedia.com/standard/1558938585.html.

[5] 郅晓科. 碳热还原法合成 $LiFePO_4$ 正极材料的工艺与性能研究 [D]. 天津：河北工业大学，2008.

[6] 田世宇. 高压实密度磷酸锰铁锂正极材料的合成与性能研究 [D]. 天津：河北工业大学，2022.

第17章

磷酸锰铁锂材料制备的电池性能

磷酸锰铁锂材料最终是要制造锂离子电池，因此只有对电池体系进行全方位的测量，才能评判出磷酸锰铁锂正极材料的性能。材料的性能中，有一些指标可以用仪器直接测量，也可以用简便的半电池体系测量；但是也有一些参数，例如材料的对碳的容量发挥、内阻性能、加工性能、电解液浸润与亲和性等性能，必须通过制造全电池过程来测量和判定[1]。

用磷酸锰铁锂正极材料制造锂离子电池，有纯磷酸锰铁锂材料体系和复合正极材料体系两种类型。鉴于磷酸锰铁锂材料的加工性能还达不到磷酸铁锂材料的水平，一般都是采用复合材料体系，即将磷酸锰铁锂和具有较高压实性能、低比表面积的三元材料、锰酸锂、钴酸锂等正极材料共混，发挥各自的优势，形成具有一定优势特点的电池体系。例如可以改善三元电池体系的安全性，提升钴酸锂电池体系的耐压值，与锰酸锂共混后，可以改善锰酸锂电池体系的高温特性[2]。本章主要对磷酸锰铁锂电池的制造技术和应用进行了总结。

17.1 磷酸锰铁锂电池体系设计参数

磷酸锰铁锂电池的设计有自己的特点。一般来说，磷酸锰铁锂可以参照磷酸铁锂的设计体系。最新的磷酸锰铁锂正极材料的克容量发挥、压实密度等指标都基本可以达到磷酸铁锂的指标。所用的导电剂、PVDF、正负极添加剂等都可以采用磷酸铁锂电池的体系。但是，磷酸锰铁锂的充电电压比较高（一般在 4.3V），这对电解液的耐压性能提出了较高的要求。因此，磷酸锰铁锂要采用高压电解液。此外由于正极材料中含锰，电解液中还需有能抑制正极中锰离子溶出的添加剂成分[3]。

对于电池体系，极片参数设计主要包括四大部分，即活性物质含量参数、压实密度参数、正负极配比参数（CA 比）和涂布面密度。本节对以上关键参数予以下述讨论。

（1）活性物质含量参数

合理的正极活性物质敷料量是保证电池容量的前提，即在允许的误差设计范围内，尽可能接近电池设计容量。偏离设计容量意味着产品不合格或者成本无效增加，造成经济损失。

一般情况下，在电池设计前，需要采用扣式电池测试正负极材料的比容量。为了更真实反映比容量数值，也可采用小型圆柱半电池对全电池体系的性能进行初步测定。磷酸锰铁锂电池常规测试参数如表 17.1 所示。

表 17.1　磷酸锰铁锂电池常规测试参数

体系	充电上限/V	放电下限/V	测试电流
扣式电池（半电池）	4.5	2.5	0.2C
全电池	4.3	2.5	0.2C

根据测试数据，计算正、负极极片活性物质克比容量发挥，为电池极片活性物质含量设计提供参考依据。目前磷酸锰铁锂扣式电池的比容量一般在 150～155mA·h/g，全电池的比容量发挥在 140mA·h/g 左右。

（2）压实密度参数

电池极片的压实密度设计是否合理，不仅直接影响极片脆硬度、吸液量、电芯封装松紧度等，而且关系到电池内阻、容量、活性物质电化学性能发挥等。

一般情况下，制定合理的压实密度工艺参数，除了极片本身外观要求外，还需考虑压实密度与极片容量发挥、活性物质首次充放电效率发挥的一一对应关系，根据一系列对应数据，通过有效的数学拟合处理软件等手段，寻找最优的压实密度参数。目前，纯磷酸锰铁锂材料的压实密度一般在 2.1～2.5g/cm³，与三元正极混掺后，依据掺入比例的不同，一般在 2.2～3.2g/cm³ 之间变化。三元材料含量越高，压实密度越高。

（3）正负极配比参数（CA 比）

单位面积上，负极、正极活性物质容量的比值称为 CA 比，该比例是电池设计的核心参数之一，也是决定整体电池容量发挥性能、循环性能、安全性能等的主要依据之一。一般锂离子电池的 CA 比在 1.08～1.25 之间。CA 比越大，负极容量越充足，越不容易产生析锂的问题，但会降低电池体系的比能量，增加成本。目前，正负极配比参数的确定主要来源于电池工程师的经验积累，即常说的经验值。也有部分厂家根据产品的应用特点，例如寿命、倍率、成本等因素来设计 CA 比。

（4）涂布面密度

电池的容量由电池中的正极活性物质质量决定。由于磷酸锰铁锂材料的导电性不佳，一般磷酸锰铁锂电池的涂布面密度不是很高。如果要求 5C 以上的放电倍率，一般需要将涂布面密度控制在 $280g/m^2$ 以下。一般的 3C 左右的容量型电池，可以将面密度控制在 $30 \sim 300g/m^2$。如果不是要求较高的循环寿命和倍率，可以将正极极片面密度提高到 $80 \sim 350g/m^2$。采用与三元材料、钴酸锂或者锰酸锂共掺的正极体系，面密度可以适当增加。

17.2　纯磷酸锰铁锂电池

利用河北九丛科技有限公司制造的 $LiMn_{0.6}Fe_{0.4}PO_4$ 磷酸锰铁锂正极材料，制造软包全电池 95150170-23A·h 全电池。设计的电池参数如表 17.2 所示。

表 17.2　磷酸锰铁锂软包全电池 95150170-23A·h 设计参数

项目	技术指标
标称容量	23A·h
标称电压	3.6V
电压范围	2.5～4.2V
能量	≥80W·h
重量	500g±15g
电池长度	总长 185mm/主体 170mm
电池宽度	≤150mm
交流内阻	≤1.5mΩ
直流内阻	≤3.0mΩ
循环寿命	1C/1C,1500 次,80%
倍率放电	0.5C≥100%,1C≥90%,2C≥85%
倍率充电	0.5C 充电≥100%,1C 充电≥90%
高低温性能	−20℃≥70%,55℃≥95%
高温存储	容量≥90%初始容量,恢复容量≥95%
安全性能	GB 38031—2020

该电池采用纯磷酸锰铁锂材料。其浆料配比如表 17.3 所示。

表 17.3 磷酸锰铁锂软包全电池正极浆料配比

品名	名称	固体物质质量比例/%
正极材料	磷酸锰铁锂	93.9
导电剂	Super P	3.0
PVDF	5130	3.0
分散剂	PVP	0.1

注：浆料固含量 47.7%；黏度 11561.0mPa·s；正极双面密度 306g/m²。

正极极片的压实密度为 2.50~2.55g/cm³。制成电池后测量，正极材料克容量发挥：0.5C 为 140mA·h/g 左右，1C 为 126mA·h/g 左右（0.5C 容量的 90%）。

测试制成的软包 95150170 电池 0.5C 和 1C 放电容量，相应的放电曲线如图 17.1(a) 所示，对应的室温 1C 充放电曲线如图 17.1(b) 所示，电池在 2.5~4.2V 电压范围内 1C 倍率下的循环性能曲线如图 17.1(c) 所示。虽然磷酸锰铁锂比磷酸铁锂极化大，但其性能基本达到了电池的设计要求。电池能通过针刺、挤压、跌落、过充、过放、热箱等安全实验。

天津斯科兰德科技有限公司利用 $LiMn_{0.6}Fe_{0.4}PO_4$ 制造的 14500 圆柱电

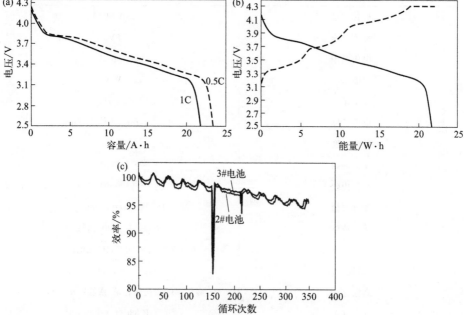

图 17.1 软包 95150170 电池 0.5C、1C 放电曲线 （a）；
1C 充放电曲线 （b）；1C 倍率下循环曲线 （c）

池，1C 循环测试曲线如图 17.2 所示。

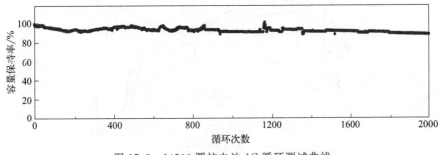

图 17.2　14500 圆柱电池 1C 循环测试曲线

可见磷酸锰铁锂电池拥有较好的循环性能。

17.3　磷酸锰铁锂-三元电池

国内制造的磷酸锰铁锂材料还存在压实密度低、涂布面密度低等缺点。为了提升电池的能量密度，很多厂家采用磷酸锰铁锂和三元材料混掺来制造锂离子电池。混掺的优点是：①可以有效提升正极极片的压实密度。一般来说掺入三元材料后，可以将磷酸锰铁锂正极极片的压实密度提升到 $3.0g/cm^3$，从而有效提升电池体系的比能量。特别是对钢壳圆柱电池和铝壳电池，由于内部的体积固定，提升压实密度对提升比能量非常有效。②可以有效降低成本。2022年 9 月，523 型的三元材料售价在 35 万元/吨，而磷酸锰铁锂的售价一般在 20万元/吨以下。由于其克容量数值接近，所以使用磷酸锰铁锂可以有效降低正极材料的成本。③具有协同效应。据部分研究结果显示，混合型的正极体系，其循环寿命优于单一的正极材料体系。同时，混合体系由于有磷酸盐正极存在，安全性能大大加强。鉴于以上的优点，国内大部分厂家都是利用磷酸锰铁锂与三元材料混掺使用。使用中，有的厂家以磷酸锰铁锂为主，有的厂家以三元材料为主。一般来说，需要更高能量密度电池的厂家是以三元材料为主；而不追求能量密度，看重成本要求的厂家则以磷酸锰铁锂为主。目前国内的磷酸锰铁锂正极材料产品，一般以 $LiMn_{0.6}Fe_{0.4}PO_4$ 为主，克容量与三元材料和磷酸铁锂相当。

江西某公司用 60％磷酸锰铁锂材料和 40％ 523 型三元正极材料混掺制备的圆柱形 26650-3.7V-5000mA·h 电池在不同倍率下的放电曲线如图 17.3 所示。

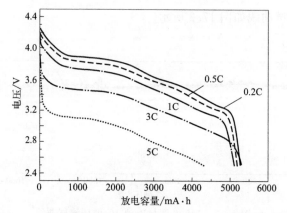

图 17.3 60％磷酸锰铁锂和 40％ 523 型三元正极材料混掺
制造的 26650 圆柱电池不同倍率放电曲线

为了测试电池的自放电，一般是满电后在室温下放置 28 天再次放电测量放电容量。通过前后的容量差测定自放电率，以及不可恢复自放电率。图 17.4 为上述电池的自放电率数据。通过测定数据，发现 26650 型电池的室温 28 天容量保持率在 95％ 左右，不可逆自放电率在 2％ 左右。

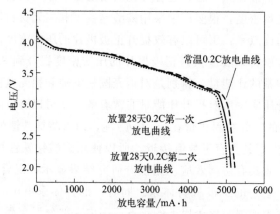

图 17.4 60％磷酸锰铁锂和 40％ 523 型三元正极材料
混掺制造的 26650 圆柱电池常温自放电曲线

实验室一般采用 14500 型圆柱电池制造小型电池，便于加工，也能看出锂电池体系的基本性能。本实验采用混掺型正极制造锂离子电池，磷酸锰铁锂和 523 型三元材料的混掺质量比为 80∶20。检测电池的各项性能，以研究掺杂对电池性能的影响。该电池在不同倍率下的充放电曲线如图 17.5(a) 所示，1C 循环曲线如图 17.5(b) 所示。

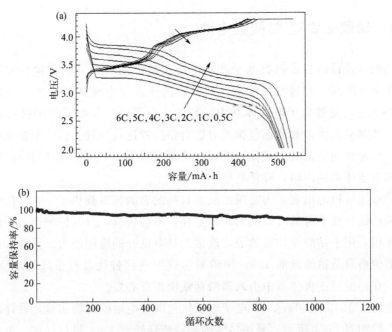

图 17.5　80％磷酸锰铁锂和 20％三元正极材料混掺制造的 14500
圆柱电池倍率充放电曲线（a）；1C 循环曲线（b）

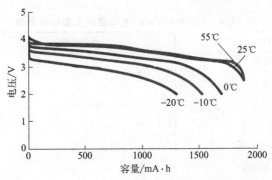

图 17.6　70％三元正极材料和 30％磷酸锰铁锂混掺制
造的 18650 圆柱电池不同温度下的放电曲线

　　三元正极材料可以混掺一部分磷酸锰铁锂材料以降低成本。图 17.6 为
70％三元正极材料和 30％磷酸锰铁锂混掺制成的 18650-2000mA·h 电池在不
同温度下的放电曲线。

　　从以上的实验可以看出，采用磷酸锰铁锂和三元材料混掺，使用效果良好。
无论是倍率性能、自放电性能还是循环性能，都可以满足用户的使用要求。

17.4 磷酸锰铁锂-钴酸锂电池

钴酸锂是目前在数码类电子产品中应用最广的材料。钴酸锂合成工艺简单、压实密度高、容量发挥稳定,其制造的锂离子电池体积比能量可以达到750W·h/L,是锂离子电池体系中最高的。为了进一步提升钴酸锂的能量密度,一般都采用掺杂和表面包覆的方法对钴酸锂进行处理。传统对钴酸锂的包覆,一般都采用氧化镁、氧化钙等碱土金属氧化物。而这类材料没有导电性,会增加电池体系的内阻,降低其倍率性能。

磷酸锰铁锂的出现,为实现钴酸锂材料的表面包覆提供了一个新的材料体系。磷酸锰铁锂本身具有较高的热稳定性,不会析氧,且与钴酸锂具有优良的互补作用,用于钴酸锂体系的表面改性剂具有良好的应用潜力。另外,磷酸锰铁锂的价格只是钴酸锂的1/3,用磷酸锰铁锂进行替代具有很高的经济效益。因此,在钴酸锂正极体系中引入磷酸锰铁锂很有必要。

进行了13450-650mA·h电子烟用软包圆柱电池的混掺实验,设计的主要电池参数如表17.4所示。采用钴酸锂和磷酸锰铁锂1:1进行混掺。电池的外观如图17.7所示,电池不同倍率下的放电曲线如图17.8(a)所示,相应的1C循环曲线如图17.8(b)所示。

表 17.4 13450-650mA·h 电池的主要设计参数

项目	设计参数	设计用量
设计容量	680mA·h	
设计电压	3.7V	
设计能量	2.52W·h	
钴酸锂(50%)	145.0mA·h/g	2.37g
磷酸锰铁锂(50%)	142.0mA·h/g	2.37g
混合后克容量	143.5mA·h/g	
混合压实密度	2.95g/cm³	

经厂家评估,用混掺体系替代纯磷酸锰铁锂体系技术完全可行,主要的放电容量、电压平台、倍率性能等都符合产品要求。

根据测算,按照2022年9月底价格计算,采用磷酸锰铁锂和钴酸锂共混,正极材料成本为1.45元/只,而过去的采用三元材料和钴酸锂共混时,正极材料成本为2.05元/只,相比之下,正极材料成本下降了29%,可以为厂家创造良好的经济效益。

图 17.7　13450-650mA·h 软包圆柱电池外观

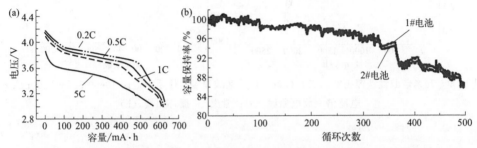

图 17.8　混掺型 13450-650mA·h 软包圆柱电池倍率放电曲线（a）；1C 循环曲线（b）

17.5　三元-磷酸锰铁锂-锰酸锂电池

　　三元材料和锰酸锂混掺的正极材料历史较长，锰酸锂的加入可以有效降低正极造价，并提升安全性能。为了进一步改进电池的性能，还可以用三元材料、磷酸锰铁锂和锰酸锂进行共掺使用，后两者的掺入可以直接降低电池体系的成本。

　　作者课题组进行了使用磷酸锰铁锂、523 型三元材料、锰酸锂进行混掺制造 18650 电芯的实验。制造的 18650 型电池为 3.7V/2200mA·h 型号。

　　从理论上来说，锰酸锂存在高温不稳定、衰减快等缺点，但低温性能很好；而磷酸盐正极材料的低温性能不好，但高温稳定。因此可以预见，利用磷酸锰铁锂-锰酸锂-三元共掺，可以在一定程度上改进电池体系的高温稳定性和低温性能。磷酸锰铁锂虽然晶体内有 Mn^{3+} 存在，也存在 John-Tellor 效应，但是橄榄石结构中不存在大离子通道，锰离子很难溶出，可以有效改善因锰离子溶出造成的负极性能恶化。

　　图 17.9（a）为采用 70％磷酸锰铁锂＋20％三元材料＋10％锰酸锂混掺体系制造的 18650-3.7V-2200mA·h 电池的不同倍率放电曲线图，图 17.9（b）为电池体系的常温 1C 循环性能。可见，电池体系直到 3C 仍有 700 次左右，

尚需要进一步优化电池工艺以提升性能。

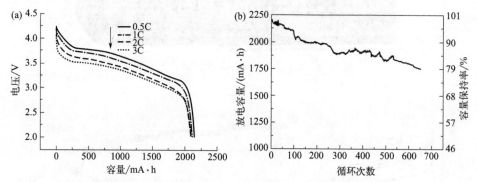

图 17.9　70％磷酸锰铁锂＋20％三元材料＋10％锰酸锂混掺体系制造的 18650-3.7V-2200mA·h
电池倍率放电曲线（a）；常温 1C 循环曲线（b）

17.6　本章小结

　　本章总结了几种利用磷酸锰铁锂正极材料制造的锂离子电池的性能。一般来说，磷酸锰铁锂电池的设计体系可以参考磷酸铁锂电池，其容量发挥、电池 CA 比设计、装配度、充放电厚度变化等指标都和磷酸铁锂类似。需要说明的是，磷酸锰铁锂一般压实密度稍低、电导率也偏低、比表面积偏大，在进行配方设计的时候，需要适当地进行相应的调整。例如，要达到相同的倍率特性，要多加入一些导电剂。与三元或者钴酸锂进行配合使用时，需要预先估算其能达到的压实密度、涂布面密度等参数，经过反复试机得到合适的指标。无论是纯磷酸锰铁锂离子电池，还是复合正极材料体系锂离子电池，都需要经过全项检验后才能确定其最优制备参数。

参考文献

[1]　梁广川. 锂离子电池用磷酸铁锂正极材料. 北京：科学出版社，2013.

[2]　Deng Y, Yang C, Zou K, et al. Recent advances of Mn-rich LiFe$_{1-y}$Mn$_y$PO$_4$（$0.5 \leqslant y < 1.0$）cathode materials for high energy density lithium ion batteries. Advanced Energy Materials, 2017, 7: 1601958.

[3]　胡国荣，杜柯，彭忠东，等. 锂离子电池正极材料：原理、性能与生产工艺. 北京：化学工业出版社，2017.